게으른 식물은 없다

식물 연구가
오병훈의
우리 꽃 문화사

게으른 식물은 없다

오병훈 지음

마음의숲

꽃으로 만드는 평화로운 사회

살아가면서 자연의 고마움을 실감한다. 봄에 움트는 새싹에서 경이로움을 느끼고 연약한 줄기가 화사한 꽃을 피우는 것을 보면 얼마나 가슴이 벅찬지 모른다.

계절이 바뀐다는 것은 우리에게 또 다른 감동이다. 봄은 꽃이 피어서 좋다. 여름에는 지친 육신을 깨우는 매미 소리가 있기에 폭염 속에서도 시원하다는 느낌을 받을 때가 있다. 우리 주위에는 가을을 좋아하는 이들이 많다. 그들은 오곡백과가 익어가는 풍요로움에 어느 때보다 즐겁다고 말한다. 나는 가을의 정취를 떨어진 낙엽에서 찾고 싶다. 아무도 관심을 두지 않는 마른 잎사귀 하나. 청춘의 한때를 화려하게 마감하고 미련 없이 떨어져 내린 가엾은 낙엽에 연민을 느낀다.

이처럼 계절을 가장 잘 느낄 수 있는 자연물은 아마 꽃과 나무이리라. 꽃이 있어 잠시나마 고달픈 삶을 위로받을 수 있으니 그 또한 가치 있는 일이 아닌가. 비록 좁은 뜰이지만 채송화, 봉선화, 맨드라미라도 가꿀 수 있는 마음의 여유가 있다면 그 사람은 행복을 가꿀 줄 아는 사람일 것이다. 행복이란 누가 가져다주는 것이 아니다. 스스로 만들고 가꾸는 삶이야말로 살아가는 기쁨이자 행복 아니겠는가.

모든 식물은 살아남기 위해 치열한 경쟁을 한다. 때로는 서로 도우며 제한된 공간에서 살아간다. 특히 식물은 지구 위의 생산자이기 때문에 모든 생명체를 키우는 어머니 같은 존재다. 이 세상에 게으른 식물은 하나도 없다. 저마다 최선을 다해 생존을 위한 몸부림을 하고 있는 중이다. 큰 나무는 나무끼리 겨루며 풀꽃 간에도 살아남으려고 경쟁할 수밖에 없다.

식물의 경쟁을 몇 가지로 나누어 생각할 수 있다. 우선 햇볕을 쬐기 위한 경쟁을 한다. 다른 식물보다 빠른 시간 내에 더 높이 자라야 햇볕을 쬘 수 있다. 다음에는 물을 빨아들이기 위한 경쟁을 한다. 더욱 깊게 또는 넓게 뿌리를 내려 물을 흡수한다. 물에서 사는 수초도 경쟁을 하고 사막에 사는 초본류 또한 뿌리를 넓고 깊게 뻗어 잠깐씩 내리는 빗물을 효과적으로 빨아들인다.

우리가 모르는 이 시간에도 식물들의 보이지 않는 싸움은 계속된다. 추위를 이기려고 꽃눈을 솜털로 감싸고 있거나 씨를 보다 멀리 날려 보내려고 날개를 발달시켰다. 때로는 하얀 솜털에 매달린 씨를 바람에 실어 떠나보낸다. 또 가시가 달린 씨는 동물의 몸에 붙어 먼 곳으로 이동한다. 얼마나 지혜로운가. 이처럼 모든 식물은 죽을 때까지 최선을 다한다.

이 책은 우리 문화 속에 녹아 있는 꽃에 대한 비망록이다. 잠시 잊고 있던 꽃 문화에 다시 주목해 우리의 마음을 다독이고, 사회가 좀 더 맑고 밝아졌으면 좋겠다. 꽃의 성정은 언제나 맑고 깨끗하다. 아름답고 순수한 결정체다. 가만히 바라보고 있어도 저절로 심성이 순화되는 것 같다.

꽃이 우리의 정신문화에 끼친 영향도 지대하다. 꽃은 우리의 민속이요, 먹을거리며 병을 치유하는 약이기도 하다. 꽃과 나무에 관한 정보는 아무리 많아도 넘치지 않을 것이다. 많을수록 정신적으로 풍요로워지지 않겠는가.

그래서 지난 40여 년간 꽃을 찾아 전국의 명산과 절해 고도를 다니며 사진을 찍었다. 국내는 물론 백두산을 비롯한 중국 동북지방과 일본의 규슈에서 홋카이도까지 찾아다니며 들꽃을 눈에 익혔다. 남북으로 갈라진 우리 산하의 북방계 식물을 보고 싶은 마음에 몽골과 중국 대륙을 찾아가 그곳에서 자라는 식물과 한반도 종의 공통점을 살펴보기도 했다.

동서양의 고전에 나타난 식물의 문화적 정보를 발췌해 차곡차곡 쌓아둔 것을 이 책에 고스란히 펼쳤다. 지난 1980년대부터 써온 식물 기록 중에서 초본류만 이 책에 담았다. 졸저를 읽은 독자들이 우리 꽃을 사랑하고 우리 나무를 아끼는 마음을 널리 펼쳐 식물자원의 소중함을 일깨우는 데 동참하기를 바란다.

아울러 이 책을 읽은 독자들의 고운 마음이 더욱 순수해지면 좋겠다. 꽃을 통해 마음을 정화하여, 이웃을 생각하고 사회에 공헌하며 국가는 물론 인류의 공익에 이바지하는 사람이 되기를 바란다. 끝으로 졸고를 검토하고 책으로 발간해 주신 마음의숲 대표님과 직원 여러분께 거듭 감사의 말씀을 전한다.

인왕산 아래 우거에서

오병훈

차례

저자의 말 4

봄

✲ 얼레지 16
하늘을 향한 눈부신 날갯짓

✲ 민들레 23
뿌리에서 느끼는 쌉쌀한 맛

✲ 복수초 30
수복강녕의 염원을 담은 꽃

✲ 노랑제비꽃 37
천사의 마음을 가진 고운 자태

✲ 둥굴레 44
숲에서 들려오는 요정들의 종소리

✲ 앉은부채 54
얼음을 뚫고 솟아오른 고깔

✲ 머위 61
담장 밑에서 찾은 봄의 미각

✲ 선씀바귀 68
겨우내 잃었던 입맛을 되찾아준 산채

✲ 고사리 76
차례상의 맨 윗자리에 오른 산채

✲ 수선화 84
신선을 닮은 해맑은 꽃송이

✲ 할미꽃 92
양지바른 언덕에서 봄을 기다리며

✲ 금낭화 98
숲속의 비밀을 간직한 비단 주머니

✲ 미치광이풀 106
벨라돈나가 준 사랑의 묘약

✲ 띠 114
서정이 담긴 고독한 음료

✲ 산달래 120
요리의 맛을 살려내는 향신료

여름

✲ 여뀌 128
물을 맑게 걸러주는 천연 필터

✲ 울금 134
잎사귀에 떨어지는 낙숫물 소리

✲ 참나리 144
나리 나리 우리 뫼나리

✲ 피마자 153
기름이 가득한 얼룩무늬 씨알

✲ 마름 160
호수 위에 뜬 녹색 비단 자락

✲ 천남성 169
별나라의 비밀을 간직한 약초

✲ 꽃창포 178
연못에 나부끼는 푸른 깃발

✲ 원추리 187
장독대에서 살아난 어머니의 넋

✲ 하늘타리 197
새하얀 레이스 차림으로 새벽을 여는 꽃

✲ 부들 204
굽힐 줄 모르는 굳건한 자세

✲ 창포 214
여인들이 즐겨 찾았던 방향식물

✲ 순채 222
연못에서 건져 올린 전통의 맛

✲ 연꽃 233
겨레의 마음속에 피는 성스러운 꽃

✲ 수련 245
고구려고분에서 살아난 천상계의 꽃

✲ 박 255
달빛이 몰래 키운 커다란 열매

✲ 마늘 264
요리의 맛을 내는 대표적인 향신료

✲ 참깨 276
많은 양을 변화시키는 작은 씨앗

✲ 파초 286
넓은 잎사귀에서 울리는 거문고 소리

✲ 명아주 298
종이처럼 가볍고 무쇠처럼 단단한 지팡이

✲ 상사화 305
인쇄술을 향상시킨 자원식물

✲ 범부채 313
길섶에서 날아오른 호랑나비

✲ 엉겅퀴 321
영토를 지키는 초원의 파수꾼

✲ 호박 328
풍요와 다산의 염원을 품은 황금 열매

✲ 벼 339
5천 년의 재배 역사를 지닌 주곡

✲ 콩 346
밭에서 얻은 부드러운 고기

✲ 마 356
수천 년을 이어온 구황식물

✲ 인삼 364
사람을 살리는 신선의 명약

✲ 쑥 373
사자 발을 닮은 향기로운 이파리

✲ 맥문동 380
지면을 뒤덮은 초록빛 카펫

가을

✲ 국화 390
시인 묵객들의 작품 소재가 된 가을꽃

✲ 쑥부쟁이 398
가을을 아쉬워하는 보랏빛 들꽃

✲ 구절초 405
찬 서리를 이겨내는 향기로운 약초

✲ 갈대 414
바람을 잠재우는 부드러운 손길

✲ 참당귀 423
세시歲時에 돋아난 향기로운 새싹

✲ 곰취 431
말발굽을 닮은 산나물의 제왕

✲ 투구꽃 438
자연물 중에서 가장 완벽한 독초

✲ 왕고들빼기 445
생채로 할 수 있는 맛있는 산나물

✲ 금강초롱꽃 452
한국을 대표하는 하늘빛 초롱

✲ 억새 462
자연을 극복하는 강인한 의지

참고 문헌 471

봄 春

하늘을 향한 눈부신 날갯짓
얼레지

봄이 무르익으면 연보라색의 피침 꼴을 한 6장의 꽃잎이 할미꽃처럼 고개를 숙이고 피어난다. 꽃이 활짝 피면 꽃술은 아래를 보고 있는데 꽃잎은 날개를 곧추세우듯 위로 치켜든다. 숲속의 수많은 얼레지가 불꽃이 피어오르듯 곧게 치켜든 모양이 곧 하늘로 날아오를 것 같다.

얼레지는 두 장의 잎이 마주 돋아난 것처럼 양쪽으로 벌어져 있다. 그 사이에서 한 송이의 꽃이 핀다. 잎은 비교적 넓은 편이어서 손바닥 정도로 크고 털이 없어서 매끄럽다. 씨에서 발아한 싹이 개화주가 될 때까지 걸리는 기간이 다른 초본류에 비해 길다. 첫해에는 가느다란 잎이 돋아나 한 해를 지내고 이듬해에도 조금 넓어질 뿐이다. 이렇게 4~5년이 지나야 두 장의 잎이 돋아나며 잎 가운데서 한 송이의 꽃대가 자란다.

← 흰얼레지 *Erythronium japonicum for. album* T. Lee

자생지에서 얼레지와 함께 자라며 아주 가끔 눈에 띈다.

강원도에서는 백합과 식물 중 얼레지를 맛있는 식용식물로 손꼽는다. 미역처럼 매끄럽고 맛이 좋다고 하여 미역추나물이라 부르거나 얼랭이라고도 한다. 얼레지 나물에 익숙하지 않은 사람이나 어린이, 노인은 말려서 묵나물로 먹어야 좋다. 바로 먹으면 심한 설사를 할 수 있다. 얼레지 잎에 독성이 있기 때문이다. 무쳐 먹거나 찌개를 끓일 수도 있다. 맛이 쫄깃하면서도 담백하다.

얼레지는 땅속 깊이 길쭉하게 계란 꼴의 비늘줄기를 뻗는데, 봄부터 초여름 사이에 비늘줄기를 파내 햇빛에 말리거나 생것을 먹는다. 위장을 튼튼하게 하고, 화상을 입었을 때 치료제로 쓴다. 또 비늘줄기를 강판에 갈아 물에 담그면 녹말이 나오는데, 요리에 쓸 수 있다.

얼레지의 비늘줄기는 땅속 20~30센티미터나 되는 깊이에 들어 있다. 얼레지 자생지에서 가끔 멧돼지가 파헤친 흔적을 볼 수 있는데, 멧돼지가 주둥이로 흙을 파헤쳐 비늘줄기를 찾아 먹은 것이다. 워낙 힘이 좋아 하룻밤에 수백 평의 넓은 지역을 쟁기로 갈아엎은 것처럼 파헤친다. 멧돼지가 얼레지 비늘줄기를 좋아하는 이유가 있다. 전분이 많아 적은 양으로도 충분한 영양을 섭취할 수 있기 때문이다. 실제로 옛날에는 비늘줄기를 모아 전분을 뽑아냈다. 생태적인 면에서도 도움이 된다. 멧돼지가 지면을 파헤칠 때 표토에 떨어진 씨가 깊이 묻히고 토양 속에 산소가 공급되면서 더 많은 식물이 자란다.

그런데 꽃잎 한 장 한 장 높이 치켜든 예쁜 꽃 얼레지를 이젠 보기조차 힘들다. 지천으로 볼 수 있었던 것이 남획으로 어느새 우리 곁에서 영원히 사라질 위기라고 한다.

얼레지를 채취할 때 두 장의 잎을 단번에 다 뽑아버린다면 그해에는 다시 싹이 돋지 않고 휴면에 들어간다. 이듬해 양분이 부족해 단 한 장의 잎이 돋는데, 물론 꽃대도 나오지 않는다. 이때 돋아난 한 장의 잎마저 뜯어버린다면 그 얼레지는 다시 돋아나지 못하고 영원히 죽는다.

고산식물이 아니라 전국의 야산에서 쉽게 볼 수 있었던 얼레지는 꽃이 아름답고 맛이 있다는 이유로 무차별로 뜯겨 사라지고 있다. 두 장의 잎은 물론, 꽃도 같이 뜯어 데쳐서 말린다. 강원도 점봉산 같은 곳에서는 봄철이 되면 산속에 움막을 치고 기업형으로 얼레지를 채집한다. 드럼통을 반으로 가른 솥에 현지에서 딴 얼레지 싹을 데쳐 말린 뒤 지게에 지고 내려오는 것이다.

얼레지도 산채가 가능한 자원이니 뜯지 말라고 할 수는 없다. 그러나 최소한의 규칙만 지킨다면 얼레지를 보호할 수 있다. 두 장의 잎이 돋아난 얼레지를 보았을 때 반드시 한 장만 따고, 한 장만 자란 포기는 절대로 손대지 않는다. 놔두면 다음에 두 장의 잎이 돋아나고 꽃도 핀다. 그렇지만 이를 지킬 사람이 몇이나 되겠는가. 관광지마다 엄청난 양의 말린 얼레지 잎이 연중 도시로 팔려나간다. 이런 추세라면 머지않아 얼레지는 이 땅에서 사라질 것이다.

현재 얼레지가 자라는 곳은 강원도 일부 깊은 산, 그중에서도 사람이 쉽게 접근할 수 없는 지역에서만 살아 있다. 서울 청계산에도 얼레지가 자생한다. 가까운 산은 사람들이 해마다 뜯었기 때문에 대개 높은 산에만 살아 있는 것이다. 이대로 가다가 얼레지는 그림책에서나 볼 수 있는 희귀식물이 될지도 모른다.

얼레지는 한국의 봄을 대표할 만한 꽃이다. 바위틈에서 눈을 헤치고 솟아오르는 가련한 손짓은 봄이 무르익어 가면서 연보랏빛 손수건인 양 흔들리며 바람을 길들인다. 6장의 꽃잎은 할미꽃처럼 다소곳이 고개를 숙이고 실낱같은 향기로 우리를 부른다. 얼레지 밭에서는 마른 잔디에 불씨가 일듯 수많은 꽃이 땅을 박차고 날아오를 것 같다. 꽃잎 안쪽에 W자 모양의 짙은 보라색 무늬가 들어 있어서 더욱 예쁘다. 미인의 속눈썹처럼 밖으로 길게 빠져나온 꽃술은 사랑스럽기보다 슬픈 모양새다.

이른 봄에 꽃이 피지만 5월이면 시들어버리기 때문에 지상부를 감상하는 기간이 짧다. 따라서 화분에 심기보다 정원의 나무 그늘에 심으면 이른 봄 다른 식물의 싹이 돋아나

※ 꽃 피기 직전의 얼레지 봉오리.

※ 얼레지는 바깥 꽃잎 3장과 안 꽃잎 3장으로 구성돼 있다. 꽃이 아름다워 정원에 심기도 한다.

지 않았을 때 고운 꽃을 감상할 수 있다.

산에서 자라는 식물자원도 이제는 가꾸면서 이용할 때가 되었다. 무차별 채취해 다시는 볼 수 없는 식물을 만들 것이 아니라 휴식년을 통해 자연자원이 회복할 수 있는 충분한 기간을 줘야 한다. 지역 주민이 자원을 아끼는 마음도 필요하다. 조상들이 그랬던 것처럼 우리는 자연에서 태어나 잠시 자연을 빌려 살다가 사라질 뿐, 한정된 자원을 후손들에게 고스란히 물려줘야 한다. 자연은 이 땅에 올 다음 세대에게도 삶의 터전인 까닭이다.

뿌리에서 느끼는 쌉쌀한 맛

민들레

민들레는 국화과의 다년초다. 밭두렁이나 길가, 냇가 등에서 흔하게 볼 수 있다. 이른 봄 가장 먼저 부드러운 싹과 함께 노란 꽃을 피워 이 땅에 봄이 왔음을 알린다. 어린싹은 지면에 바짝 붙어 자라는 로제트형이며 잎 가장자리에 불규칙한 톱니가 있다. 잎과 꽃줄기는 뿌리에 모여서 돋아나고 꽃대는 속이 비어 있다. 꽃대 맨 끝에서 짙은 노란색 꽃이 위를 보고 핀다. 이른 봄에 찬바람을 피해 지면에 바짝 붙어 핀 꽃은, 봄이 무르익어 가면서 꽃대가 점점 길게 자라 20~30센티미터에 다다른다. 바람이 불 때마다 조용히 흔들리는 것이 마치 새봄을 축복하는 듯하다.

꽃이 지고 나면 화관이 점차 은백색 작은 깃털로 바뀌어, 씨가 완전히 익으면 깃털을 우산처럼 펼친 채 바람을 타고 여기저기로 흩어진다. 민들레는 연꽃처럼 요염하지 않고 재스민처럼 향기롭지도 않다. 평범한 듯하지만 그 어떤 꽃보다 고결하며 길가에서 짓밟혀도 되살아나는 생명력 탓에 강인한

←… 민들레 *Taraxacum platycarpum* Dahlst
산과 들에서 자라는 다년초다. 굵은 뿌리는 땅속 깊이 들어 있고 근생엽 사이에서 꽃대가 자란다.

희생정신을 표방한다. 우리가 모르는 사이에 언 땅을 뚫고 돋아나 소리 없이 꽃을 피운다. 게다가 춘궁기에 가난한 사람들의 주린 배를 채워주던 나물이었으며 건강에 이바지한 유익한 자원이었다.

우리는 음식을 먹을 때 단맛을 최고로 여긴다. 음식이 맛있다는 것은 곧 달다는 뜻이다. 그러나 단것만 먹다 보면 당뇨병 같은 각종 성인병에 걸리기 쉽다. 민들레는 쓴맛이 있기에 몸에 좋다. 사실 천연 음식물 중에 쓴맛이 있는 식품은 별로 없다. 민들레나 씀바귀는 쓴맛이 강하면서 독성이 없으니 웅담을 빼고 이처럼 좋은 식품이 또 있을까. 많이 먹을수록 위장이 튼튼해지고 간 기능을 돕는 담즙이 원활히 분비되니 정말 좋은 약재가 아닐 수 없다.

민들레는 잎이나 줄기를 따면 흰 즙액이 나오는데, 흰색이나 노란색 즙액이 나오는 식물들은 대체로 벌레가 잘 꼬이지 않는다. 상추를 재배할 때 다른 채소에 비해 농약을 덜 치는 것이 하나의 증거인데, 상추의 흰 즙액이 강력한 살충 작용을 하기 때문이다.

우리나라에서 자라는 민들레 종류 7~8종을 비롯해 씀바귀, 고들빼기 종류가 20여 종이나 되는데 모두 맛이 쓰고 잎을 따면 흰 즙액이 나오는 것들이다. 민들레를 약으로 쓰듯 이들 씀바귀도 약으로 쓸 수 있다. 민들레는 한방에서 고미건위제苦味健胃劑(쓴맛이 나는 위장약)의 대표적인 생약재로 꼽힌다.

우리 겨레는 민들레와 씀바귀, 고들빼기 같은 먹을거리를 일찍이 발견해 여러 가지 요리로 개발했다. 민들레는 복잡한 조리 과정을 거치지 않더라도 맛있게 먹을 수 있다. 뿌리째 캐서 끓는 물에 소금을 한 술 넣고 데쳐낸다. 찬물에 식혀 양념에 무치면 쌉쌀한 민들레무침이 된다.

또 다른 대표적인 음식으로 고들빼기짠지가 있는데, 경상도 지방의 토속 음식이다. 가을철 고들빼기나 민들레 잎이 시들기 전 뿌리를 캐 소금물에 절이고 양념에 버무려 독에 저장했다가 먹는 밑반찬이다. 잣과 밤을 섞고 은행까지 넣어 잘 익힌 고들빼기짠지는 양념과 함께 물엿에 버무리기 때문에 입에 넣는 순간 매큼하면서 달고, 쌉쌀한 맛을 느낄 수 있다. 여름을 지나며 잎이 억세진 것은 밀가루에 버무려 튀김을 해도 좋다. 깨끗한 것을 골라 생즙을 내 마시면 간에 더없이 좋다.

일행 가운데 누가 다치기라도 했다면 당황할 필요가 없다. 주변에 널려 있는 민들레나 씀바귀만 있으면 응급처치

흰민들레 *Taraxacum coreanum* Nakai

전국의 산과 들에서 자란다. 주로 볕이 잘 드는 길가나 밭둑에서 자라며 잎과 뿌리를 나물로 먹는다.

산민들레 *Taraxacum ohwianum* Kitam.

깊은 산의 양지에서 자라는 다년초다. 잎은 많이 갈라지지 않는다.

가 가능하다. 민들레의 즙액에 미생물의 번식을 억제하는 성질이 있어 피부의 상처를 치료할 수 있다. 손을 다쳤거나 간단한 외상이 있을 때 민들레를 짓이겨 상처에 붙이면 지혈이 되면서 곪지 않는다. 물론 연고를 바르는 등 나중에 추가적인 처치를 하는 것이 가장 좋지만, 민들레는 자연에서 쉽게 만날 수 있는 천연항생제라고 할 수 있다.

《도경본초圖經本草》에서 민들레는 '황화지정黃花地丁'이라고 불린다. 우리나라를 비롯해 전 세계에 200여 종이 자생하고 있는 풀이다. 한자로는 포공영蒲公英이라 쓴다. 당唐대의 의학자인 손사막孫思邈이 쓴 《천금요방千金要方》에서 민들레에 대한 이야기를 자세히 기록하고 있다.

손사막이 어느 보름날 밤에 정원의 한 나무에 왼손 가운뎃손가락을 다쳤는데, 다음 날 아침에 통증이 매우 심했다. 열흘이 지나자 부기와 통증이 더욱 심해졌고 안색이 붉은 팥처럼 변했다. 이때 한 노인이 민들레로 상처를 치료하라 권했다. 손사막은 노인의 말대로 민들레의 즙을 내 마시고 상처에 민들레를 짓찧어 붙였더니 곧 부기가 가라앉으며 통증이 가셨다. 며칠 후 상처는 씻은 듯이 나았다.

이때부터 손사막은 찾아오는 환자들의 상처를 민들레로 치료해 탁월한 효과를 보았다. 그 후 후세에 이르기까지 민들레는 외과용으로 상용하는 약재가 되었으며 오늘날까지 그 처방은 계속되고 있다. 주로 민들레는 인동꽃, 개나리, 황근, 황련, 대청련, 적작약, 현삼, 산두근 등과 함께 처방한다.

이 정도면 우리 주변에 널린 민들레에 한번쯤 관심을 가져볼 만하지 않은가.

수복강녕의 염원을 담은 꽃

복수초

우리나라의 겨울은 길다. 그러나 3월이면 이미 노란 꽃망울을 내미는 풀꽃이 있다. 바로 복수초福壽草다. 화단에 심은 것은 음력설이면 이미 꽃이 핀다. 밤에 기온이 영하로 내려가도 한낮이면 그 고운 꽃잎을 열고 새봄을 알린다. 꽃이 없는 때 홀로 고고한 꽃망울을 터뜨리기 때문에 더욱 돋보이는지 모른다.

흰 눈을 녹이며 꽃이 핀다고 하여 설화雪花, 얼음 속에서 꽃이 피기 때문에 빙랑화氷郎花, 황금색 술잔 모양을 하고 있다고 하여 금잔화金盞花 또는 측금잔화側金盞花라고 부르기도 한다. 수복강녕壽福康寧을 기원하는 뜻을 담고 있다고 하여 복풀福草이라고도 했다. 함경도 지방에서는 눈새기꽃, 얼음새기꽃이라고 부른다.

봄을 알리는 꽃이라 하여 예로부터 설날에 장수와 행복의 축원을 담아 선물했다. 만물이 얼어붙은 겨울을 이겨내는 강인함에서 회춘을, 개화기간이 긴 것을 보고 장수를 의미하는 고

←… 복수초 *Adonis amurensis* Regel & Radde
이른 봄 산지에서 가장 먼저 꽃이 핀다. 한 줄기에 한 송이의 노란 꽃이 위를 향해 핀다.

귀한 꽃으로 여겼는지 모른다.

복수초는 잎보다 꽃이 먼저 핀다. 황금색 꽃잎은 반짝반짝 윤택이 난다. 황금색은 중앙의 색이요, 불변의 색이며 고귀함의 상징이다. 임금의 곤룡포袞龍袍를 황금색 비단으로 하는 것도 이 때문이다. 봄에 일찍 꽃이 피는 초본류가 대부분 그렇듯 복수초도 고산식물의 특성을 잘 간직하고 있다. 꽃봉오리는 이미 지난해 6월경 다 만들어 둔 것이다. 다른 초본류가 겨울잠에서 깨어나기 전 꽃을 피우고 주위의 풀들이 자랄 때쯤이면 이미 잎이 시든다. 먼저 시작한 삶이기 때문에 마감도 빠르다.

노란 꽃잎은 반짝반짝 빛이 난다. 마치 오목한 그릇처럼 꽃잎을 펼치고 있다. 거울 같은 꽃잎이 열을 모으는 반사경 구실을 한다. 볕을 받으면 가운데로 열기를 모아 꽃술을 따뜻하게 한다. 그래서 찬 기온에도 꽃 속은 아늑해 곤충들이 활동할 수 있다. 언뜻 생각했을 때 눈 속에서 꽃이 피기 때문에 곤충이 없을 것 같지만 사실은 이때도 벌과 나비가 있다. 물론 해가 기울거나 날씨가 흐리면 활동을 멈추는데 이때 복수초도 꽃잎을 닫아 추위로부터 꽃술을 보호한다.

꽃이 필 때는 찬바람을 최대한 피하려고 지면에 붙어 있다가 봄이 무르익어 햇살이 따뜻해지면 줄기가 자라고 잎도 나온다. 그러다 6월 초가 되면 잎이 누렇게 시들어 지상부가 완전히 사라진다. 복수초는 자신이 서 있는 자리를 다른 풀들에 넘겨주고 홀연히 눕는다. 그 의연한 자태에서 성자의 모습을 볼 수 있다.

이러한 봄꽃들이 앞다투어 봄을 불러도 관심 밖으로 밀려난 데에는 이유가 있다. 우선 초봄에 등산을 해도 풀들이 자라지 않는 등산로만 다닌다. 능선으로 난 등산로에는 풀들이 자라지 않는 것이 보통이다. 여름에도 꽃을 보기 쉽지 않은데 하물며 숲의 기름진 땅에서 자라는 복수초꽃을 보기란 쉽지 않을 것이다. 복수초가 자라는 곳은 비옥한 토양이 깔린 낙엽 활엽수림이다. 이런 곳은 초봄 나무의 잎이 돋아나기 전에는 햇볕이 내리쬐는 양지다. 그러다가 나무에 싹이 돋아나 그늘이 질 때쯤이면 복수초는 햇볕을 받을 수 없으므로 줄기가 말라 긴 잠에 빠져든다.

복수초엔 굵은 수염뿌리가 있다. 사방으로 넓게 뻗은 다육질의 뿌리에 많은 영양분을 저장한다. 육지에서 자라는 것은 한 줄기에 한 송이의 꽃이 피는 것이 보통이다. 그에 비해 제주도에서 자라는 복수초는 잎이 가늘고 가지가 갈라져 여러 송이의 꽃이 핀다. 그 때문에 제주 자생의 복수초를 세복수초, 가지복수초라 하여 구분하는 학자도 있다.

최근 복수초의 원예 가치가 알려져 정원이나 화분에서 가꾸기도 한다. 그러나 대부분 산에서 자생하는 것을 불법으로 채취한 것이고 종자를 발아시켜 모종을 기른 것은 드물다. 복수초는 씨로 번식하거나 포기나누기로 번식한다. 대량 재배할 때는 씨를 뿌려 모종을 길러야 하지만 번식이 까다로워 영리를 목적으로 재배하는 곳은 아직 없다. 국내에서 복수초를 대량으로 재배하지 못하는 것은 경제성이 없기 때문이다.

복수초 씨를 뿌리면 그해에는 가느다란 잎이 한 장만 나온다. 이듬해에도 한 장의 잎이 약간 갈라질 뿐이다. 이렇게 하여 6~7년을 가꾸면 비로소 한 송이의 꽃이 피는 성주가 된다. 여러 송이의 꽃이 피는 복수초로 가꾸기 위해서는 최소한 10년 이상을 공들여야 한다.

복수초의 학명은 *Adonis amurensis*인데, 앞의 속명屬名 *Adonis*는 신화 속의 사냥꾼 아도니스에서 따온 말이다. 뒤의 종소명種小名 *amurensis*는 아무르강을 뜻한다. 즉 아시아 동북부 아무르강 유역에서 처음 이 식물을 채집했기 때문에 붙은 이름이다. 중국에서는 흑룡강이라 부르는 그 유역이다.

단오 전에 돋아나는 싹은 무엇이나 먹어도 된다는 말이 있다. 그러나 이 말만 믿고 무분별하게 산나물을 뜯어 먹으

※ 5월에 씨가 익으면 지상부가 시들고 휴면에 들어간다.

※ 복수초는 추위에 강해서 눈을 녹이면서 꽃이 핀다.

면 화를 당기기 일쑤다. 봄철에 돋아나는 새싹 중에는 투구꽃이나 복수초 같은 맹독성 식물도 있기 때문이다. 복수초의 독성은 뿌리에 특히 강하다. 물론 잎이나 줄기, 꽃에도 독성이 있다. 따라서 어린싹을 나물로 하면 강력한 알칼로이드 독성 때문에 심한 구토와 복통을 일으킨다.

동물실험 결과 이 독성은 심장을 수축시켜 활동을 느리게 하며 확장기를 길게 하는 것으로 나타났다. 알맞은 양을 섭취하면 혈액순환을 좋게 하고 배뇨량을 늘린다. 또 중추신경 계통에 대한 진정 작용이 있으며 운동성 흥분을 가라앉히는 작용이 뛰어나다고 알려져 있다. 한방에서는 숨이 차고 부기가 있을 때 사용하거나 만성 심장병 치료제로 쓰고 있다.

약리 작용이 있다고 하나 일반인이 약재로 사용해서는 안 된다. 반드시 한의사의 처방에 따라야만 중독사를 막을 수 있다. 꽃이 핀 줄기를 뿌리째 캔 후 그늘에 말려 약재로 한다. 이때 다른 약재와 섞어 독성을 중화한 뒤에 쓰는 것이 바른 처방이다.

제주 지방에서는 2월 초에 복수초가 피지만 강원 이북 높은 산에서는 5월이 돼야 꽃이 핀다. 복수초가 피면 비로소 봄이다.

천사의 마음을 가진 고운 자태

노랑제비꽃

설악산은 북방계의 희귀식물이 많이 서식하는 생태계의 보고다. 금강제비꽃을 비롯해 금강초롱꽃, 금강애기나리, 참좁쌀풀 같은 특산식물도 많다. 이른 봄 흰 눈을 녹이며 피는 얼레지, 복수초, 꿩의바람꽃, 앉은부채 등 봄꽃들은 우리나라의 봄을 장식하기에 충분하다. 생명의 봄바람은 이런 봄꽃들과 함께 갖가지 꽃들의 늦잠을 깨우면서 동토의 북녘을 향해 소리 없이 흐른다.

그중에서도 노랑제비꽃 군락은 그야말로 봄의 화신이라 할 만하다. 아직 계곡에는 눈이 녹지 않았지만 양지바른 언덕에서 군데군데 황금빛 노랑제비꽃이 다투어 핀다. 찬바람을 피해 다소곳이 고개 숙인 모습이 샛노란 병아리를 닮았다. 그래서 병아리꽃이라 했던가.

←… 노랑제비꽃 *Viola orientalis* W. Becker.
산지의 볕이 잘 드는 곳에서 자라는 다년초다. 뿌리에서 2~5개의 줄기가 자라고 가지 끝에서 노란 꽃이 핀다.

노랑제비꽃은 유난히 크고 탐스러운 꽃이 핀다. 줄기가 있어서 키가 훤칠하다. 게다가 무리 지어 자라기 때문에 더욱 화사하다. 북유럽 스칸디나비아에서는 노래자랑에서 우승한 사람에게 노랑제비꽃을 묶은 작은 꽃다발을 가슴에 달아주고 황금으로 만든 제비꽃 상패를 준다. 작은 풀꽃이지만 눈과 얼음으로 뒤덮인 죽음의 땅에 가장 먼저 생명의 경이를 알리는 영광스러운 꽃으로 보기 때문이다.

제비꽃은 이른 봄 메마른 풀밭이나 담장 밑에서 가련한 모습으로 핀다. 이 꽃이 필 때쯤 춘궁기가 시작된다. 먹을 것이 부족한 때 북쪽 오랑캐가 두만강을 건너 우리 땅을 침입한다고 하여 오랑캐꽃이라는 이름이 붙기도 했다. 또 제비가 강남 지방에서 다시 찾아올 때 꽃이 핀다고 하여 제비꽃, 땅바닥에 엎드려 피는 작은 꽃이라 하여 앉은뱅이꽃, 난쟁이꽃, 땅꽃이라고 부르기도 한다. 종달새가 하늘 높이 나는 모습이 신기해 하루 종일 하늘만 쳐다보다가 뒤로 넘어져 절름발이가 되었다는 설화를 지닌 절름발이꽃이기도 하다. 고깔처럼 말려서 돋아나는 모습이 종지처럼 생겼다고 하여 종지나물이라고도 부른다. 꽃을 서로 걸어서 잡아당기며 노는 장난감이어서 씨름꽃이라고도 한다. 토양을 가리지 않고 어느 곳에서나 거칠게 자라기 때문에 '야만인의 꽃Savage flower'이라 불리기도 했던가.

제비꽃은 5개의 수술과 1개의 암술이 있는데, 꼬투리는 둥글며 완전히 익으면 저절로 갈라 터져서 멀리 씨를 퉁겨 보낸다. 대부분의 제비꽃류는 무성번식을 한다. 그 때문에 꽃이 없는 여름에도 잎 사이에서 꼬투리가 자라면서 그 속에서 씨가 여문다. 자주색 꽃에 루틴이란 성분이 들어 있는데 피를 맑게 해주고 오줌을 잘 나오게 하는 약재로 쓴다. 어린 싹은 어긋 달리는 잎 사이에서 한 송이의 작은 꽃이 핀다. 꽃잎 가장자리와 안쪽의 색깔이 서로 다르다.

제비꽃은 북반구 어느 곳에서도 흔히 볼 수 있는 꽃이다. 보라색 꽃에서 염료를 추출하고, 싹을 뜯어 나물로 먹기도 한다. 잎과 꽃을 뿌리줄기 위쪽에서 잘라 나물로 한다. 작은 풀꽃이라 많이 뜯기는 어렵겠으나 자생종만 해도 80여 종 이상이고 전국적으로 흔한 편이다.

나물은 졸방제비꽃이 좋다. 줄기 위쪽 연한 부분을 따면 싹이 다시 자란다. 따라서 생태적으로도 별문제가 없다고 하겠다. 다만 제비꽃 무리 중 금강제비꽃, 왕제비꽃, 선제비꽃 등은 법정 보호식물이므로 절대로 뜯어서는 안 된다.

제비꽃 나물은 데쳐서 조리한다. 초간장에서 찍어 먹거나 양념장 무침, 샐러드, 튀김, 전, 국거리로 쓴다. 뿌리째 갈아서 녹즙으로, 잎과 꽃은 밀가루에 섞어 빵이나 국수로 만든다. 녹차에 꽃을 띄우면 맛과 향에 운치를 더한다. 제비꽃 잎은 귤의 4~5배에 달하는 비타민이 있다. 한방에서는 제

남산제비꽃 *Viola dissecta var. chaerophylloides* (Regel.) Makino

전국의 야산이나 들판에서 자라는 다년초다. 잎이 잘게 갈라졌고, 꽃이 돋아날 때는 작지만 여름에 돋아난 것은 손바닥보다도 크다.

비꽃을 자화지紫花地, 근채菫菜라 하여 화농성 질환에 쓴다. 이뇨, 황달, 간염에 좋고 중풍, 심장기능 회복에도 효과가 있다.

제비꽃은 영웅 나폴레옹이 좋아했던 꽃이다. 러시아와의 전투에서 패배한 나폴레옹이 엘바섬으로 귀양길에 오르면서 한 말은 유명하다.

"제비꽃 필 때 다시 오리라."

그의 약속대로 1년 뒤에는 엘바섬을 탈출해 지지자들의 환호를 받으며 파리에 입성한다. 제비꽃이 피는 3월 20일이었다.

제비꽃은 천사가 맨 처음 발견한 꽃이라고도 한다. 사랑을 전하기 위해 하늘에서 내려온 천사가 이 꽃을 보고 너무나 예뻐서 자신도 모르게 그만 살짝 입을 맞추었다. 그러면서, "더욱 아름답게 피어서 이 세상을 희망과 사랑이 넘치는 곳으로 만들려무나"라고 속삭였다.

그때부터 제비꽃은 부끄러워 고개를 숙이게 되었다고. 언제나 고운 몸맵시를 가다듬으며 사람들을 기쁘게 하는 제비꽃은 천사의 마음을 닮았기 때문에 꽃말도 '순결한 사랑'이라던가.

제비꽃의 감동은 한 편의 영화에서도 맛볼 수 있다. 오드리 헵번 주연의 〈마이 페어 레이디〉에서 꽃 파는 소녀 일라이자가 들고 있는 꽃이 바로 제비꽃이다. 1964년에 제작한 이 영화는 조지 큐커 감독의 예술 세계를 한눈에 볼 수 있는 대형 뮤지컬이다. 런던의 밤거리에서 "꽃을 사세요! 꽃이요!"라고 외치는 오드리 헵번의 청순한 이미지가 오래도록 기억될 추억의 명화에도 등장하는 꽃이다.

숲에서 들려오는 요정들의 종소리

둥굴레

둥굴레는 우리나라 각지의 산야에 널리 자생한다. 길섶에 돋아난 둥굴레 줄기를 가만히 흔들면 딸랑딸랑 소리가 들릴 것만 같다. 흰 옥으로 빚은 종 모양이니 맑은 옥구슬 구르는 소리가 들릴지도 모른다.

둥굴레는 종류가 많은데 왕둥굴레는 길이 2~2.5센티미터의 큰 원통형 꽃이 2개씩 달린다. 줄기에 비해 지나치다 할 정도로 큰 꽃이 그것도 2~3쌍이나 달린다. 강원도 태백산이나 오대산 같은 높은 산에서 자라는 희귀식물이다.

용둥굴레는 작은 꽃이 2~3개씩 달리고 녹색의 포가 있다. 같은 용둥굴레라 해도 개체에 따라 변이가 심해서 포가 작은 것과 큰 것, 꽃이 작거나 제법 큰 것도 있다. 또 줄기가 길고 높이 자라거나 작고 잎이 넓은 것도 있다. 각시둥굴레는 줄기가 꼿꼿이 선다. 퉁둥굴레는 줄기에 볼록한 능선이 세로로 돋아나 있다. 숲의 그늘에서 잘 자라며 둥굴레에 비해 키가 큰 편이다.

←… 둥굴레 *Polygonatum odoratum var. pluriflorum* (Miq.) Ohwi
줄기가 비스듬히 서고 잎겨드랑이마다 흰 꽃이 아래로 매달린다. 통꽃 끝은 녹색이고 밖으로 약간 벌어진다.

흰색 꽃이 앙증맞고 다소곳이 매달려 피는 모습 때문에 순결의 상징으로 여겨지는 둥굴레를 꺾어, 마음에 품고 있는 연인에게 선물하면 소원을 이룰 수 있다고 한다. 따라서 둥굴레가 피는 여름은 사랑하는 연인에게 고백하기 좋은 계절이다.

둥굴레는 땅속줄기가 옆으로 길게 뻗어나가며 퍼지는 다년초다. 땅속줄기에는 마디가 있고 가는 실뿌리가 붙는다. 끝에서 1개의 줄기가 돋아나 옆으로 비스듬히 서고 잎 사이 겨드랑이마다 한두 송이의 흰색 통꽃이 핀다. 긴 통꽃은 끝이 얕게 갈라지고 가느다란 꽃자루 끝에 매달린다. 꽃은 흰색이지만 꽃자루는 짙은 보라색 또는 갈색을 띤 보라색이다. 통꽃의 기부基部는 좁고 중앙이 약간 볼록하며 꽃잎 끝이 다시 밖으로 벌어진다. 꽃봉오리 상태일 때는 양쪽 끝이 좁고 가운데가 볼록하여 실꾸리 모양이다. 통꽃의 끝은 연두색이어서 하얀 꽃봉오리를 녹색 물감에 적신 것처럼 보인다. 그래서 둥굴레꽃은 자세히 볼수록 매력이 있다.

둥굴레 싹은 이른 봄 황색을 띤 흰색의 비늘잎에 싸여 돋아난다. 자라면서 비늘잎 사이에서 녹색 싹이 뾰족이 고개를 내민다. 이때가 나물을 뜯기에 가장 알맞다. 잎이 벌어져 줄기가 펴지기 시작하면 이미 질겨서 먹기 거북하다. 이렇게 채취한 부드럽고 향기로운 둥굴레 나물은 끓는 물에 데쳐서 무침이나 국거리로 쓸 수 있다.

우리 겨레가 오랜 옛날부터 식용, 약용으로 이용해온 식물인 둥굴레는 서민들과 친근했던 관계로 지방마다 서로 다른 이름으로 부르고 있다. '둥굴레'라는 이름은 동그란 꽃에서 따왔거나 까맣게 익은 동그란 열매를 보고 붙인 듯하다. 뿌리줄기를 나물로 먹을 수 있지만 무릇(물고)만큼은 못하다고 하여 개물곳 또는 괴물곳이라 한다. 또 새 발자국처럼 가느다란 줄기를 보고 새발둥굴레라고도 한다. 한자로는 마디가 있는 뿌리줄기를 보고 지절地節, 뿌리줄기가 흰 옥처럼 깨끗하다고 하여 옥죽玉竹이라 칭한다.

방편자方便子 유희柳僖가 쓴 《물명고物名考》의 표현을 빌리면 "둥굴레偏精는 잎이 마주 붙지 않으며 둥구레라고도 한다. 위유委蕤, 경熒 등 여러 가지 이름이 있다"고 했다.

모양이 특이하고 숲의 그늘진 곳에서 깨끗한 이슬을 맞으며 자라는 모습이 신선 같다고 하여 불가에서는 신선초神仙草라 부른다. 산사에서 수도하는 스님들이나 도가의 선인들은 둥굴레의 뿌리줄기를 귀중한 식량으로 생각했다. 신라의 원효대사가 산중에서 수도할 때 둥굴레 뿌리줄기를 아홉 번 찌고 아홉 번 말려九蒸九曝 환을 지은 옥죽환玉竹丸을 상식했다는 이야기가 잘 알려져 있다. 퇴계 이황도 그의 시에서 둥굴레를 신선식이라 했다.

적성산 속에는 신선이 있는데
구름 깃발 날리며 하늘에서 노니네
나에게 장수 약인 둥굴레 주면서
거짓되이 살지 말 것을 약속 바라네
赤城山中仙 遊天弄雲旗
貽我黃精草 約我勿差池

또 황중량黃仲良이 보낸 편지의 답신에서 둥굴레에 대한 견해를 밝혔다. "부지런히 둥굴레를 복용할 수만 있다면 신선이 아님을 어찌 근심하겠으며, 내 비록 둥굴레를 복용할 수는 없지만 그대가 승천하기를 바라오"라는 구절이다.

요즈음 둥굴레는 대중적인 차로 널리 이용되고 있지만 옛날에는 귀중한 식량자원이었다. 먹을 것이 귀했던 때는 둥굴레가 구황식물로 중요한 자리를 차지했다.

어린싹을 나물로 할 때는 끓는 물에 소금을 한 줌 넣고 살짝 데쳐낸다. 너무 오래 삶으면 뭉크러지기 때문에 조심해야 한다. 데친 것은 무침, 된장국에 넣어 먹는다. 조금 센 잎은 튀김으로 먹을 수 있다. 말린 잎이나 뿌리줄기를 갈아 가루로 만들어두고 국수, 떡, 수제비 같은 것을 할 때 반죽에 섞어도 좋다.

뿌리줄기를 물에 삶고 으깨어 푹 고아내면 다디단 조청이 된다. 더욱 졸이면 갈색의 엿이 된다. 당분을 섭취할 수 있는 좋은 식품이다. 설탕과 벌꿀을 제외하고 단맛을 내는 식품은 엿밖에 없다. 또 전분을 많이 함유하고 있어 갈아서 물에 가라앉히면 녹말을 얻을 수 있다. 둥굴레 뿌리줄기에서 뽑은 전분으로 떡이나 수제비, 국수도 만들어 먹었다.

된장이나 고추장 항아리에 묻어두면 훌륭한 장아찌가 되어 오래 두고 먹을 수 있다. 둥굴레 꽃봉오리는 요리의 멋을 내는 재료로 인기가 있다. 드물게 꽃을 먹을 수 있는 식용식물 중의 하나다. 맑은 녹차를 끓이고 그 위에 둥굴레의 새하얀 꽃을 띄우면 운치 있는 멋과 향을 즐길 수 있다.

둥굴레 뿌리줄기는 실뿌리를 제거하고 물에 깨끗이 씻어 물기를 빼놓는다. 3센티미터 길이로 잘라서 살짝 익혀 설탕에 조리면 둥굴레 정과正果가 된다. 간장과 함께 조리면 도시락 반찬으로도 좋고 술안주로도 인기가 있다. 밥 위에 얹어 먹을 때는 솥에서 밥이 끓고 난 뒤 뚜껑을 열고 그 위에 2센티미터 길이로 썬 것을 얹어 뜸을 들인다. 뜸이 들고 한데 섞으면 둥굴레밥이 된다. 양념간장을 끼얹어 비벼 먹는다. 술을 담가도 좋다. 말린 둥굴레 100그램에 벌꿀 200그램을 넣어서 약 2개월 정도 숙성시켰다 마신다. 생것을 쓸 때는 뿌리줄기 부피의 3배 정도 되는 소주를 부어 밀봉한다. 소주는 25도짜리 일반 소주도 가능하다.

뿌리줄기에는 콘발라린, 점액질의 배당체와 약간의 알칼로이드 성분이 들어 있다. 점액질 중에 80퍼센트 이상이 과당이고 나머지는 포도당이다. 실험 결과 혈당량과 아드레날린을 뚜렷하게 줄이는 것으로 나타났다. 따라서 당뇨병 환자가 복용하면 좋은 효과를 기대할 수 있다. 또한 혈압을 높이며 호흡작용을 활발하게 하고 흥분 효과가 있는 것으로 밝혀졌다.

한방에선 병후 허약한 체질을 회복시켜준다고 알려져 있다. 부인병 치료제, 보약, 입안이 마르고 기침을 다스릴 때 주로 쓴다. 열을 내려주며 소변을 자주 보는 사람들에게 효과적이다.

《삼국지三國志》〈초아전楚阿傳〉에는 "둥굴레玉竹는 황지黃芝 또는 지절地節이라 하는데, 피를 잘 돌게 하고 사람의 마음을 총명하게 해주는 자양강장제"라고 나온다. 그리고 "피부를 희고 매끄럽게 하며 오래도록 먹으면 늙지 않는다"고 적혀 있다.

《신농본초경神農本草經》이나 《명의별록名醫別錄》은 둥굴레

각시둥굴레 *Polygonatum humile Fisch.* ex Maxim.

산지의 풀밭에서 넓은 군락을 지어 자라는 다년초다.
뿌리줄기가 옆으로 뻗어나가며 줄기가 곧추선다.

❀ 둥굴레 뿌리줄기는 전분이 많이 들어 있어 여러 가지 요리에 쓰인다.

를 귀한 약초로 취급했다. 《황제내경皇帝內經》은 "둥굴레는 자양지초滋養之草로 300일을 먹으면 귀신을 볼 수 있고 신선이 되어 승천한다"고 적혀 있다. 《향약집성방鄕藥集成方》에서는 "둥굴레를 고아 볶은 검정콩 가루에 섞어 장복하면 소년과 같이 젊어진다"고 했다. 《동의보감東醫寶鑑》 역시 "둥굴레는 상약上藥 중의 상약"이라 하여 인삼보다 한 수 위로 여긴다.

요즈음에도 민간요법으로 뿌리줄기를 달여 기관지염, 폐결핵, 기침, 감기와 학질 환자에게 쓴다. 위염, 십이지장 궤양, 당뇨병, 좌골 신경통, 치질에도 쓰니 만병통치약이나 마찬가지다. 말린 둥굴레 250그램에 율무 150그램, 더덕, 오미자 진액 각 5그램과 물엿 1킬로그램을 섞어 '황옥고黃玉高'를 만들면 결핵 환자의 보약으로 더할 나위 없다.

둥굴레는 꽃이 아름답고 줄기의 모양이 특이해 관상 가치가 있다. 정원에 심을 때는 볕이 적게 드는 약한 그늘에 심는 것이 좋다. 뿌리줄기를 잘라 땅에 심으면 싹이 돋아나는데, 대량 재배할 때는 씨를 심어 가꿔야 많은 묘를 얻을 수 있다. 한번에 수만에서 수십만 포기로 대량 번식하기 위해서는 조직배양을 하면 쉽다. 최근에는 잎에 반엽이 들어간 원예품종이 화훼시장에서 꾸준한 인기를 누리고 있다. 줄기를 자른 것이 꽃꽂이 소재로 팔리고 있다.

옛 선비들은 납작한 화분에 둥굴레를 심어 대나무 대신 즐겼다. 한 포기를 심기보다는 여러 포기를 한데 모아 심는 것이 운치가 있다. 비슷한 것으로 애기나리나 진부애기나리 같은 것을 화분에 심으면 아치가 있어서 좋다. 한유韓愈는 그의 시에서 "둥굴레로 푸른 구슬을 꿰었네萎蕤綴藍瑛"라고 노래했다.

둥굴레가 약초로 알려지면서 산에서 몰래 채취하는 사람들이 늘고 있다. 무엇이 좋다고 하면 싹쓸이하는 것이 문제다. 물론 산채한 것이 재배한 것보다 시장에서 비싸게 팔리고 있지만 환경 보존을 먼저 생각해야 할 것이다. 자생지를 보호하는 것은 우리 모두의 의무기 때문이다.

얼음을 뚫고 솟아오른 고깔

앉은부채

우리 땅에서 가장 먼저 꽃이 피는 앉은부채. 볕이 잘 드는 곳이라면 중부지방에서도 2월이 채 가기 전에 꽃봉오리가 올라온다. 눈 속에서도 연한 갈색을 띤 보라색에 자주색 반점이 있는 꽃이 고깔처럼 말려 있다. 부채처럼 넓은 잎을 펼쳐놓아서 앉은부채라는 이름이 붙었다. 한자로는 지용금련地湧金蓮이라 한다. 우엉취, 삿부채로도 부른다.

진화 과정에서 보면 앉은부채는 원시적인 꽃이다. 꽃잎이라고 할 수 있는 것이 하나기 때문이다. 꽃은 매개체인 곤충을 부르기 위한 식물의 장치다. 그래서 진화 단계를 여러 번 거친 고등식물일수록 꽃잎이 많이 분화했다. 물질경이나 사마귀풀의 경우 3장의 꽃잎이 있는 식물이다. 수선화나 붓꽃과, 백합과 식물도 3장의 꽃잎이 있다. 백합꽃이 6장으로 보이지만 사실 바깥 꽃잎 3장은 꽃받침이 변해서 꽃잎처럼 보이는 것이다. 무나 배추처럼 십자화과는 4장의 꽃잎이 있고, 벚나무, 매실나무 같은 장미과는 5장의 꽃잎으로 이루어져 있

←··· 앉은부채 *Symplocarpus renifolius* Schott
이른 봄 가장 일찍 꽃이 피는 다년초다. 잎이 나오기 전에 두꺼운 고깔 모양의 포엽에 싸인 화서가 자란다.

다. 고등식물인 국화과는 수많은 꽃잎으로 진화했다.

앉은부채의 꽃차례는 두꺼운 고깔 속에 깊숙이 숨어 있어 잘 보이지 않는다. 꽁꽁 언 땅을 녹이고 고개를 내미는 강인한 생명력이 신비하기 짝이 없다. 새해 들어 가장 먼저 꽃이 피는 놀라운 생명력은 어디서 나오는 것일까.

앉은부채는 스스로 열을 내는 식물로 알려져 있다. 열을 발산해 찬 기온에 맞서는 강인한 식물이다. 앉은부채는 서울에서도 3월 초면 이미 꽃이 핀다. 이때는 아직 곤충이 활동하지 않는다. 앉은부채의 포엽 속 온도를 측정하면 바깥 기온보다 7도나 높다. 그만큼 이른 시기에 언 땅을 박차고 솟아오를 만하다. 야행성 갑충류가 따뜻한 꽃을 찾아와 밤을 지내고 꽃가루받이를 돕는다. 앉은부채는 열을 발산해 곤충을 끌어들이고 꽃가루받이라는 목적을 이룬다. 이와 비슷하게 늦가을에 꽃 피는 애기앉은부채도 열을 내는 식물로 알려져 있다. 또 물에서 꽃이 피는 몇몇 연꽃이나 수련도 열을 내 곤충을 끌어들인다고 알려져 있다.

나비나 벌은 영상 15도가 되면 활동한다. 물론 성충으로 겨울을 나는 것들만 동굴이나 나무등걸 같은 곳에서 웅크리고 있다가 잠깐 기온이 올라가는 한낮에 세상에 나온다. 이럴 때 식물도 곤충의 활동 주기에 맞춰 꽃을 피운다. 민들레,

제비꽃도 한낮에만 꽃잎을 열어 향기를 퍼뜨리고 흐리면 금방 닫아서 추위로부터 꽃술을 보호한다.

앉은부채의 생태적 특성을 보면 퍽 재미있다. 간혹 화창한 날 따뜻한 햇살을 즐기기 위해 나온 갑충류를 통해 수정하는 모양이다. 생선 썩는 고약한 냄새를 풍기는 것도 그 때문이다. 미국에서는 역한 냄새 때문에 '스컹크 캐비지'라 한다.

'일찍 일어난 새가 많은 모이를 먹는다'는 말이 있다. 제한된 면적에서 함께 경쟁하며 살아야 하는 식물로서는 남들보다 일찍 싹이 돋아나는 것도 하나의 생존 방법이다. 다른 나무가 싹을 틔우지 않았을 때는 울창했던 숲도 그늘 없는 양지다. 이때 재빨리 꽃을 피워뒀다가 나무의 싹이 자라서 그늘이 지면, 넓은 잎을 벌려 가지 사이로 조금씩 새어드는 볕을 받아 광합성을 하면 된다. 얼마나 지혜로운가. 지금도 서울 근교 숲속 깊은 곳에는 앉은부채가 추위를 뚫고 화려한 싹을 피워 올리고 있을 것이다.

연한 갈색을 띤 보라색에 자주색 반점이 있는 화려한 잎을 꽃인 줄 알고 있으나, 꽃은 쇠뜨기나 옥수수처럼 생긴 자주색을 띤 갈색으로 잎 속에 감싸여 있다. 꽁꽁 언 눈을 녹이고 고개를 내미는 생명력이 신비롭기조차 하다. 긴 겨울잠을 자고 난 곰이 제일 먼저 찾는 먹을거리이기도 하다.

또 희한한 것은 씨가 익으면 열매 꼬투리를 땅속에 묻어 버린다. 다른 식물들은 대부분 씨를 더 멀리 날려보내기 위해 낙하산을 준비하거나 퉁겨 보낸다. 그리고 동물의 몸에 붙어서 퍼지거나 물에 떠서 멀리 퍼지게 한다. 앉은부채는 위로 올라가기는커녕 오히려 땅속으로 들어간다. 아마 땅속에 사는 두더지나 들쥐 같은 것들에게 먹혀서 씨앗을 퍼뜨리는 것이 아닌가 싶다. 말 못 하는 식물이지만 번식 본능이 오묘하기 짝이 없다.

잎에는 칼슘, 철, 마그네슘, 규산염이 많이 들어 있으나 알칼로이드 독성 때문에 식용으로 할 때는 주의해야 한다. 독성은 뿌리에 특히 많으니 더욱 주의해야 한다. 독성분이 있다지만 옛날부터 어린잎을 따 데쳐서 며칠 동안 흐르는 물에 담가 독성을 빼고 다시 장기간 말려 저장해두었다가 묵나물로 무쳐 먹었다.

동물실험 결과 뿌리는 혈압 강하 작용이 뛰어난 것으로 입증됐다. 씨는 기관지천식에, 뿌리는 진통제, 진정제, 진해거담제로 또 관절통, 신경통, 폐결핵, 경련, 발작, 발한을 치료하는 약재 및 해열, 이뇨제로 쓴다. 민간요법으로는 잎을 짓찧어 벌레 물린 상처에 붙였다.

수많은 식물이 환경에 적응하면서 모습을 바꿨으나 앉

애기앉은부채 *Symplocarpus nipponicus* Makino
가을에 꽃이 피는 다년초다.

※ 앉은부채는 스스로 열을 내 눈을 녹이며 자란다. 포엽 안쪽 온도와 바깥 온도가 7도나 차이 난다고 알려져 있다.

은부채는 시류에 흔들리지 않고 아직도 옛 모습 그대로 살고 있다. 산속에서 고행하는 수도승 같은 의연한 자세다.

담장 밑에서 찾은 봄의 미각

머위

대지는 봄을 향해 꿈틀거리기 시작했다. 남녘에서는 연일 꽃소식이다. 마을을 벗어나지 않아도 봄을 느낄 수 있는 계절이 되었다. 담장 위로 산수유의 노란 꽃이 여린 향기를 퍼뜨리고, 조금 멀리 눈을 돌리면 산자락마다 진달래가 연분홍 꽃물을 들여 어느 때보다 화사하다. 노란 개나리가 몸서리치도록 교태를 부리는데 어쩔 것인가. 목련도 흰빛과 자줏빛 꽃봉오리를 열어 하늘을 향해 팡파르를 울린다. 고난의 겨울을 이겨낸 꽃들의 축제는 얼마나 감동적인가.

마을을 조금 벗어나면 길가나 밭둑에도 작은 풀꽃들이 피어 향기로 살아 있음을 알린다. 작지만 바람에 몸을 맡긴 몸짓은 소리 없는 아우성이 되어 우리의 발길을 멈추게 한다. 풀섶의 작은 제비꽃이며 담장 아래의 쇠별꽃, 양지바른 땅에서는 냉이며 꽃다지가 지천으로 피어난다. 얼마나 대견한가. 긴 겨울을 온몸으로 버티며 동장군과 맞선 작은 들꽃들에 누구 하나 박수를 보낸 적이 있던가. 우리 풀꽃들은 눈이 보

←… 머위 *Petasties japonicus* (S. et Z.) Max.
이른 봄 양지바른 곳에서 돋아나는 다년초다. 머위의 꽃은 튀김을 해 먹는다.

일 듯 말 듯한 그곳에서 그렇게 수천, 아니 수만 년을 살아왔다. 사람보다 까마득하게 오랜 삶을 누려온 풀꽃들이 아닌가. 그래서 저 작은 몸짓이 애처롭고 더욱 정감이 간다.

아무것도 없을 것 같은 마른 풀섶에서도 초록 솔방울 같은 머위꽃이 뾰족이 고개를 내민다. 그리고 동그란 잎도 솟아난다. 얼마나 기다려온 나물이던가. 그 옆에는 자주색의 왜현호색과 댓잎현호색이 피어 있고, 자주괴불주머니와 노란 산괴불주머니가 수많은 꽃송이를 매단 채 발돋움하고 있다. 마치 작은 입술을 내밀어 "뽀뽀해주세요"라고 하는 것 같다. 현호색은 손가락으로 스치기만 해도 쓰러지고 마는 연약한 줄기지만 해마다 그 자리에서 언 땅을 녹이고 맨 먼저 봄을 알린다.

산지로 눈을 돌리면 골짜기에는 양지꽃, 봄맞이, 처녀치마, 홀아비바람꽃, 꿩의바람꽃 따위를 볼 수 있다. 얼레지는 저마다 꽃잎을 뒤로 젖혀 기지개를 켠다. 꽃이 활짝 피면 꽃술은 아래를 보고 있는데, 꽃잎은 날개를 곧추세우듯 위로 치켜든다. 얼레지 밭의 수많은 얼레지가 불꽃이 되어 하늘로 날아오를 것 같다. 하나하나 연분홍 나비가 된다.

머위, 그 쌉싸래한 것은 언제 먹어도 입맛을 돋운다. 겨우내 먹은 우거지, 시래기에 지친 우리에게 봄맛을 안겨준다. 아직 눈이 채 녹기 전인 이른 봄, 심장형의 잎과 함께 꽃대가 나온다. 인가 근처 비옥한 땅에서 잘 자란다. 주로 담장 밑이나 개울가, 나무, 울타리 밑처럼 약간 그늘진 곳을 좋아하는 성질이 있다. 평지에서부터 비교적 깊은 산 암자 근처에서도 잘 자라는 것으로 봐서 고도는 별로 가리지 않는 것 같다.

머위가 언제 우리나라에 들어왔는지는 아무도 모른다. 분명한 것은 자생식물自生植物이 아니라는 사실이다. 자생식물이라면 어디든 서식해야 하는데, 머위는 반드시 사람이 살았던 흔적이 있는 마을 근처에서만 자란다. 만약 산에 머위가 자란다면 그곳은 사람이 주거했다는 뜻이다. 숯 굽는 가마가 있었거나 암자 터, 아니면 병에 걸려 마을에서 격리된 사람이 혼자 거처했던 곳일 수도 있다. 이러한 식물 중에는 미나리, 상사화 같은 초본류가 있고 골담초, 명자나무 같은 목본도 있다. 이런 식물들을 '주거지표식물'이라 한다.

머위는 전초全草에 약간 쌉쌀한 맛을 숨기고 있다. 유분 분해효소인 락투카롤과 질소화합물인 크산틴이 함유돼 있다. 떫은맛을 내는 타닌과 효소, 유당인 락투신도 약간 함유돼 있다. 늦가을 뿌리줄기를 캐서 그늘에 말린 것을 봉두채蜂斗菜라 하여 약재로 쓴다. 한방에서는 이른 봄 잔설을 뚫고 나

❀ 이른 봄에 잎과 동시에 꽃이 핀다.

오는 화경花莖을 봉오리째 채취해 위장약으로 쓴다. 서양의 경우 기침, 천식이 있을 때 말린 머위잎을 담배에 섞어 피운다. 또 생선을 먹고 체했을 때 뿌리줄기를 즙으로 내 마신다.

지하로 뻗어가면서 자라기 때문에 자생지에서는 떼를 이룬다. 전국의 절이나 시골에서는 집집마다 담장 밑 같은 곳에 가꿔 놓고 수시로 베어 나물로 했다. 머위가 자라는 곳에는 풀이 잘 자라지 못한다. 나물을 심어 제초까지 할 수 있으니 이보다 더 고마운 식물이 있을까.

머위는 버릴 것이 하나도 없다. 봄에 돋아나는 잎을 따서 살짝 찌면 쌈이 된다. 약간 쌉쌀한 맛이 겨울 동안 잃었던 입맛을 되살리는 데 탁월하다. 어린싹을 넣고 끓인 토장국도 좋고 무, 파와 함께 끓인 머위된장찌개도 봄에 미각을 찾는 데 으뜸이다.

봄철 채 피기 전의 꽃을 찹쌀가루 반죽에 무쳐 말렸다가 튀긴 튀각은 바삭바삭한 맛과 향이 그만이다. 요리는 주로 잎자루로 한다. 여름철 30~50센티미터나 되는 잎자루를 잘라 잎은 버리고 끓는 물에 살짝 익힌다. 이것을 찬물에 식혀 껍질을 벗기고 적당한 길이로 잘라 나물로 한다. 껍질을 벗긴 머위 줄기에 각종 양념을 한 후 밀가루를 넣어 걸쭉하게 끓여 반찬으로 하면 독특하다. 껍질을 적당한 길이로 잘라 간장을 넣고 약한 불로 익히다가 물엿에 조리면 달짝지근한 머위조림이 된다.

머위나물은 들깨즙을 만나 비로소 완성된다. 살짝 익힌 머위 줄기를 적당히 먹기 좋게 자르고 미리 준비해둔 들깨즙을 부어 한번 더 조리면 기막힌 머위 요리가 된다. 이외에도 줄기의 껍질을 벗긴 것을 버리지 말고 적당한 크기로 묶어 막된장 항아리 속에 깊이 박아두면 훌륭한 장아찌가 된다. 이 머위장아찌는 씀바귀, 고들빼기, 다래, 감, 참죽나무, 뚱단지와 연근, 죽순에 지지 않는 바로 우리의 맛이다.

겨우내 잃었던 입맛을 되찾아준 산채

선씀바귀

선씀바귀는 이른 봄에 싹이 돋아난다. 뾰족이 내미는 싹을 찾아 그 주위를 파면 많은 뿌리를 거둘 수 있다. 뿌리는 노란색이고 가늘고 긴 것이 무더기로 나오는데 흙을 잘 털고 모은다. 길가나 밭둑, 묵밭에서 자라는 다년초다. 흔히 씀바귀라 하지만 서식지가 약간 다르다. 씀바귀는 산지의 묘지 잔디밭이나 길가의 볕이 잘 드는 곳에 한 무더기씩 작은 집단을 이룬다. 곧추선 줄기는 가지를 많이 치지 않아 꽃이 적게 피고 노란색 꽃잎도 가늘고 긴 편이다.

그에 비해 선씀바귀는 보통 마을 근처 경작지 부근에 자란다. 꽃은 노란색이 기본이지만 흰색, 분홍, 연한 자주색도 있다. 붉은빛 선씀바귀를 선발하면 빨간 꽃도 적출해낼 수 있을 것이다.

선씀바귀 외에도 모든 씀바귀 무리를 나물로 할 수 있다. 씀바귀, 가새씀바귀, 벌씀바귀, 이고들빼기, 고들빼기 따위를 캐 무침이나 장아찌, 짠지를 담가 먹는다.

←··· 선씀바귀 *Ixeris strigosa* (H.Lév. & Vaniot) J. H. Pak & Kawano

뿌리줄기와 잎을 나물로 먹는다. 가을에는 잎과 줄기를 소금물에 삭혀 김치를 담그고 이른 봄에는 땅속줄기를 나물로 먹는다.

쓴바귀는 맛이 쓰고 찬 성질이 있다. 열을 가라앉히고 해독 작용을 하며 부기를 가라앉힌다. 중국에서는 씀바귀로 유방암을 치료해 좋은 효과를 거두었다. 가을에 돋아난 씀바귀 잎을 뜯어 소금물에 살짝 절인 것을 무말랭이짠지를 담글 때 섞어도 좋다. 또 고들빼기짠지를 담글 때도 함께 쓴다. 이때 채 썬 생밤이나 잣을 곁들이면 더욱 향기롭다.

중국에서는 씀바귀와 민들레, 과루, 구릿대, 개나리, 자산갑, 적작약, 잇꽃, 조자, 꿀풀과 함께 처방한다. 상처가 곪고 터진 환자에게는 산갑과 조자를 빼고 대신 당귀와 화분을 첨가한다.

씀바귀는 본래 '천연 살균제'라고 불릴 정도로 항균 작용이 뛰어난 약재다. 특히 황색포도구균과 용혈성연구균에 대해 강한 살균 효과가 있다. 따라서 호흡기 감염과 담도 감염, 비뇨계통 감염, 패혈증과 위염 등을 치료하는 약재다. 현대 중국 하남 안양安陽의 명의인 손일민孫一民은 씀바귀의 생즙과 생지황, 엉겅퀴, 띠 등으로 즙을 짠 사선탕四鮮湯으로 백혈병을 비롯한 혈액 관련 불치병을 치료하는 놀라운 효과를 보았다.

씀바귀를 음료로 할 때는 몇 가지 주의할 점이 있다. 우선 청정 지역에서 캔 것이어야 한다. 씀바귀, 민들레가 아무 곳에서나 흔하게 자란다고 해서 자동차가 다니는 도로에서 아황산가스 덩어리가 된 씀바귀를 먹을 수는 없다. 최소한 도로에서 100미터 이상 떨어진 곳에서 채집해야 한다. 도로변의 토양은 오염이 심하다. 이런 곳에서 자란 씀바귀, 고들빼기는 식품으로 가치가 없을 뿐만 아니라 약용으로는 더욱 쓸 수 없다. 병을 물리치고 건강을 되찾기 위해서 먹는 약재가 오히려 공해병을 불러올 수 있다.

우리는 가끔 청정 지역과 공해 지역을 착각할 때가 있다. 필자가 나가는 생태 강좌에서 산나물은 청정 지역에서 채집해야 한다고 했더니, 어느 회원은 딸이 캐온 한 바구니나 되는 민들레를 모두 버렸다는 것이다. 어디서 캤냐고 물었더니 쇠똥이 굴러다니는 목장의 풀밭에서 캤다는 것이다. 그가 말한 목장의 풀밭은 공해 지역이 아니다. 오히려 청정 지역에 속한다. 물론 쇠똥이 묻은 민들레라면 식용으로 적합하지 못하다. 그러나 목장의 풀밭에서 자란 것은 영양이 풍부할뿐더러, 공장이나 주택가와 멀리 떨어져 있어 농약을 치지 않은 신선한 채소라 할 수 있다.

씀바귀를 캐 오면 시든 잎을 잘 다듬는다. 그리고 뿌리의 흙을 털어내고 물에 깨끗이 씻는다. 잎과 뿌리를 분리해 잎은 생즙을 내 마시고 뿌리로 차를 끓인다. 쓴맛이 너무 강해 먹기 거북한 사람은 사과나 배즙을 타 마시거나 과일 주스와 섞어 마셔도 좋다.

씀바귀 잎으로 차를 끓일 때는 반드시 말려서 끓여야 한다. 잎과 꽃은 그냥 말리면 썩기 쉽다. 증기로 쪄서 말리면 잘 마른다. 볕에 널어 뒤집어가면서 말리면 이틀이면 완전히 말릴 수 있다. 잘 마른 씀바귀 잎과 꽃을 베 보자기에 싸서 끓는 물에 우려내면 연한 녹색을 띤 다갈색이 된다. 백자나 분청사기 같은 밝은색 잔에 따라 마시면 색과 향이 곱고 그윽하다. 여유가 있다면 입이 넓은 말차 잔에 따라 마셔도 운치가 있다. 넓은 말차 잔에 맑은 씀바귀 우린 물을 따르고 그 위에 노란 씀바귀꽃 한 송이를 띄워보라. 맑은 호수에 뜬 한 떨기 노란 수련을 연상케 한다.

씀바귀의 잎이나 꽃에 비해 뿌리는 더욱 향기롭고 맛깔스럽다. 원래 서양에서는 씀바귀의 근연종인 민들레 뿌리의 쓴맛을 이용해 커피 대신 음료로 마셨다. 특히 태평양전쟁 때 미드웨이해전에서 섬에 고립된 미군이 마실 커피가 떨어지자 민들레 뿌리를 커피 대신 마셨다고 한다. 그들은 민들레 뿌리를 캐 볕에 바싹 말린 뒤 솥에 볶았다. 그리고 잘게 부숴 끓여낸 음료는 쌉쌀해 커피에 길들여진 그들의 입맛을 자극하기에 충분했다.

냇씀바귀 *Ixeris tamagawaensis* (Makino) Kitam.

습기가 많은 냇가나 논둑에서 자라는 다년초다. 뿌리줄기가 옆으로 뻗어나간다.

❀ 흰 꽃이 핀 선씀바귀. 꽃색이 달라도 성분이나 영양에는 큰 차이가 없다.

쓴바귀뿌리차도 마찬가지다. 잘 마른 씀바귀 뿌리에서 굵은 것을 따로 골라낸다. 이것을 1센티미터 정도로 잘게 썰어 솥에 볶는다. 노릇노릇하게 익으면 종이봉투에 넣어 실온에 보관한다. 이렇게 볶은 씀바귀 뿌리 조각 2~3쪽이면 한 잔의 씀바귀차를 우려낼 수 있다. 시중 약재상에서 파는 민들레 뿌리도 마찬가지다. 프라이팬에 볶아 노릇노릇해질 정도로 볶아야 한다. 살짝 볶아낸 민들레 뿌리는 씀바귀처럼 구수한 숭늉 냄새가 나고 맛도 같다. 뜨거운 물에 2~3쪽의 뿌리를 넣고 찻물이 노래지면 뿌리를 건져내고 마신다.

씀바귀차는 색과 향이 덤덤한 편이지만 맛은 머릿속 깊이 파고드는 느낌이다. 마실 때는 그저 씁쓸한 맛이라고 생각될지 모르나, 잔을 내려놓는 순간 입안이 개운하고 오래도록 여운이 남는다. 그래서 약차는 혀끝으로 마시기보다 온몸으로 받아들여야 하는가 보다. 씀바귀차의 씁쓸한 맛이 싫증난다면 꿀이나 단풍나무 수액을 농축한 메이플시럽을 타 마셔도 좋다. 또 술을 한두 방울 떨어뜨려 마셔도 향기롭다.

아무리 좋은 약재도 마시기 거북하다면 차로 가치가 없다. 차는 음료지 보약이 아니기 때문이다. 따라서 자신의 입맛에 맞는 방식을 개발해 가장 맛있게, 가장 향기롭게, 그리고 가장 멋스럽게 마시는 것이 다법 아니겠는가.

차를 즐기는 어느 스님에게 차를 어떻게 마셔야 하느냐

고 물었던 우문한 기자에게 스님은 "누워서 마시지 않으면 된다"라며 큰 철학이 담긴 현답을 주었다. 오늘날 일본식 다법에 길들여진 일부 차인들이 지나치게 의식에만 매달려 있는 것에 따끔한 채찍질을 하는 듯해 공감이 간다.

차례상의 맨 윗자리에 오른 산채

고사리

고사리는 먹는 나물이다. 예로부터 우리 선조들은 고사리를 채취해 데쳐서 말려두고 연중 나물로 먹었다. 특히 가장 정성스럽게 차리는 제사상에서 빠져서는 안 되는 나물이 바로 고사리다. 제사상에는 다섯 가지 나물 즉, 오채五菜를 올려야 하는데 붉은색의 고사리, 노란색의 콩나물, 흰색의 도라지, 검은색의 묵나물, 그리고 초록색의 푸성귀가 바로 오행五行, 오방五方을 상징하는 셈이다. 나물 하나에도 뜻을 두고 먹었던 선조들이다.

붉은색 고사리는 제사상에서도 가장 윗자리에 올리는 정갈하고 귀한 식품이었다. 그러나 오늘날에는 고사리도 중국에서 수입하고 있다. 조상께 올리는 제수도 수입농산물로 차리는 때가 된 것이다. 고사리는 독초로 분류하지만 선조들은 그 독성을 제거하는 방법을 잘 알고 있었다. 고사리는 날로 먹으면 중독되어 설사를 일으킨다. 반드시 데쳐서 찬물에 충분히 우려낸 후 조리해야 한다.

←… 고사리 *Pteridium aquilinum var. latiusculum* (Desv.) Underw. ex A. Heller

뿌리줄기로 뻗어나가는 다년초다. 최근에는 밭에서 재배한다. 뿌리줄기를 잘라 묻으면 싹이 돋아난다.

여기서도 조상들의 지혜를 엿볼 수 있다. 고사리를 소금물에 데쳐 말리면 독성이 대부분 가시고, 묵혔다가 겨울에 다시 삶아 찬물에 우려낸 후 참기름 같은 양념에 버무리면 문제없다는 사실을 알았다. 독이 있는 식물을 나물로 먹는 방법을 터득하기까지 많은 시행착오를 거쳤을 것이다.

이와 관련된 일화가 있다. 우리 동포들이 미국으로 이민 간 후 근처 공원에 갔더니 고사리가 너무나 많았다고 한다. 하도 푸짐하고 탐스러워 챙겨 간 쇼핑백에 꺾어 가져오는데, 현지 미국인이 그 풀을 왜 뜯느냐고 묻기에 나물로 먹을 거라 했더니 그 풀은 독성이 강해 먹으면 죽는다며 깜짝 놀라더라는 것이다. 버리자니 아까워 맛이라도 보자며 고국에서 했던 것처럼 데쳐서 참기름에 볶았더니 그렇게 맛이 좋을 수 없었다고 한다. 혹시나 싶어 식구들은 먹지 못하게 하고 혼자 맛있게 먹었는데, 배탈은커녕 소화도 잘되었다.

다음번에 더 많은 고사리를 꺾어 한인 교회 바자회에 가져갔더니 그곳에서 가장 먼저 동이 났다고 한다. 독성이 있어 처음 먹는 사람은 설사할 수 있지만 늘 먹으면 면역이 생겨 문제없는 것이었다.

고사리나물이 들어가야 맛을 내는 요리가 바로 비빔밥

이다. 비빔밥은 제사상에 오른 여러 가지 나물을 한데 모아 비벼 먹으면서 발전한 요리라는 설이 있다. 철 따라 나는 갖가지 나물을 얹어 비벼 먹는 비빔밥은 한국의 대표적인 요리가 된 지 오래다. 아무리 여러 가지 나물을 쓴다고 해도 빠져서는 안 되는 것이 고사리, 도라지, 콩나물이다. 특히 고사리가 빠진 비빔밥은 상상할 수도 없다.

특히 전주비빔밥은 지방 특산 요리가 되어 세계 각국에서 온 관광객들의 입맛을 사로잡았다. 전라도 요리로 밀가루에 고사리나물과 조기 살을 넣어 부쳐 먹는 전이 있었으나 조기가 최고급 생선이 된 지금은 맛보기 어렵다.

한식 차림에 빠져서는 안 되는 것이 바로 육개장이다. 개장은 원래 개고기에 고사리, 토란줄기, 시래기 말린 것을 넣고 토장국에 끓여낸 전통 음식이다. 여기서 개고기를 싫어하는 사람을 위해 닭고기를 쓴 것이 닭개장이고, 쇠고기를 쓰면 육개장이 된다. 종종 식당에서 닭계장 또는 육계장이라고 쓴 차림표를 볼 수 있는데 말의 어원을 잘 모르고 썼기 때문에 생긴 오류다.

개장이든, 육개장 또는 닭개장이든 고사리나물이 없으면 맛을 낼 수 없다. 푹 끓인 국물에 고추기름에 볶은 고사리, 토란줄기, 숙주나물 따위를 넣고 여기에 당면 사리까지 넣으면 얼큰한 육개장이 된다. 이 고사리 없이 우리의 맛을 어떻게 찾을 수 있겠는가.

식용 고사리는 우리나라 전역에서 자란다. 한라산에서부터 백두산까지 고사리가 자라지 않는 곳은 없다. 양지에서 잘 자라는 특성이 있어 묘지의 잔디밭에서도 잘 돋아난다. 특히 제주도의 고사리는 고려 때부터 유명해 대량 채취한 후 육지까지 보내기도 했다. 제주 민요 〈오돌또기〉에도 고사리 맛이 좋다고 노래하고 있다.

> 한로산 허리엔 시러미 익은숭 만숭
> 서귀포 해녀는 바다에 든숭 만숭
> 제주야 한로산 고사리 맛도 좋을시고
> 산지야 포구끗 뱃고동 소리 좋을시고

또 고사리는 선비의 청빈한 삶을 대변하기도 한다. 《사기史記》〈백이숙제열전편伯夷叔齊列傳篇〉에 전하는 내용이다. 백이와 숙제는 고죽국孤竹國의 왕자들이었다. 부왕이 후계자를 지명하려 하자 서로 사양하다가 끝내 두 사람 모두 왕위를 포기했다.

백이와 숙제는 서백西伯의 창昌이 노인을 잘 봉양한다는 소문을 듣고 찾아가 의지하고자 했으나, 그는 이미 죽어 문왕文王에 추존되어 있었다. 그리고 그의 아들 무왕武王이 문왕

❀ 잎이 펴지려고 하는 어린 고사리.

❀ 고사리의 싹을 데쳐 말리면 훌륭한 묵나물이 된다.
비빔밥이나 육개장 같은 요리에 두루 쓰인다.

의 위패를 수레에 싣고 은殷의 주왕紂王을 정벌하기 위해 출진하려 했다. 백이와 숙제는 무왕의 말고삐를 잡고 이렇게 간청했다.

"아버지의 장례도 치르지 않고 바로 전쟁을 일으키는 것을 효孝라 할 수 있는가? 신하된 자로서 군주를 시해하려는 것을 인仁이라고 할 수 있는가?"

무왕이 경쟁국인 은나라를 토벌하고 주周나라를 세웠는데 그것이 도리에 어긋난다고 하여, 주나라의 더러운 곡식을 먹지 않으려고 수양산首陽山으로 들어갔다. 그곳에서 형제는 고사리와 도토리만 먹으며 지내다 끝내 굶어 죽고 말았다. 유가에서는 3천 년이 지난 오늘날에도 백이 숙제를 청절지사淸節之士라 하여 높이 받들고 있다. 《논어論語》에서도 그들을 현인으로 높여 부르면서 고사리나물이 차례상의 맨 윗자리에 오르게 되었다. 그들이 굶주려 죽기 전에 지은 〈고사리 꺾는 노래采薇歌〉가 전해진다.

저 서산에 올라 산중의 고사리나 꺾자
포악함으로 포악함을 다스렸어도
그 잘못을 알지 못하네

신농과 우, 하의 시대는 가고
우리는 장차 어디로 돌아갈 것인가?
아! 이제는 죽음뿐이다
쇠잔한 우리의 운명이여!
登彼西山兮 采其薇矣
以暴易暴兮 不知其非矣
神農虞夏 忽然沒兮
我安適歸矣 于嗟徂兮
命之衰矣

이들에 대해 공자는 "백이와 숙제는 부정과 불의를 혐오하고 일을 미워했지 사람을 미워하지는 않았다. 또 지난 잘못을 탓하지 않았고, 원망을 품은 일도 없었다. 그들은 인을 구해 인을 얻었으니 또 무엇을 원망하랴?"라고 했다.

신선을 닮은 해맑은 꽃송이

수선화

해마다 정월이면 탐라국 천지는 수선화 향이 그윽하다. 시커먼 석탄 덩어리를 그저 아무렇게나 쌓은 것 같은 담장 밑에도 어김없이 수선화가 자란다. 올곧은 잎 사이에서 가느다란 줄기가 솟아올랐지만 세찬 바닷바람에도 허리 굽히는 법이 없다. 꽃줄기 끝에서 몇 송이의 하얀 꽃이 앙증맞게 피어난다.

수선화를 설중화雪中花, 지선地仙이라고도 하는데 남해 도서지방에서는 관상식물로 널리 심는다. 꽃은 2월에 피기 시작해 3월까지 천천히 핀다. 색은 흰색, 노랑, 주황 등 다양하며 흰꽃과 겹꽃 등 품종이 매우 많다. 20~40센티미터의 높이로 자라고 땅속의 비늘줄기 껍질은 갈색이다. 땅속에 마늘쪽 같은 비늘줄기가 들어 있고 여기서 잎과 꽃줄기가 동시에 돋아난다. 내한성이 강해서 가을에 비늘줄기를 땅에 묻으면 이듬해 가장 일찍 싹이 돋아나 그 고운 자태를 뽐낸다. 시원하게 뻗어오른 잎과 우윳빛 꽃이 조화를 이루

←… 수선화 *Narcissus bulbocodium var. nivalis* (Graells) Baker

동양계와 서양계로 나눌 수 있다. 서양계 수선은 한 줄기에 한 송이의 꽃이 피는 나팔수선이다.

어 청초한 아름다움을 자랑한다.

수선화는 남쪽 지방에서도 잘 자라지만 재래종 수선의 본고장은 역시 제주도다. 외로운 섬나라 제주에서 10여 년간 유배 생활을 했던 추사秋史 김정희金正喜가 영의정을 지낸 권돈인權敦仁 대감에게 보낸 글이 있다.

> 수선화는 참으로 완상할 만한 것이 천하의 명물입니다. 중국의 강남은 어떤지 알 수 없으나 여기 방방곡곡은 손바닥만 한 땅만 있어도 수선화가 무리 지어 핍니다. 정월 그믐에 피기 시작해 3월이면 절정에 이르러 산이나 들, 밭둑 할 것 없이 일망무제의 수선화는 흰 구름 같기도 하고 새로 내린 봄눈 같습니다.

추사는 제주에 수선화가 너무 흔해서 제주 사람들이 잡초처럼 여긴다고 했다. "수선화가 귀한 꽃인 줄 모르고 쇠꼴을 벨 때 섞여들어 가축들이 중독되는 일도 있습니다"라고 적었다. 사람들에게 꽃의 가치를 인정받지 못하는 제주 수선화를 두고 추사는 자신의 처지와 같다고 생각했던 것 같다. 그래서 그는 수선화를 더욱 아끼고 사랑했다. 농작물 사이에서 뿌리내리고 살다 보니 언제나 농부의 손에 무참히 잘려나갈까 마음 졸이게 된다. 그래서 추사는 수선화를 해탈한 신선으로 묘사하고 있다.

한 가닥 얼어붙은 마음 이제 송알송알 피었네

그윽하고 담담하여 냉철하게 빼어난 기품이라

매화는 고상하지만 뜰을 벗어나지 못하는데

맑은 물기에서 진정 해탈한 신선을 보는구나

一點冬心染染圓

品於幽澹冷雋邊

梅高維未異庭切

清水眞看解脫仙

외롭고 지친 유배 생활에서 추사는 수선화를 통해 마음의 위안을 얻은 것 같다. 수선화의 고고한 자태와 그윽한 향기가 마음을 편안하게 치유했을 것이다.

돌 틈에서 살포시 얼굴을 내민 수선이 강한 향기를 퍼뜨린다. 제주는 발길 닿는 길섶마다 수선이요, 백리향이 꽃을 피워 향기롭다 못해 머리가 혼미하다. 향기를 백 리나 멀리 퍼뜨려 제주의 뱃사람들이 이 향기로 뱃길을 찾았다고 하지 않던가. 서울이라면 한 송이의 수선을 피우기 위해 수반에 물을 붓고 겨우내 정성을 들여야 한다. 그러나 제주의 겨울은 맨 먼저 수선이 추위를 녹인다. 수선은 길가의 돌 틈에서도 피고 민가의 장독대에서도 핀다. 그 흔한 꽃이건만 육지

사람들이 제주의 수선을 잘 모르고 있는 것은 봄이 시작되는 관광 비수기에 제주를 찾지 않았기 때문이다. 즉 2~3월에 제주에 찾아가면 수선의 간드러진 자태를 감상할 수 있고, 첫사랑의 추억 같은 달콤한 향기를 느낄 수 있다.

제주에서는 이 꽃을 말의 마늘이라는 뜻으로 '마농'이라 한다. 물론 말이 좋아하는 마늘이 아니라 못 먹는 마늘이라는 뜻이다. 생명력이 강한 수선화가 농토에서 자라는 것을 두고 그저 귀찮은 잡초쯤으로 생각했을 것이다.

수선화는 백합이나 붓꽃과는 또 다른 매력이 있다. 6장의 꽃잎은 동그랗고 꽃줄기 끝에서 한데 모여 있으며 옆을 향해 핀다. 수선의 품종은 크게 동양종과 서양종으로 나눌 수 있다. 동양종은 하나의 꽃줄기에 여러 송이의 작은 꽃이 핀다. 그에 비해 서양종은 한 줄기에 한 송이씩 큰 꽃이 피는 나팔수선계다.

흔히 수선은 원산지가 중국과 유럽이라 하지만 중국산은 일경다화종一莖多花種이기 때문에 일경일화종一莖一花種인 서양종과 구분할 필요가 있다. 수선은 6장의 하얀 꽃잎 위에 황금색 컵 모양의 부판副瓣이 하나 더 있다. 그래서 수선을 두고 예로부터 은대금잔銀臺金盞 또는 금잔옥대金盞玉臺라 했다.

수선은 비늘줄기에 전분을 저장해 겨울을 나기 때문에

❀ 수선화는 종류가 대단히 많다. 수많은 원예품종이 개량돼 세계 각국에서 널리 심고 있다.

❀ 꽃이 작은 종은 화분에 심어 가꾸거나 정원에 모아 심는다.

수반에서 가꿀 수 있다. 옛 책가도冊架圖나 문인화 가운데 정월의 꽃으로 수선화를 그린 작품을 흔히 보게 된다. 수선의 비늘줄기에 수반에 올리고 맑은 물을 부어 창가에 두면 오래지 않아 잎과 함께 꽃이 핀다. 수반에 올릴 때 깨끗한 강모래와 괴석을 함께 곁들이면 더욱 운치 있다.

중국의 문호 임어당林語堂은 "향기가 좋은 점에서 난초보다 상 위에 올려놓고 싶은 꽃 두 가지가 있다. 하나는 목서고 또 하나는 수선이다. 수선은 선녀처럼 곱다. 물을 담은 유리분이나 도기 속에 잔돌을 받쳐 심고 주의를 기울여 기른다"고 했다. 수경재배는 멀리 한漢나라 때부터 시작했다고 하니 재배 역사도 동양사만큼 유구하다.

16세기 말, 중국의 원중랑袁中郎은 《병사甁史》에서 꽃을 꽂는 방법을 자세히 기록했다. "꽃을 돋보이게 하기 위해서는 그 꽃을 돕는 시녀 같은 꽃을 곁들여야 한다. 연꽃에는 옥잠화, 목서에는 부용, 국화는 추해당秋海棠(베고니아), 납매臘梅는 수선을 시녀로 삼아 꽂는다"고 했다.

그리스 신화 중에는 자신의 아름다움에 반해 물에 빠진 미소년 나르시스의 이야기도 있다. 물에 비친 자신의 아름다움에 반해 그 자리를 떠나지 못하다가 끝내 죽었는데 그 자리에서 돋아난 꽃이 바로 수선이라는 것이다.

수선화는 독성이 있는 식물이지만 그 독성을 이용해 병을 치료한다. 치통이나 유방의 통증이 있을 때 전초를 짓찧어 놓는다. 장뇌목樟腦木을 알코올에 우려내 밀가루 반죽과 함께 섞어 장뇌정樟腦錠을 만든다. 이것을 고루 펴서 환부에 붙이면 부기를 풀어주고 통증을 없앤다. 민간요법으로 신경통이나 간질, 어린이가 경기할 때 발바닥에 붙인다.

이른 봄이면 탐라국에는 황금색 감귤과 노란 유채꽃이 온통 대지를 뒤덮는다. 현무암 담장 밑으로 해맑은 수선이 피어 향기를 더하면, 제주는 벌써 완연한 봄이다. 수선의 명향名鄕 제주로 떠나자.

양지바른 언덕에서 봄을 기다리며

할미꽃

할미꽃을 보자. 얼마나 아름다운 꽃인가. 하얀 솜털로 감싼 잎이나 다소곳이 고개 숙인 꽃잎, 겉은 희뿌연 보랏빛이고 하얀 외투로 감싸고 있지만 속은 핏빛이다. 사이에 진노랑 꽃술을 달고 수줍은 꽃이 되었다. 허리 꼬부라진 할머니를 닮은 꽃, 할미꽃을 보면 눈물이 괸다. 아련한 유년의 추억 속에 자리한 할머니의 향기를 느껴서일까.

길가에 핀 할미꽃만 해도 제주의 가는잎할미꽃, 백두산 지역의 분홍할미꽃, 한국 특산의 노랑할미꽃이 있다. 또 이택주 원장이 강원도 영월의 동강에서 처음 발견해 원로 식물학자 이영노 박사와 공동으로 발표한 동강할미꽃도 피어 있다. 노랑할미꽃 외에도 흰색, 붉은색 꽃이 피는 외래 도입종이 있어 우리 할미꽃과 비교할 수 있다.

←… 가는잎할미꽃 *Pulsatilla cernua* (Thunb.) Bercht. & J. Presl

제주에서 자라는 다년초로 잎이 가늘고 표면에 털이 적다.

보통 이른 봄에 피는 꽃들은 잎보다 먼저 꽃봉오리가 벌어진다. 복수초, 제비꽃, 노루귀, 얼레지도 마찬가지다. 나무를 예로 들어 설명하면 더 쉽게 이해할 수 있다. 봄에 일찍 꽃 피는 나무들은 지난 해 여름에 이미 꽃을 다 만들어두었다. 워낙 작은 그릇에 꽃잎이며 수술, 암술까지 숨겨놓다 보니 꽁꽁 접어서 갈무리했는데, 봄철 기온이 올라가면 풍선이 부풀듯 한꺼번에 벌어진다. 진달래나 개나리, 목련 같은 꽃들도 마찬가지다. 생식기관을 껍질 속에 차곡차곡 접어서 보관했다가 날씨가 풀리면 한꺼번에 터뜨려 봄이 왔음을 알린다.

가끔 11월에 개나리, 벚꽃이 피기도 한다. 신문에서는 무슨 상스러운 일이 생길 거라느니, 환경이 나빠져서 대기의 기온 상승으로 꽃이 피었다고 호들갑을 떤다. 아무런 근거가 없는 말이다. 식물이 그렇게 호락호락한 줄 아는가. 이것은 사람이 관리를 잘못해서 일어나는 현상이다.

개나리 같은 관목은 원래부터 가지가 밀집해 자라는 특성이 있다. 어느 해 9월쯤 벌레가 극성을 부려 잎을 다 갉아먹게 되면 휴면에 들어간다. 여름 같으면 다시 싹이 돋아나겠으나 초가을로 접어들면 생육온도가 맞지 않아 바로 휴면에 들어간다. 그러다가 11월쯤 날씨가 봄철과 비슷해지면 봄에 필 꽃이 그때 피게 된다. 물론 가을에 꽃이 피면 봄에는 피지 않는다.

나무에 따라 겨울눈의 위치가 다르다. 눈이 가지에 달려 있는 위치에 따라 끝눈, 곁눈, 끝곁눈으로 나뉜다.

끝눈은 가지의 맨 끝에 달리므로 싹이 돋으면 그 가지와 같은 방향으로 자라는 습성이 있다. 주로 잎이 마주 달리는 나무의 끝눈은 반드시 2개씩 달린다. 단풍나무, 산수유 따위가 여기에 속한다. 은행나무나 주목은 정상의 가지를 잘라 접을 붙이면 위로 자라고, 옆 가지를 잘라 접수로 쓴 것은 계속 옆으로 자라는 습성이 있다. 은행나무를 높이 자라도록 하기 위해서는 큰 나무의 맨 꼭대기 가지를 잘라서 접을 붙여야 한다. 끝눈이 달리는 또 다른 나무로 수국, 벽오동, 칠엽수 따위가 있다.

곁눈은 언제나 잎겨드랑이에서 생긴다고 하여 액아腋芽라고도 한다. 잎자루의 기부 속에 들어 있다. 개나리, 버즘나무, 굴피나무 등이 여기에 속한다. 끝곁눈은 곁눈이 하나지만 끝눈 바로 다음에 같이 붙어 있다. 대체로 가지가 부채살처럼 배열되는 나무가 여기에 해당된다. 신갈나무, 가막살나무, 멀구슬나무 등이 있다.

겨울눈은 자외선으로부터 싹을 보호하기 위해 여러 장의 갈색 또는 짙은 보라색 비늘로 싹을 감싼다. 이 비늘은 잎의 일부가 변형된 것으로 표면에 털이 많은 것, 끈적끈적한 즙액을 바르고 있는 것, 밀랍 형질로 코팅된 것이 있다.

부드러운 모피 외투를 입고 있는 것으로는 목련, 버드나무가 있고, 부동액 수지를 바르고 있는 것으로는 칠엽수, 포플러, 물오리나무 따위가 있다. 그리고 코팅된 것에는 치자나무가 있다. 비늘잎은 겨울 동안 추위로부터 꽃과 싹을 보호했다가 봄에 새싹이 돋아나면 떨어진다. 비늘잎의 수는 나무에 따라 다르다. 버드나무, 미루나무는 1장, 보리수나무, 오리나무류는 3장, 가막살나무류는 4장, 참나무, 벚나무류는 20장 이상의 작은 비늘이 꽃눈을 감싸고 있다.

할미꽃은 먼 옛날 빙하기를 견뎌낸 식물이다. 그래서 잎과 꽃 전체에 흰 솜털이 많다. 이것은 추위로부터 자신을 지키기 위한 생존 전략이다. 더구나 할미꽃은 언 땅을 녹이고 꽃이 피는 식물이다. 추위에 견디기 위해 온통 흰 깃털로 된 외투로 스스로를 감싸고 밤의 찬바람을 이겨낸다. 게다가 꽃받침이 꽃잎 역할을 한다. 꽃받침을 짙은 자주색으로 물들이고 꽃잎처럼 반쯤 벌리고 햇살을 쬔다. 이른 봄에는 한낮에만 꽃을 반쯤 열고 나비나 꿀벌을 기다린다. 날씨가 흐려 곤충이 없을 때는 꽃을 오므리고 속에 든 꿀과 향기가 달아나지 않게 한다. 얼마나 지혜로운 식물인가. 이러한 생존 전략 때문에 할미꽃은 빙하기를 이겨내고 지금까지 지구 위에서 살아남을 수 있었다.

노랑할미꽃 *Pulsatilla koreana* fdr. *flava* (Y. N. Lee) W. T. Lee

할미꽃과 형태상 차이는 없으나 꽃색이 연한 주황색을 띤다.

❀ 할미꽃은 아래를 향해 핀다. 한낮에는 반쯤 벌어지고 해가 기울면 꽃잎을 오므려서 밤의 추위로부터 속에 든 꽃술을 보호한다.

숲속의 비밀을 간직한 비단 주머니

금낭화

붉은 비단 주머니 꽃, 금낭화가 피었다. 이끼 낀 자갈밭을 극락정토로 새로 단장한 것 같다. 꽃 몇 포기로 세상이 달라지는 느낌이다. 애잔한 줄기에 조롱조롱 매달린 금낭화는 유난히 아름답다. 경기 이북 깊은 산에서 자라는 꽃이라 더욱 반갑다.

5월이라 철쭉이 산자락을 휘감으며 연분홍 꽃 빛으로 물들어 있었다. 계곡에는 산철쭉이며 진달래 꽃잎이 맑은 물에 천천히 떠다녔고, 때죽나무의 무수히 많은 꽃잎이 만다라처럼 머리 위로 떨어졌다. 함박꽃나무 향기가 아쉬운 추억을 가슴에 새겨주는 신록의 계절이었다.

←… 금낭화 *Dicentra spectabilis* (L.) Lem.
깊은 산의 계곡에서 자라는 다년초다. 줄기는 연약해 손을 대면 금방 쓰러진다. 잎겨드랑이에서 긴 꽃줄기가 자라 활처럼 휘고 빨간 꽃이 아래로 매달린다.

몇 해 전, 금산의 식생을 조사할 때였다. 아름드리 굵은 돌이 깔린 비탈길을 오르고 또 올랐다. 야산이지만 경사가 급해 숨이 턱에 닿을 듯 힘겹게 올라가는 중이었다. 간혹 생강나무며 누리장나무, 붉나무 같은 관목이 자랄 뿐 흔한 잡초 한 포기 자라지 못하는 너덜지대를 오르고 있었다.

몇 발짝 오르다가 쉬면서 힘겹게 산행을 하는 중에 한 무리의 붉은 꽃이 눈길을 사로잡았다. 여기서 금낭화를 보다니 정말 뜻밖이었다. 강원도 깊은 산에서만 보던 꽃을 충남 금산 금강 변의 가파른 비탈에서 만났다. 반갑다기보다 뜻하지 않은 곳에서 만났을 때의 놀라움이었다.

금낭화는 확실히 아름다운 꽃이다. 줄기는 연약해 꽃이 필 때는 꽃의 무게를 이기지 못해 잘 쓰러진다. 2~3장의 깃꼴겹잎이 붙는다. 꽃이 피면 성장을 멈추고 이어 꼬투리가 익으면 지상부는 6월에 이미 시들고 만다. 긴 잠에 빠지고 이듬해 봄꽃을 품은 줄기가 다시 돋아난다.

금낭화는 깊은 산의 낙엽활엽수림에서 자라는 다년초다. 사방으로 퍼진 땅속의 수염뿌리에서 줄기가 솟아올라 몇 개의 가지로 갈라지고 그 끝에서 꽃줄기가 자란다. 금낭화는 막 물질을 마치고 바다에서 솟아오른 비바리다. 청순한 아름다움이 이런 것일까. 줄기마저 미끈하다. 티 없이 맑은 순수의 결정이라 한 점 티끌도 허락하지 않는다. 그래서인지 금낭화 줄기에 묻은 분백색 가루는 살짝 스치기만 해도 자국을 남긴다. 가련하고 깨끗하게 보이는 것은 솜털이 없어서이리라. 작은 잎이 모여 깃꼴겹잎을 이룬다. 적당히 휜 잎은 줄기에 어긋 달린다.

금낭화는 굵은 수염뿌리로 겨울을 나는 다년초다. 초본류가 겨울을 나는 방법은 제각기 다르다. 한해살이풀은 식물체 내에 영양분을 저장하는 기관이 따로 없다. 뿌리를 뽑아보면 실뿌리로 된 것이 보통이다. 식물체 전체가 말라 죽고 대신 씨를 남긴다. 이 씨가 떨어져 흙에 섞여 있다가 이듬해 봄 싹이 튼다. 바랭이, 강아지풀, 도깨비바늘, 털별꽃아재비 따위 잡초가 여기에 속한다.

두해살이풀은 이년초 또는 월년초越年草라고도 한다. 겨울에도 죽지 않고 로제트형 잎을 펼치고 지면에 바짝 붙어서 겨울을 난다. 햇볕은 최대한 쬐면서도 세찬 바람을 피하기 위해 지면에 엎드린 것이 바로 로제트형의 잎이 되었다. 이러한 식물들은 굵은 뿌리에 양분을 저장해 땅속 깊이 들어있는 것이 보통이다. 주로 뜨거운 자외선에 잎이 타는 것을 막기 위해 겨울싹은 보라색 또는 갈색을 띤다. 냉이, 개망초, 뽀리뱅이, 달맞이꽃, 붉은서나물, 왕고들빼기 같은 풀이 여기에 속한다.

여러해살이풀은 뿌리나 줄기에 양분을 저장해 겨울을 난다. 지상부는 말라 죽어도 지하부는 죽지 않는다. 굵은 뿌리로 겨울을 나는 것과 땅속줄기로 나는 것이 있다. 또 덩이

줄기, 비늘줄기로 겨울을 나기도 한다. 굵은 뿌리로 겨울을 나는 것에는 마, 더덕, 민들레, 도라지, 원추리 같은 식물이 있다. 땅속줄기로 겨울을 나는 것에는 갈대, 메꽃, 국화, 둥굴레 따위가 있다. 금낭화도 마찬가지다.

그리고 덩이줄기로 겨울을 나는 것으로는 감자, 토란, 생강, 칸나, 뚱딴지 따위가 있다. 뚱딴지를 제외한 열대성 작물은 겨울에 보온을 해주지 않으면 노지에서는 얼어 죽는다. 마지막으로 비늘줄기로 겨울을 나는 것에는 마늘, 달래, 양파, 백합, 수선화, 상사화 등이 있다.

금낭화는 다른 식물과 경쟁하는 것을 싫어해 돌 틈이나 개활지에서 잘 자란다. 잡초와의 경쟁을 피해 자갈이 많은 땅에서 자라고 굵은 돌이 깔린 곳에서는 큰 포기로 성장한다.

금낭화의 가치는 아무래도 꽃에서 찾아야 할 것이다. 활처럼 둥글게 휜 꽃줄기에 주머니 모양의 꽃이 줄줄이 매달려 있다. 하트 모양이고 끝은 뾰족하게 밖으로 벌어졌다. 그 안에서 하얀 꽃잎을 살며시 밖으로 내밀고 있어 마치 붉은 입술에 물린 밥풀 같다. 그래서 시골에서는 금낭화를 며느리취라고 부른다. 몇 포기씩 군락을 지어 자라는데 오래된 것은 한 아름이나 되는 큰 포기로 성장하기도 한다.

약한 독이 있다는 금낭화 싹을 나물로 먹은 적이 있다.

흰금낭화 *Dicentra spectabilis* for. Alba

줄기와 잎이 연두색이고 꽃은 흰색이다.

어느 해, 광덕산을 탐사하는데 산채 판매점에서 여러 가지 산나물을 섞어 팔고 있었다. 넉넉하게 한 자루를 샀다. 싱싱한 것을 손질하면 양이 줄어든다는 것을 알기 때문이다. 집에 가져와 다듬기 위해 펼쳐놓으니 그 속에 금낭화 줄기가 들어 있었다. 꽃봉오리까지 달려 있었으나 줄기는 손으로 만지면 금방 쓰러질 정도로 연했다. 독성이 있는 풀을 섞어 파는 것이 못마땅했지만 맛이 쓰다고 했으므로 하나씩 골라냈다. 한 묶음이나 되는 금낭화 싹을 버리자니 아까워 데쳐서 맛보기로 했다.

끓는 물에 들어가는 순간 바로 파랗게 익었다. 찬물에 헹궈 양념에 무쳤다. 맛이 좋았다. 쓰다고 했지만 괜한 걱정이었다. 약간 씁쌀한 정도고 담박한 나물의 맛과 양념이 만나 아주 부드러운 산나물무침으로 탈바꿈했다. 강원도 사람들이 금낭화 싹을 즐겨 먹은 이유를 알 만하다.

한때는 금낭화의 원산지를 중국으로 보고 귀화식물로 여긴 적도 있다. 그 후 강원도와 경기 이북에서 자생지가 속속 발견되면서 우리 고유종으로 인식하게 되었다. 꽃이라면 꽃잎이 밖으로 둥글게 모여 있고 그 안에 꽃술이 많으며 위를 향해 피어야 하는데 금낭화는 정말 괴이한 모습으로 태어났다. 우담발라가 이런 모습일까, 아니면 만수사화를 닮았을까. 요즈음 절에서 금낭화를 많이 심는 것도 결코 우연한 일은 아니리라.

바람에 일렁이는 모습은 요정의 작은 깃발이라도 되는가. 조물주가 붉은 보석을 줄줄이 매달아 놓았을까. 작고 앙증맞은 금낭화꽃을 보고 있노라면 사원의 추녀에 매달린 풍경이 연상된다. 그것도 보석으로 만든 천상의 옥루를 장식하는 풍경이다. 예쁘고 귀한 풍경이니 진귀한 소리가 딸랑딸랑 울릴 것만 같다.

세상의 온갖 아름다운 소리만으로 빚어낸 맑은 종소리가 울릴 것만 같다. 그 고운 소리는 마음을 비운 착한 이들만 들을 수 있다. 소리를 듣지 못한다고 해도 마음으로 느끼면 되지 않겠는가. 그래서 오늘도 금낭화 곁을 떠나지 못한다. 빨간 비단 주머니에서 새어 나오는 청아한 노래를 기대하면서.

벨라돈나가 준 사랑의 묘약

미치광이풀

셰익스피어의 비극 중 하나인 〈로미오와 줄리엣〉에는 뽑을 때 괴성을 지르는 마법의 풀 이야기가 나온다. 마녀의 독초로 명성을 떨친 맨드레이크Mandrake가 바로 이 풀이다.

독초로만 이루어진 식물원이 있다면 주역은 당연히 가짓과, 천남성과, 미나리아재빗과 식물들일 것이다. 특히 가짓과 식물은 수수께끼 같은 것이어서 일상적으로 식탁에 오르는 감자와 토마토 등도 훌륭한 독초다. 토마토에는 잎사귀와 어린 과실에 독이 있고, 감자는 잘 알려진 것처럼 싹에 솔라닌이라는 독을 품고 있다.

가짓과 식물 중 가장 아름다운 것은 독말풀과 흰독말풀이다. 그것과 사촌 간인 풀들로 벨라돈나, 맨드레이크, 피요스 등이 있다. 이들은 각각 아트로핀, 스코플라민 등의 유독 알칼로이드가 있는 풀들로, 고대 그리스 로마시대에서 중세에 이르기까지 주로 유럽의 주술사들이 이 식물에서 마력을 얻었다. 그들이 사용했던 '마법의 연고' 제조에

←··· 미치광이풀 *Scopolia japonica* Maxim.
깊은 계곡에서 자라는 다년초다. 땅속의 굵은 덩이줄기에서 여러 개의 줄기가 돋아난다. 종 모양의 짙은 보라색 꽃이 아래로 매달린다.

도 빼놓을 수 없는 재료가 되기도 했다.

15세기 네덜란드의 화가 히에로니무스 보스145?년경-1516는 어떤 비밀결사에 속해 있으면서 환각성 식물을 주성분으로 한 약물을 음용하고 작업에 들어갔다. 그래서인지 그의 그림은 현실의 세계와 많은 차이가 있다. 상상의 세계가 아니라 약물 음용으로 그가 본 세계를 표현했던 것이다. 유럽의 문화적 토양 탓일까, 보스는 약물 음용에 그다지 익숙한 사람은 아니었던 것 같다.

유럽의 동화나 문학작품에 자주 등장하는 벨라돈나, 맨드레이크, 피요스는 모두 맹독성 식물이다. 그 유독 성분이 신경 네트워크에 끼치는 영향은 독말풀과 마찬가지다. 섭취량이 적으면 의료용이나 성적 흥분제로 쓰이는 미약이 되지만 일정 수준이 넘으면 환각 작용을 일으키고, 지나치면 육체의 기능이 영영 정지해버린다.

벨라돈나의 원래 이름은 '아트로파 벨라돈나'다. 아트로파는 그리스의 운명의 세 여신 중 하나인 아트로포스에서 유래한다. '자르는 사람'이란 의미인데, 최초의 여신 클로토가 짓고 두 번째 여신 라케시스가 엮은 운명의 실을 아트로포스가 잘랐다. 이들 세 여신은 미와 운명의 여신 아프로디테의 측근이다. 고대국가 파르티아에서 아트로포스는 성스러운 도시 아트로파테네의 주신이며 파괴의 여신으로 추앙되었다. 해독제로 쓰이는 아트로핀의 명칭도 이 여신에서 유래한다.

벨라돈나는 이탈리아어로 '아름다운 부인'을 뜻한다. 벨라돈나에서 짠 즙은 동공을 열고, 눈동자에 강렬한 느낌을 주기 때문에 귀부인의 안약으로 사용되기 때문이다. 아트로핀의 부교감신경 억제 작용으로 동공이 열리면 홍채는 좁은 바퀴가 되어 눈동자에 신비로움을 지닌 습기를 주기 때문이다. 르네상스 기간 이탈리아 귀부인들은 부지런히 벨라돈나를 애용했으며 눈동자를 순정 만화의 소녀처럼 크고 반짝반짝 빛나도록 했다.

벨라돈나는 2미터 정도 자라며 잎은 앞쪽이 뾰족한 타원형이다. 자주색을 띤 종 모양의 꽃은 끝이 5개로 갈라졌다. 사실은 농염한 자태의 자홍색을 띠어 영어로는 '어두운 그림자'라는 뜻으로 불린다.

맨드레이크는 주로 지중해 연안과 소아시아 지방에 자생한다. 뿌리에서 직접 근생엽이 돋아나고, 주위로 넓게 뻗어나간다. 보라색 꽃을 피운 후에 향기 짙은 노란색 열매를 맺는다. 식물의 속명은 만드라고라이고*Mandragora* 그리스 신화의 마녀 키르케와 연관 지어서 키르케의 풀이라는 뜻으로 키르카에아라고도 한다.

멘드레이크는 뿌리가 사람 모습과 닮아서 의인화해 취급되었다. 산삼이 천년 묵으면 동자삼이 된다고 믿었던 것처럼 맨드레이크는 사람의 말을 하고 암수의 성별이 있다고 생각해왔다. 강장제 및 최음제로 절대적인 신뢰를 받는 것도 약용 인삼과 흡사하다. 그리스에서는 그 뿌리 모양이 남자의 성기처럼 보인다고 해서 여성의 불감증을 치료하고 불임 여성에게 임신을 시킨다고 전해졌다. 성적흥분을 일으키는 미약으로 유명한 것 외에도, 진통 최면제로도 활용되었다.

중세 유럽에서는 주술적 위력이 과대평가되었다. 그래서 맨드레이크의 뿌리에는 악마가 살고 있어서 뽑을 때 괴성을 지르는데, 그 소리를 들으면 미쳐서 죽게 된다는 이야기를 사람들이 믿었다. 그 때문에 맨드레이크를 채집할 때는 우선 뿌리 주위를 삽으로 파고 개를 뿌리에 묶어둔다. 그리고 사람은 멀리 떨어진 후 개를 달리게 해서 뽑으면 개는 맨드레이크가 지르는 절규에 미쳐서 죽는다고 생각했다. 이것이 마치 사실인 양 입에서 입으로 전해져왔다. 자신의 상품이 진짜 맨드레이크라는 것을 증명하기 위해 마술사들은 뿌리 옆에 죽은 개를 갖다 놓고 직접 손님에게 보여주기도 했다고.

피요스는 높이 1미터 정도 자라서 여름에 작은 종 모양

노랑미치광이풀 *Scopolia lutescens* Y. N. Lee
녹색을 띤 연한 노란색 꽃이 아래를 향해 매달린다.

❀ 싹이 돋아날 때 꽃과 잎이 동시에 벌어진다. 독성이 강한 덩이줄기를 약으로 한다.

의 담황색 꽃을 피우는 풀이다. 맨드레이크가 '마법의 꽃' '전설의 미약'으로도 이름을 떨친 것과는 대조적으로 피요스는 약용식물로 긴 역사 속에 활용되었다. 물론 사람을 독살할 목적으로 사용된 사실도 있다. 로마제국에서는 피요스가 '아폴로의 풀'이라고 알려져 진통 최면제로 활용되었다.

이 식물은 낭탕浪菪이라는 한약명으로 예로부터 중국에서 잘 알려져 있다. 《본초강목本草綱目》에는 "오래 복용하면 신체가 가벼워지고 다리가 튼튼해지며, 의지를 강하게 하고 힘을 증대시킨다. 또한 신경을 잘 통하게 하며 귀신을 쫓는다"라고 나와 있다. 중국에서도 환각 작용은 꽤 잘 알려져 있었던 것 같다.

우리나라에서는 피요스와 비슷한 약효의 식물로 미치광이풀이 있다. 이른 봄 산나물을 뜯기 위해 산으로 간 사람들이 매년 몇 번씩 중독되었던 야생풀이다. 이 풀에 중독되면 동공이 확대되고 환각에 빠져 공황 상태가 되고, 온 사방을 미친 듯이 돌아다니기 때문에 이런 이름이 붙었다고 한다.

미치광이풀의 뿌리는 한방에서 중국 원산지의 낭탕 대신 귀중한 약재로 사용한다. 일본에 네덜란드의 의학을 전한 지볼트1796-1866는 여행에 나섰다가 미치광이풀의 스케치를 보고 벨라돈나라고 착각했다. 안과의사인 하부 겐세키라는 사람이 그를 만나 동공을 넓히는 약물에 대해 가르침을 청했다. 지볼트는 네덜란드산 벨라돈나를 알려주었다. 겐세키는 지볼트의 이야기를 토대로 마침내 일본에 자생하는 미치광이풀을 찾아내 이후 안과 수술에 큰 효과를 거두었다고 한다.

명심하자. 벨라돈나, 맨드레이크, 피요스는 소량을 사용하면 약이 되지만, 일정량 이상 복용하면 환각제가 되고 다량 사용하면 죽음을 부른다.

서정이 담긴 고독한 음료

띠

모근차는 띠의 뿌리로 끓이는 차라고 하지만 사실은 뿌리가 아니라 뿌리줄기를 삶아 그 물을 마시는 약차다. 모근차를 끓이기 위해서는 먼저 양질의 약재를 구입해야 한다. 시중 약재상에서 말린 모근을 구입한다. 모근은 두 치 정도 되게 말린 것과 잘게 썬 것이 있는데 어느 것을 구입해도 관계없다. 긴 것은 잘게 썰고 짧은 것은 그대로 프라이팬에 살짝 볶아낸다. 약한 불에 노릇노릇하게 볶아서 차를 끓이면 된다.

어떤 것은 겉면에 마디가 있는데 잔뿌리를 잘 다듬어서 깨끗한 것이 좋다. 그리고 썩은 부위나 벌레 먹은 것은 골라낸다. 재료는 종이봉투에 담아 실온에 보관해도 좋겠지만 오래 보관하려면 냉장고에 넣어두는 것이 안전하다. 마른 모근의 뿌리줄기에는 많은 전분이 들어 있기 때문에 충분히 말린다. 볶은 것은 맛이 구수하고 좋은 향기가 나며 잘 볶은 것은 짙은 갈색을 띤다.

차를 끓일 때는 약탕기나 유리그릇 또는 돌로 된 찻주전자를 써야 한

←··· 띠 *Imperata cylindrica var. koenigii* (Retz.) Pilg.
전국의 산과 들에서 자라는 다년초다. 뿌리줄기가 옆으로 기면서 뻗어나간다. 자생지에서는 넓은 군락을 지어 자란다.

다. 낮은 온도에서 오래 끓이는 것이 좋다. 센 불로 빨리 끓이면 모근차의 구수한 향기가 덜하기 때문에 시간을 두고 느긋하게 기다리는 여유가 필요하다. 처음 마시는 사람은 커피의 향기처럼 진하지 않아 불만을 터뜨리기도 한다. 그러나 몇 번 마시다 보면 은은한 향기와 구수한 맛에 빠져들고 만다. 마치 오래된 가마솥에서 끓이는 구수한 숭늉 맛이라고나 할까.

모근차는 마음이 허전하고 가을을 타는 고독한 사람에게 더 어울리는 차다. 바쁜 생활에 쪼들리는 조급한 사람은 그 맛을 음미하기 어렵다. 그저 입술에 닿는 순간 온몸으로 전해지는 커피 향에 길들여진 사람은 모근차를 마시지 말아야 한다. 산사에서 마지막 낙엽이 뜰에 구르는 날이나, 가까운 벗을 멀리 보내고 혼자 우정을 곱씹으며 마시는 그 눈물어린 차에 어울리는 까닭이다.

가정에서는 모근차를 묽게 해서 냉장고에 보관하고 음료수 대신 마실 수 있다. 모근차를 제대로 음미하려면 따뜻하게 마시는 게 좋겠지만 냉장고에 보관해 목이 마를 때마다 마셔도 좋다. 또 기호에 따라 모근차 재료에 대추, 생강, 계피 같은 것을 함께 넣어 끓여도 좋다. 맛과 향이 익숙하지 않은 어린이를 위해 과일즙이나 우유에 타 마셔도 좋고, 어른

홍띠 *Imperata cylindrica* 'Rubra'

띠 중에는 잎에 붉은색이 들어 있는 것도 있다. 이러한 띠는 화단에 심거나 화분에 심어 가꾸기도 한다.

들은 술을 조금 타 마셔도 된다.

모근차는 독성이 없어 어떤 식품과도 잘 어울린다. 따라서 꿀이나 조청, 흑설탕을 가미해도 좋다. 모근은 흙 속에 깊이 들어 있어 채취하기 어렵다. 그러나 한 곳에서 많은 양의 모근을 캘 수 있어 수고에 비해 수확은 괜찮은 편이다.

띠는 하나도 버릴 것이 없는 자원인데 최근 냇가에서 점차 사라지고 있다. 댐이 건설되면서 띠가 자라던 풀밭이 물 속에 잠겼기 때문이다. 또 풀밭에 불을 질러 철새들을 쫓는가 하면 그곳에 불법 골프 연습장을 세우기도 한다. 뿐만 아니라 강 하저를 메워 체육시설과 주차장을 만들기도 한다.

대중 스포츠라는 명목으로 일부 사람들을 위해 강변의 초원이 훼손되어서는 안 된다. 이 땅은 배부른 사람들의 투기 대상도 아니요, 우리 세대의 전유물도 아니다. 토지의 소유권은 땅을 가꾸고 그 땅에서 먹을 것을 생산하는 개념으로 이해해야 한다. 산을 깎고 강변을 메워 주차장, 또는 체육시설을 세우는 무책임한 일이 더 이상 반복되어서는 안 된다. 어느 누구도 자연을 훼손해서는 안 된다. 또한 강변의 형질을 변경할 어떤 권리도 갖고 있지 않다.

육상의 녹색식물이 공기를 정화할 수 있듯이 물을 맑게 하는 것 또한 식물이다. 수질을 정화하는 수초야말로 지구 위의 생명을 키우는 어머니 같은 존재다. 수생식물 중 유독 갈대를 높이 치는 것도 갈대의 수질정화 능력을 믿기 때문이다. 드넓은 강변의 둑에 띠를 심어 토사 유출을 막고 맑은 물이 흐르는 생명의 원천수로 되돌려놓아야 한다.

띠가 자라는 언덕에 하얀 까락이 피어 바람에 나부끼는 계절이다. 강변의 서정을 느끼게 하는 모근차는 여름에 마시는 약차로 좋다. 띠꽃은 맑고 부드럽다. 흰색이지만 빛에 따라 황금색으로도 보인다. 하얗고 보송보송한 것이 어떤 볏과 식물의 까락과 비교할 수 없이 아름답다. 이 좋은 계절 모근차 한잔으로 오늘의 피곤을 떨쳐버리고 희망의 내일을 맞이했으면 좋겠다.

요리의 맛을 살려내는 향신료

산달래

봄은 산채의 계절이다. 예로부터 우리 선조들은 철 따라 산과 들에서 나는 갖가지 풀뿌리와 나뭇잎을 먹거나 약으로 써왔다. 봄철에 돋아나는 어린싹은 춘궁기를 이겨내는 구황식이 되기도 했고, 질병을 치료하는 약재로 쓰기도 했다. 얼음이 녹기 시작하면서 밭둑에서는 냉이를 캐고 맨 먼저 돋아나는 쑥이나 산달래를 캐 겨우내 잃어버린 입맛을 되살렸다.

씀바귀며 고들빼기의 쌉쌀한 맛이야말로 봄의 나른한 춘곤증을 치유하는 좋은 식품이 아닌가. 그래서 여자아이들은 작은 소쿠리를 끼고 들로 나가고 아낙네도 춘흥에 겨워 나물 바구니 핑계를 댄다. 나물 캐기를 어찌 먹기 위해서만 했을까. 이른 봄에만 할 수 있었던 재미있는 놀이이기도 했고, 우거지만 먹던 가족들에게 상큼한 비타민을 줄 수 있었으니 얼마나 고마운 일인가.

산달래는 이른 봄 일찍 잎이 돋아난다. 봄이 무르익어 가는 5월 말쯤 보라색이나 흰색 꽃이 탐스럽게 핀

◀··· 산달래 *Allium macrostemon* Bunge

전국의 산과 들에서 자라는 다년초다. 이른 봄에 돋아나는 싹을 캐 나물로 한다. 비늘줄기 자구子球가 붙어 불어나며 넓은 군락을 지어 자란다.

다. 한 줄기에 하나의 꽃대가 나와 조그만 꽃이 둥글게 뭉치고, 그 속에서 연보랏빛의 작은 씨를 맺는다. 대체로 자생지에서는 비옥한 땅이나 잡목림의 그늘에서 자란다. 산달래는 자라는 곳에서 무더기로 떼를 이루는 것이 보통이다. 산달래의 씨는 발아력이 좋아 수많은 개체로 돋아나기 때문이다.

달래, 냉이가 나오면 봄이다. 이들은 봄을 대표하는 산나물이다. 달랭이, 들달래, 달리, 달레이, 소근채小根菜라고도 한다. 제주에서는 들에서 자라는 마늘이라는 뜻으로 드롯마농, 또는 꿩이 먹는 마늘이라고 하여 꿩마늘, 꿩마농이라 한다.

방편자 유희가 쓴 《물명고》에는 달래蒠를 용과총龍瓜蒠이라 칭했다. "달래落蒠는 산과 들에서 자라는데 흰 꽃이 피었다 자잘한 씨가 여문다. 작은 마늘이라는 뜻으로 소산小蒜이라 하며 나물로 한다. 그리고 달래는 산에서 자라는 것을 사람들이 밭에 옮겨 심고 가꾸기도 한다. 비슷한 것으로 강변에서 자라는 것을 골파라 한다"고 적었다.

우리가 달래라고 하는 것은 사실은 산달래다. 달래는 꽃이 한 송이만 피는 나약한 식물이다. 이른 봄 워낙 작은 꽃이 피어 눈에 잘 띄지 않는다. 이렇게 산과 들에서 자라는 산달래를 뜯어 날것으로 된장이나 고추장에 찍어 반찬으로 하면 그만이다. 약간 아린 듯하면서도 향기가 있어 입맛을 돋운

노랑부추 *Allium condensatum* Turcz.

압록강 지역에서 자라는 다년초다. 꽃줄기는 40센티미터에 이르고 여름에 연한 노란색 꽃이 핀다. 봄에 돋아나는 어린싹을 나물로 한다.

부추 *Allium tuberosum* Rottler ex Spreng.

남해 도서지방의 해변 바위에 붙어 자라는 다년초다. 재배하던 것이 야생으로 퍼져나간 것으로 보고 있다.

다. 참나물, 곰취, 곤달비와 같은 나물로 쌈을 쌀 때 곁들이면 한결 맛깔스럽다.

산달래를 비롯해 마늘이나 양파, 파, 산부추 따위는 모두 알리움속이다. 알리움속 식물은 예로부터 요리의 향신료로 쓰였다. 최근 연구에 의하면 알리움속 식물에는 세포활성물질인 토코페롤 성분이 들어 있는데, 달래 속에 가장 많다고 했다. 즉 동물성 세포를 활성화해 노화를 방지하는 물질이 들어 있는 셈이다. 그래서인지 일본 북해도 원주민인 아이누족이 야생 파와 비슷한 알리움속 풀을 늘 먹고 혹독한 겨울을 이겨낼 수 있었다는 연구결과도 있다.

아메리카 인디언들이 남긴 고대 벽화에도 마늘 비슷한 알리움속 식물이 보인다. 이미 수천 년 전부터 이들 식물이 향신료로 널리 쓰였음을 알 수 있다. 산달래는 그냥 먹어도 맵고 탁 쏘는 듯한 자극적인 맛 때문에 봄철 입맛을 살려주는 데 더없이 좋은 나물이다.

홍석모洪錫謨의 《동국세시기東國歲時記》 10월 풍습에 "쇠고기나 돼지고기에 무, 오이, 달래, 계란을 섞어 탕을 끓이는데, 이것을 열구자 신선로悅口子 神仙爐라 한다"고 쓰여 있다. 신선로의 제맛은 달래에서 찾아야 할 것이다.

또 《당척언唐摭言》에 "송대의 안정군왕安政郡王이 입춘 날에 마늘, 달래, 부추, 파, 실파 같은 오신채五辛菜를 채반에 담아냈다"고 했다. 또 소동파蘇東坡는 그의 시에서 "파란 싹과 노란 부추가 봄 채반에 올랐네青蒿黃韮試春盤"라고 읊었다.

매년 3월이면 남국에 봄이 찾아오고 산달래도 뾰족이 새싹을 내민다. 양지바른 잔디밭이나 개울가, 밭둑을 찾아가 산달래를 캔다. 제주에선 된장찌개를 끓일 때 꿩마농을 넣으면 콥대산(풋마늘)이나 패마농(파)보다 맛있다고 했다.

단군사에 호랑이와 곰에게 쑥과 마늘을 주었다는 그 마늘은 지금의 마늘이 아니라 달래일지도 모른다. 왜냐하면 백두산 일원이나 한반도 부근을 비롯한 동북아시아 지역에는 마늘이 자생하지 않기 때문이다. 다른 쪽으로 생각해보면 원산지가 서아시아인 마늘은 우리 겨레가 그곳에 살 때부터 늘 식용했던 것이라 동쪽으로 이동할 때도 함께 갖고 왔을지도 모른다.

여름

夏

물을 맑게 걸러주는 천연 필터

여뀌

우리나라에 자라는 여뀌속 식물은 30여 종이 넘는다. 대부분 물을 좋아하기 때문에 비옥한 습지나 밭둑, 길가에 자라고 어떤 종은 숲의 그늘에서 자란다. 그중에서도 미꾸리낚시류를 비롯해 기생여뀌, 여뀌, 바보여뀌 같은 식물은 특히 물을 좋아한다. 따라서 이들 수변식물이 자라는 개울은 수질이 비교적 맑고 깨끗하다.

〈성산별곡星山別曲〉에서는 배를 타고 붉은 여뀌꽃과 흰 마름이 핀 호수를 지나는 정경을 노래하고 있다.

……깍마즌 늘근 솔란 조대釣臺예 셰어 두고
그 아래 배를 띄워 갈대로 더뎌 두니
홍료화紅蓼花 백빈주白蘋洲 어느 사이 디나관대……

←… 털여뀌 *Persicaria orientalis* (L.) Spach
마을 근처에서 자라는 일년초로 높이 1~2미터까지 자란다. 잎은 넓고 크며 중국에서는 나물로 먹는다.

소에게 꼴을 먹인다는 핑계로 강가로 나간다. 깡마른 늙은 소는 낚시터에 풀을 뜯게 세워두고 마침 빈 배가 있어 배에 오른다. 갈대를 젖히며

앞으로 나간다. 붉은 여뀌와 하얀 마름꽃이 핀 모래톱을 지난다. 강변의 서정을 잘 나타낸 조선 가사문학의 백미다.

율곡栗谷 이이李珥의 〈전원사시가田園四時歌〉는 계절에 따라 변하는 자연의 오묘한 섭리를 노래한 가사문학이다. 사계절에 따라 모두 23종의 꽃이 나오는데, 가을꽃으로 여뀌를 비롯한 4종이 등장한다.

……뜰 밖에 바람 소리, 아침에 살펴보니
창밖에 오동잎이 금정金井에 떨어졌네……

이렇게 시작해 여뀌꽃, 갈대, 국화, 수유꽃의 아름다움을 노래했다.

여뀌는 독성이 있어 식용으로는 부적당하다. 그러나 옛날에는 돼지고기 요리를 할 때 향신채香辛菜로 이용했던 것 같다. 《예기禮記》 하권 내칙 제12편에는 군자의 식사 예절에 대한 기록이 적혀 있는데, "통돼지 뱃속에 여뀌 잎을 채우고 삶아낸 고기를 씀바귀 잎에 싸 먹는다"고 했다. 여뀌의 쌉쌀하면서도 톡 쏘는 듯한 향으로 돼지고기 특유의 냄새를 없애고, 쌉쌀한 맛을 더하기 위해 씀바귀 잎으로 쌈을 싸 먹었던 것 같다. 같은 돼지고기 요리를 할 때도 "봄에는 부추를 넣어 큰개여뀌 *Persicaria nodosa* Opig.

전국의 밭 근처 공터에서 자라는 일년초로 잎에 점이 없다. 높이 50~100센티미터에 이르고 많은 가지가 갈라져 끝에서 화서가 아래로 늘어진다.

기생여뀌 *Persicaria viscosa* (Buch.-Ham. ex D. Don) H. Gross ex Nakai

전국의 습지에서 자라는 일년초로 붉은 줄기에 흰 털이 많다. 화서를 만지면 향기가 묻어난다.

끓이고 가을에는 여뀌 잎을 넣고 끓인다"는 말도 있다. 또 옛날에는 약간의 독성이 있는 식물이라 해도 그 독성을 제거한 뒤에 나물로 한 것이 많다. 그러나 지금은 독성을 제거하는 방법을 알 수 없으므로 산나물이라 해도 무턱대고 먹어서는 안 된다.

여뀌 잎이 요리에 쓰였다고는 하지만 그 종류가 많아 주의해야 한다. 중국 여뀌蓼는 우리나라에서 자라는 그것과 다를 수 있어 함부로 식용해서는 안 된다. 중국에서 식용한 여뀌는 귀화식물인 털여뀌로 추정할 수 있다.

얼마 전까지만 해도 시골에서는 여뀌의 독성을 이용해 고기잡이를 했다. 고기가 많은 곳을 골라 큰 물길을 돌리고 물이 자작자작해지면 그 물에 여뀌를 짓이긴 즙을 푼다. 이렇게 하면 독성이 물에 섞여 작은 물고기들이 비실비실 떠오른다. 이렇게 힘이 빠진 물고기를 쉽게 잡을 수 있다. 이 방법으로 시골 어린이들은 여럿이 한데 어울려 고기를 잡았으나 지금은 사라졌다.

한방에서는 여뀌를 수요水蓼, 택요澤蓼, 천요川蓼, 수홍화水紅花, 홍요자초洪蓼子草라 칭하며 여러 가지 질병 치료에 쓴다. 매운맛이 강하고 냄새가 나기 때문에 매운여뀌, 맵쟁이라 하기도, 잎이 버들 꼴이라 하여 버들여뀌라고도 한다. 가을이 되어 날씨가 건조해지면 줄기는 붉은색을 띠는데 이때는 꽃이 피어 씨가 익기 직전이다. 줄기 아래쪽 잎은 대부분 말라 있지만 위쪽 잎은 싱싱하다. 이러한 줄기를 거두어 그늘에서 말리면 약으로 쓸 수 있다.

《본초강목》에는 "여뀌는 맛이 맵고 성질은 따뜻하며 독이 없다"고 했고, 《본초구원本草求原》에도 "맛은 쓰고 떫으며 성질은 평平하다"고 했다. 그러나 분명한 것은 대부분의 여뀌류에는 독성이 있다는 점이다. 함부로 쓰면 구토와 함께 심한 발작을 일으킬 수 있다.

여뀌는 타박상, 근육통, 류머티즘, 신경통 치료제로 쓴다. 뱀에게 물렸을 때, 독충에 쏘였을 때도 생즙을 내 붙인다. 생선을 먹고 체한 데나 기생충 구제에도 효과가 있다. 또 이뇨, 이질, 설사를 멎게 한다. 그러나 임산부가 먹으면 위험하고 생리 중에 마늘과 함께 먹으면 부작용이 있다고 했다. 뿌리와 씨도 함께 약으로 쓴다. 이외에도 습지에서 자라는 흰꽃여뀌, 바보여뀌, 털여뀌 같은 것도 성분은 대동소이하다. 따라서 함께 약재로 쓸 수 있다.

여뀌의 줄기를 베어 삶은 물에 베를 물들이면 연한 보라색 또는 갈색이 된다. 비슷한 여뀌류 중 쪽은 푸른색 염료식물로 재배하기도 한다. 또 기생여뀌는 꽃에서 향기가 나기 때문에 향료를 채취한다.

잎사귀에 떨어지는 낙숫물 소리

울금

삼국시대에서 고려까지 우리 겨레의 정신적 지주는 불교사상이었다. 불교의 가르침에 따라야 했으므로 모든 생활 속에 불교가 깊이 뿌리내렸을 것이다. 불교가 이 땅에 들어오면서 관련 외래식물도 많이 들어왔다. 연꽃이나 수련, 상사화는 물론 쪽, 치자, 울금 같은 염료식물도 함께 전수되었을 것으로 본다.

실제로 경전에는 울금鬱金이 언급된다. 《대승본생심지관경大乘本生心智觀經》에는 "울금화鬱金花는 시든 것일지라도 다른 싱싱한 꽃보다 가치가 있다. 정견正見을 가진 비구도 이와 같아서 중생보다 백천만 배나 훌륭하다"고 했다.

또 《근본설일체유부나야根本說一切有部奈耶》 제3권에는 물건의 가치를 논하고 있다. "물건은 서로 다른 네 종류로 나눌 수 있다. 첫째는 무게가 무거워서 가치가 있는 것이요, 둘째는 가볍지만 아주 값진 것이 있고, 셋째는 무거우면서도 쓸모없는 것이 있으

←… 울금 *Curcuma longa* L. 원산지가 인도차이나반도를 비롯한 동남아 열대지방인 다년초다. 뿌리줄기를 카레의 색을 내는 색소로 쓴다. 우리나라에서는 제주도를 비롯한 남부 도서지방에서 재배한다.

며, 넷째는 가볍고 가치도 없는 것이다." 네 가지 물건 중에서 두 번째로 이야기한 가장 부피가 작고 가벼우면서도 가치 있는 것이 무엇일까? 여기에 답한 것이 몇 가지 있는데, 울금향鬱金香과 소읍미라蘇泣迷羅가 있다.

소읍미라는 산스크리트어로 수크스마일라Suksmaila라 하는 향료다. 적은 양으로도 짙은 향기를 내뿜기 때문에 매우 값진 물건에 속한다. 불경에서 말하는 울금은 식물학에서 지칭하는 울금과는 다른 식물이다. 한역된 불경에서 울금이라 하지만 사실은 사프란Saffron을 말한다. 사프란의 꽃술에서 딴 향료는 매우 적은 양이지만 값은 그 어느 보석보다 비싸다. 그래서 불경에서 부피가 작으며 가치 있는 물건으로 자주 인용한다. 불경에서는 미세한 울금향鬱金香의 꽃가루에서 뽑아낸 향기가 세상을 맑고 깨끗하게 하듯 올바른 삶이 세상을 깨끗하게 할 수 있다고 가르친다.

사프란은 원산지가 유럽 남부, 소아시아로 붓꽃과에 속하는 다년초다. 3장의 꽃잎과 3장의 외화판이 한 송이의 꽃을 이뤄 6장의 꽃잎이 핀 것처럼 보인다. 수술이 3개고 중앙에 있는 1개의 암술은 끝에서 3개로 깊게 갈라진다. 암술머리에서 뽑은 사프란 성분은 의약품의 재료가 되기도 하고 음식물의 빛깔을 내는 식용색소로도 쓰인다. 또 빛깔 외에도 맛을 내는 향신료의 역할을 한다.

중세 서양에서도 사프란꽃의 암술머리에서 채취한 사프란 색소를 비단을 염색하는 데 썼다. 특히 보라색을 고귀한 색깔로 여긴 중세 서양에서는 성직자가 입는 성의聖衣를 염색할 때 이 사프란 색소를 사용했다고 한다.

미세한 암술머리에서 딴 색소로 옷 한 벌을 염색해야 했으니 수많은 꽃을 희생해야 했다. 그러니 자연히 값도 비쌀 수밖에 없다. 1그램 정도의 암술머리를 모으기 위해서는 500송이의 꽃이 필요하다고 하니 얼마나 고가인지 짐작할 수 있다.

8~9월에 덩이줄기를 심으면 늦가을쯤 다른 꽃들이 모두 시들 때 아름답게 꽃이 피어난다. 보라색이 기본색이지만 분홍, 흰색, 자주 등 색에 변이가 많다. 최근에는 겹꽃까지 개발되면서 갖가지 품종이 인기를 얻고 있다.

사프란 덩이줄기는 부인병 치료제로 쓰인다. 유럽에서는 생리 장애가 있을 때 뿌리를 끓여 그 물을 마셨으며, 상처에는 생즙을 내 붙였다고 한다. 프랑스의 생선찜 요리 브이아베스는 사프란 향으로 맛을 낸 것이다. 또 스페인 요리 파에야에는 고기, 생선과 채소를 섞어 지은 쌀밥에 사프란 소스를 곁들여 먹는다.

사프란꽃은 오래가지 못한다. 활짝 핀 것이라 해도 반쯤 벌어지며 날씨가 쌀쌀하거나 저녁 해가 기울면 꽃잎을 오므려서 속에 든 꽃술을 추위로부터 보호한다. 보통 꽃이 피면 2~3일 만에 시들어 꽃의 아름다움에 비해 개화기는 극히 짧은 편이다. 허나 꽃이 지고 난 뒤에도 꽃술은 금방 시들지 않는다. 암술머리는 길게 밖으로 빠져나오고 붉은색을 잃지 않는다. 암술대는 카르티노이드 색소와 크로틴 배당체를 함유하는데, 이 크로틴 배당체 때문에 강한 향기를 내며 아직까지도 사랑받는 것이다.

사프란의 암술머리를 수확할 때는 처음 꽃핀 날 오전 중이 좋다. 노란 꽃술을 따면 부드러운 종이를 깐 바구니에 담아 말린다. 그다음 몇 개씩 뭉쳐서 은박지에 싼 다음 오븐에 넣어 건조한 후 병 같은 것에 담아 보관한다.

요리에 사용할 때는 뜨거운 물이나 우유, 술에 녹여 쓴다. 음식의 빛깔을 곱게 하고 요리에 감미로운 향기를 더한다. 또 몸을 따뜻하게 하는 약효가 있고, 소화제, 진통제로 쓸 수 있다.

그렇다면 동양인이 말하는 진짜 울금은 어떤 식물일까? 울금은 생강과에 속하는 난대 또는 열대성 다년초다. 키가 1~2미터까지 자라고 밑에서부터 여러 개의 잎이 돋아난다. 크고 넓은 잎은 파초처럼 보인다. 잎의 길이는 1~1.5미터고 긴 잎자루가 있으며 줄기를 서로 감싼다.

땅속에 굵은 생강 같은 덩이줄기가 있어 지면을 얕게 기면서 뻗어나간다. 여름에 줄기 중간에 연한 황록색을 띤 흰색 꽃이 더부룩하게 위를 향해 핀다. 요즈음에는 진도, 완도 등 남해 도서지방에서 널리 재배한다. 제주도에서는 사찰의 추녀 밑에 울금을 심어 지붕에서 떨어지는 낙숫물이 땅을 파지 않도록 했다. 그러나 최근에는 옛 정취를 느낄 수 있는 울금을 심는 곳이 없어 아쉬울 따름이다.

여름철 추녀에서 떨어지는 낙숫물이 넓은 울금 잎에 닿아 지면으로 내려가는 운치야말로 파초 잎에 떨어지는 빗방울에 비해 손색이 없다. 옛 스님들은 멋과 운치를 취할 줄 알았다. 그들의 정신과 선사상禪思想이 하나둘 사라지는 지금에야 비로소 향수에 젖는다.

아열대성 초본인 울금을 재배할 수 없었던 우리나라에서는 울금과 비슷한 생강과 식물인 양하蘘荷를 처마 밑에 심기도 했다. 낙수로 마당의 흙이 패는 것을 막았고, 울금의 꽃봉오리는 고급 요리의 재료로 사용되며 선비들의 미각을 사로잡았다.

《동국여지승람東國輿地勝覽》에는 순창, 임실, 곡성, 광양 지방의 특산물로 울금을 꼽았으며 조선시대 때는 전라도 서남부, 비교적 따뜻한 지역에서 울금을 많이 재배했다. 이처럼 울금은 식용, 약용, 염료식물로 없어서는 안 되었던 귀중한 작물이었다.

양하도 복원해야 할 민속식물이다. 잎은 50센티미터 정도로 곧추 자라고 가을에 바닥에서 죽순 모양의 꽃봉오리가 솟아오른다.

어느 해 여름, 강진 다산초당에 심은 양하가 죽림처럼 무성했다. 그 잎에 내리는 빗줄기는 더위에 지친 우리의 마음 밭을 적시는 감로수였다. 옛 선비들은 낙숫물 소리를 듣기 위해 이들을 심었고, 향기로운 맛으로 몸과 마음을 늘 깨끗하게 간직하기 위해 양하를 즐겨 먹었다.

양하는 꽃을 먹을 수 있는 채소다. 죽순처럼 돋아난 꽃봉오리를 따 살짝 데쳐서 무쳐 먹거나 생으로 된장이나 고추장에 찍어 먹었다. 양하를 먹으면 입안에 가득한 향기가 종일토록 가시지 않는다고 하니, 이러한 우리 고급 식문화를 재현해봄 직하다.

인도의 대표적인 요리에는 카레라이스가 있다. 울금 가루를 넣은 국물에 채소를 썰어 넣고 여기에 정향 가루를 첨가하면 노란 카레가 된다. 정향나무는 원산지가 동남아시아 열대지방으로 물푸레나뭇과에 속하는 관목이다. 꽃이 피기

* 울금의 덩이줄기를 식용 또는 약용으로 한다.

전의 봉오리를 따서 말린 것이 정향인데 향기가 있으며 매운맛이 난다. 카레의 독특한 향기와 매운맛은 바로 이 정향 가루 때문이다.

인도에서는 거의 모든 요리에 정향을 넣고, 빛깔을 내기 위해 울금을 쓴다. 인도 요리에 익숙하지 못한 외국인들은 정향 향기 때문에 모든 요리에서 카레와 비슷한 맛을 느낀다고 호소한다. 우리나라 대부분 요리에 마늘과 고춧가루를 쓰는 것과 같다.

울금의 땅속줄기를 정제하면 황색 염료를 뽑을 수 있는데, 인도에서는 이 염료가 여러 곳에 두루 쓰인다. 종이를 염색해 책을 펴냈을 때 좀이 슬지 않게 한다거나, 두루마리 불경에 울금 염색을 하여 고귀한 황금색으로 보이도록 한다. 원래 동방에서는 황색을 가장 고귀한 빛깔로 여겨왔다. 그래서 부처님의 장삼도 황색이고, 아시아 각국의 스님들이 입는 법의도 황색이다. 중국도 예외는 아니어서 황제가 입는 곤룡포는 반드시 황금색 비단으로 지었다. 황색은 빛의 색채요, 광명정대光明正大를 뜻하며 중화를 상징한다고 여겼기 때문이다.

인도에서는 울금을 식용, 약용 외에도 주술적 용도로 사용했다. 힌두교도의 결혼식에는 울금 색소로 물들인 황색 수건이 쓰였고, 의식을 치르거나 귀빈을 대접할 때는 반드시 울금 색소로 물들인 요리로 식탁을 차렸다. 의식용 도구를 장식하는 실도 울금 색소로 물들여 사악한 것이 침범하지 못하도록 했다.

울금에는 살균 작용이 있다고 한다. 따라서 인도에서는 피부병이나 화상을 입었을 때 울금 뿌리로 즙을 내 바른다. 옛날에는 목욕을 끝내고 울금향을 몸에 발랐다고도 한다.

이 울금은 이름도 복잡해 산스크리트어로 된 이름만 마흔여섯 가지나 된다. 번역된 중국어판에서는 가리타阿梨陀, 가리訶梨, 사리타라訶梨陀羅라 적혀 있다. 우리나라에서도 옛날에는 치자와 더불어 울금에서 뽑은 황색 염료로 책 표지나 옷감을 물들였다. 그리고 전을 부치거나 떡 같은 요리를 할 때 황색 염료로 사용했다.

요리해 먹을 수도 있고 염료로도 사용할 수 있으며 떨어지는 빗방울 소리까지 아름답게 만드는 다재다능한 울금을 널리 알리기 위해서, 사찰 단위로 이러한 식물들을 심어두는 것도 커다란 도움이 되리라.

나리 나리 우리 뫼나리

참나리

나리류 중에서 가장 흔한 것은 역시 참나리다. 보통 산나리라 하고, 산백합 또는 땅나리, 꽃잎에 표범 무늬 같은 점이 있어서 호랑나리라고도 부른다. 산사의 담장 위로 길다란 고개를 내민 모습은 처연하도록 아름답다. 잎 사이에 까만 씨알 같은 주아主芽가 하나씩 달리고 익으면 저절로 떨어져 새로운 개체로 돋아난다.

이 백합은 6장의 꽃잎이 있다. 자세히 보면 바깥쪽 3장의 꽃잎과 안쪽 3장의 꽃잎 너비가 서로 다르다는 것을 알 수 있다. 바깥 꽃잎은 꽃받침이 변해서 된 것이고, 진정한 의미의 꽃잎은 안쪽 3장뿐이다. 대체로 바깥쪽 3장은 좁으며 안쪽 꽃잎이 더 넓다. 6개의 수술과 1개의 암술이 있으며 꽃밥은 짙은 초콜릿색이고 피부에 묻으면 잘 지워지지 않는다. 암술이 수술보다 더 긴 것은 타가수정他家受精을 하기 위해서다.

산야에서 자라는 참나리를 뫼나리, 괴날리, 개나리라고도 부른다. 백

←… 중나리 *Lilium leichtlinii var. maximowiczii* (Regel) Baker
참나리와 비슷하지만 땅속줄기에 하얀 주아가 붙는다. 줄기는 곧추서고 붉은 꽃이 옆을 향해 핀다.

제 유민의 노래에도 나오듯 뫼(산)나리는 서민들과 가장 친숙한 꽃이다.

뫼나리꽃아 뫼나리꽃아
저 꽃이 피어 농사일 시작하여
저 꽃이 지면 농사일 피력하네
얼얼얼 상사디여 어디여 상사디여

뫼나리꽃아 뫼나리꽃아
저 꽃이 피어 번화함 자랑 마라
구십 춘광 잠깐 간다
얼얼얼 상사디여 어디여 상사디여

그렇게 산나리는 끈질긴 생명력과 시리도록 강렬한 색으로 우리에게 다가온다.

참나리꽃은 농사를 가름 짓는 요소이기도 했다. 요즈음은 모내기 시기도 빨라졌지만 옛날에는 참나리꽃 봉오리가 부풀어야 모를 냈다. 줄기가 키를 넘고 꽃이 질 때면 두벌매기도 끝나고 농사일도 어느 정도 가닥이 잡혔다.

《증보문헌비고增補文獻備考》에는 나리꽃을 산유화山有花라 했다. "산山에 산山에 꽃花이 피네有" 또는 "산山에 피어 있는

有 꽃花"이라고 한문 투로 적었다. 《예문고藝文考》에는 〈선운산가禪雲山歌〉를 소개하면서 "산유화가 한 편이 실려 있다. 남녀가 서로 좋아한다는 노랫말인데, 음조가 처량한 탄식조로 '옥수후정화'란 노래에 비길만하다山有花歌一篇 男女相悅之辭 音調凄怨 如伴侶玉樹後庭花"고 했다.

또 산유화에 얽힌 이야기도 함께 나온다. "숙종 무인년간에 선산부의 향랑이라는 한 평민 여인이 일찍 과부가 되어 절개를 지키는데, 그 부모가 뜻을 꺾으려 하자 향랑은 '산유화가'를 지어 굳은 뜻을 보이고 낙동강에 몸을 던져 죽었다. 속악부에 대대로 전해오는 산유화 가곡이 바로 이것이다"라며 삼남 지방에 전해지는 농부가라고 소개했다.

김소월의 시 〈산유화〉에서도 나리꽃을 노래했다.

산에는 꽃 피네
꽃이 피네
갈 봄 여름 없이
꽃이 피네

산에
산에
피는 꽃은

저만치 혼자서 피어 있네

산에서 우는 새여
꽃이 좋아
산에서
사노라네

봄, 여름 계절을 가리지 않고 산에서 홀로 꽃을 피우는 산유화. 산에서 우는 작은 새도 나리꽃이 좋아 산에서 산다고 했다. 서정성 짙은 노래가 아닌가.

초여름의 길가나 개울터 또는 집터, 그리고 어느 버려진 절터에서 무리 지어 자란다. 돌보는 이 없어도 저절로 주아가 떨어져 싹이 돋아나고 꽃도 핀다. 참나리는 깊은 산에서는 볼 수 없다. 반드시 마을 근처나 묵은 밭둑에서 자라기 때문에 귀화식물로 보는 학자도 있다. 사람이 살았던 흔적을 나타내는 식물이라 하여 주거지표식물로 친다.

꽃이 옆을 향해 피거나 밑으로 처지고 꽃잎이 짙은 홍색이면 털중나리다. 꽃이 옆을 향해 피고 꽃차례 바로 아래쪽 잎이 돌려붙으면 말나리다. 말나리와 비슷하지만 꽃이 위를 보고 피는 것은 하늘말나리다.

털중나리 *Lilium amabile* Palibin

산지에서 자라는 다년초다. 지하의 비늘줄기는 길쭉하고 인편이 가늘며 끝이 뾰족하다. 잎이 짧고 전체에 털이 많다.

❀ 겹참나리는 수술이 꽃잎으로 바뀌어 겹꽃이 되었다.

우리나라에 자생하는 나리류 중에는 관상 가치가 있는 것들이 많다. 큰솔나리와 날개하늘나리는 북방계의 백합류에 속한다. 꽃이 위를 보고 피는 것으로 하늘나리가 있다. 다만 꽃차례 바로 아래쪽 잎이 돌려붙지 않는 점이 다를 뿐이다. 그 대신 비늘줄기에 작은 자구가 붙는다. 잎이 가늘고 꽃잎 색깔이 연분홍색이면 솔나리다. 말나리보다 더 늦게 피는 것이 보통이다. 꽃잎 색깔이 짙은 빨강이며 중부 이남에서 자라는 땅나리가 있고, 울릉도에서만 자라는 섬말나리는 환경부 지정 특정 야생식물 목록에 들어 있다.

백합류에는 대부분 나리라는 이름이 붙었다. 비늘뿌리는 작은 조각이 한데 뭉쳐서 하나의 공을 이루는데, 건드리면 잘 떨어진다. 문일평文一平 님은 《화하만필花下漫筆》에서 백합의 명칭에 대해, "조선어의 개나리 혹은 나리라는 명칭이 일찍이 현해玄海를 건너가 유리こり의 모어母語가 되었고, 서양어의 릴리Lily와도 서로 공통된다"고 했다.

기원전 4천 년경 고대이집트의 벽화를 보면 백합을 왕실 문장으로 썼다는 것을 알 수 있다. 또 지중해의 크레타문명 시대에도 이미 백합을 즐겨 심었던 것 같다. 기원전 2천 년경의 고대 유적에 그려진 백합 그림은 아직도 선명하게 남아 있다. 크레타의 이라클리온 박물관 전시물 중 백합을 도안화한 전시물은 특히 눈길을 끈다.

크레타 북쪽 산토리아섬 고대 유적에도 백합을 그린 벽화가 보인다. 발굴된 건물 벽면에는 삼면 가득히 피어 있는 백합과 그 위를 나는 제비 떼를 사실적으로 표현했다. 이 방을 백합실이라 부르는 것도 그 때문이다. 또 유럽에서 잔 다르크가 백합을 도안화해 상징으로 사용한 이후, 백합은 아직도 가문의 문장이나 회사 심벌로 종종 쓰인다. 이렇게 예술작품과 건축물 등에 많이 나타나는 백합이지만, 정작 고대인들은 백합을 관상식물로 재배한 것이 아니라 약용 또는 향료식물로 재배했다.

백합은 재배 역사가 긴 만큼 신화나 전설, 문학 속에도 자주 등장한다. 프랑스의 문호 발자크가 쓴 《골짜기의 백합》은 청순한 여성을 에워싼 아름다운 이야기를 묘사한 작품이다. 때 묻지 않은 주인공의 이미지를 골짜기의 야생 백합으로 훌륭하게 그려낸 명작이다.

백합의 대명사처럼 불리는 흰색 나팔백합(철포백합)은 원산지가 오키나와로, 향기가 좋고 병충해에 특히 강하다. 서양에서는 부활절 무렵에 피기 때문에 이스터 릴리Easter lily라 부른다.

영어권 성서 속에서도 백합을 성모의 순결을 간직한 꽃이라 하여 마담 릴리Madam lily로 떠받들고 있지만 원래 서양

나리꽃은 꽃이 작고 향기도 좋지 않다. 원산지가 동양인 각종 나리류가 서양으로 전해진 것은 실크로드가 열린 시기 전후로 보고 있다.

성서 속에서 '들에 홀로 핀 백합화'라고 할 때의 그 백합은 자생 나리류를 지칭하겠지만, 옛날엔 소아시아 원산지의 튤립이나 수선 같은 꽃까지 모두 백합으로 표기하기도 했다. 식물분류학이 발달하지 못했던 당시에는 비슷한 꽃이면 모두 백합에 포함시켰던 것 같다. 식물의 분류를 세분하기 시작되면서 아름다움은 더욱 다채롭게 발명된 것이다.

참나리 *Lilium lancifolium* Thunb.

전국의 마을 근처 산과 들에서 자라는 다년초다. 줄기는 곧추서고 높이 1~2미터에 이른다. 잎겨드랑이에 까만 주아가 달린다.

기름이 가득한 얼룩무늬 씨알

피마자

피마자蓖麻子는 원산지가 북아프리카 지방 에티오피아지만 열대 아시아와 인도 대륙에 걸쳐 자라는 다년생 목본이다. 그러나 온대인 우리나라에서는 서리가 내리면 금방 시들어 죽는 일년초에 속한다. 줄기는 대나무처럼 속이 비었고 짙은 보라색이며 마디가 있다. 온실에서 가꾼다면 우리나라 남부지방의 통달목이나 후박나무와 같이 큰 나무로 키울 수 있다.

어긋 달리는 잎은 손바닥 꼴이고 긴 잎자루 끝에 달리는데 지름이 25~30센티미터나 된다. 습기가 풍부한 비옥한 토양에서 잘 자란다. 땅이 척박하면 키가 자라지 못하고 잎도 작아지며, 열매 또한 많이 달리지 못한다. 늦은 여름부터 꽃이 피기 시작해 거친 털이 있는 삭과가 서리가 내릴 때까지 계속 달린다. 늦게 달린 것은 익지 못해 쭉정이가 되고 만다.

◂··· 피마자 *Ricinus communis* L.
아주까리라고 부르는 열대성 목본이지만 우리나라에서는 가을이면 죽는 일년초에 속한다. 종자에서 기름을 짜기 위해 재배하는 유지작물이다. 고려 때 중국을 통해 우리나라에 전해졌을 것으로 보고 있다.

종자를 피마자라 하는데 길이 1.5

센티미터, 너비 1센티미터 정도로 크고 광택이 있는 흑갈색에 흰색 얼룩무늬가 있다. 이 씨에는 40~50퍼센트의 기름이 들어 있다. 압착해서 기름을 짜내면 피마자유가 된다. 한방에서는 피마자기름을 변비 치료용 설사약으로 쓰고, 볶은 기름을 식중독, 급성 위장염, 이질 등에 쓴다. 불포화지방산을 함유해 실온에서는 굳지 않는다. 따라서 기계의 윤활유, 인주, 페인트, 잉크 제조에도 쓰인다.

알려진 민간요법으로 음식을 먹고 체했을 때, 피마자기름을 솥에 볶아 한 숟갈 먹으면 속을 씻어 내린다고 했다. 또 오랜 이질을 앓아 탈항되었을 때, 피마자 종자 49개를 짓이겨 물로 반죽한 뒤 정수리에 얹고 일부는 잎에 싸서 항문에 붙였다. 기원전 4천 년경 고대이집트 유적에서 피마자 씨가 발굴된 것으로 보아 당시에 이미 등유 또는 의약품으로 쓰였다는 것을 알 수 있다.

피마자 종자에는 독성 단백질인 리친과 알칼로이드계인 리시닌이 들어 있다. 이들 성분이 체내에 들어가 설사를 일으키는 것이다. 종자에 들어 있는 기름이 장액에 의해 리시놀레산과 글리세린으로 물 분해되기 때문에 나타나는 현상이다.

씨를 날로 먹을 때는 독성이 강하지만 열처리하면 독성

이 거의 없어진다. 피마자 독의 치사량은 어른이 리친 7마이크로그램, 리시닌 0.16그램이다. 어린이의 경우 씨 5~6알이면 죽을 수도 있다.

또 피마자는 불교와 관계있는 식물이다. 인도에서는 란다Randa, 베렌다Bherenda, 레리Reri라 불렀다. 산스크리트어로는 에란다Eranda라 하는데 발음을 따서 이라伊羅 또는 이란伊蘭으로 적는다. 《물명고》에는 "피마의 열매를 아족가리 또는 초마자草麻子라 한다"고 했다.

피마자기름이 썩으면 냄새가 지독하다. 소달구지가 하루 동안 갈 수 있는 거리를 유순由旬이라 했는데, 불경에서는 40유순 거리까지 악취가 진동하는 독초로 적고 있다. 또 《증일아함경增一阿含經》에서는 부왕을 죽이고 왕권을 탈취한 아세사가 후에 죄를 뉘우치고 불교에 귀의한 것을 두고 "마치 악취를 풍기는 피마자나무에서 향기로운 단향나무가 자라는 것과 같다"고 했다.

그런데 이를 약으로 쓰기 위해 리시놀산을 분해하면 에난트알데히드라는 성분이 나온다. 이 에난트알데히드는 향기로워서 최고급 향수를 만드는 데 사용한다. 고약한 냄새를 풍기는 물질 속에도 향기로운 것이 함께 들어 있다니 놀라운 일이다.

《대승열반경大乘涅槃經》에서는 이렇게 적고 있다.

❀ 꼬투리가 완전히 익으면 겉껍질이 벌어지면서 속에 든 검은 씨가 드러난다. 이를 피마자라 하는데 기름을 짜 약재로 하고 공업이나 등불을 밝히는 데 쓴다.

❀ 화서 아래쪽에 수꽃이 핀다. 수술은 길게 밖으로 빠져나온다.

이란(피마자)의 씨에서는 반드시 이란의 싹이 돋아난다. 이란 씨에서 향기로운 전단나무가 자랄 수는 없다. 그런데 지금 이란에서 전단나무가 돋아나고 있지 않는가. 이란의 씨는 곧 내 몸이요, 전단나무는 나의 뿌리 없는 믿음이다.

번뇌에서 깨어난 아세사가 부처님 말씀을 듣고 참회의 눈물을 흘리면서 한 말이다. 인도에서는 독이 있는 피마자나무를 아직도 번뇌에 시달리는 인간으로 보고 있다. 악취를 풍기는 독수毒樹에서 향기로운 단향나무 싹이 돋아나는 것 같이, 악업을 행한 사람일지라도 불문에 귀의하면 구제받을 수 있다고 가르치고 있다.

이 피마자는 불교와 함께 중국에서 전해 내려왔을 것으로 보며, 우리나라를 거쳐 일본으로 건너갔을 것으로 추측된다. 우리나라에 언제 들어왔는지는 정확히 알 수는 없지만 고려 때 중국을 통해 유지작물로 도입했을 것으로 보고 있다.

한국에서는 대개 기름을 짜기 위해 재배한다. 그러나 피마자 잎도 잘 말려두면 겨울에 즐길 수 있는 좋은 묵나물이 된다. 가을에 서리가 내리기 전 줄기 위쪽의 부드러운 잎을 따 짚으로 엮어 추녀 밑이나 그늘진 곳에 매달아 둔다. 겨울을 보내고 음력 정월보름이면 잡곡밥과 갖가지 나물 반찬을 먹게 된다. 이때 쌈으로 먹는 음식 중에 빠지지 않는 것이 바로 피마자잎나물이다.

인도에서는 누에에게 아주까리 잎을 먹여 피마잠蓖麻蠶을 친다. 아주까리누에는 큰 고치를 짓는데 비단보다 질긴 천연 섬유를 얻을 수 있다.

다양한 식물이 한국 땅에서 번성하는 것은 긍정적인 소식일지 모르나, 우리의 민속식물이 점차 사라지는 것은 아쉬울 따름이다.

호수 위에 뜬 녹색 비단 자락

마름

마름荇菜은 수면에 떠서 자라는 일년초다. 로제트형 잎을 사방으로 펼치고 출렁출렁 물결을 탄다. 마름이 자라는 연못의 물은 크게 출렁거릴 뿐 잔물결을 일으키지 않는다. 그래서 연못의 물은 언제나 정적이다. 잎은 삼각형을 띤 마름모꼴이고 가장자리에 톱니가 많으며 잎끝이 뾰족하다. 잎자루에 볼록한 공기주머니가 있어 물에 잘 뜨지만 물속에 잠기는 잎도 있다. 이 공기주머니를 손가락으로 집으면 톡 하고 터진다.

유희는 《물명고》에서 "능菱은 마름이라고 하는데 잎은 물 위에 뜨고 물 밑바닥에 뿌리를 내리며 여름에 흰 꽃이 핀다. 낮에는 꽃잎을 펴고 밤에는 꽃잎을 닫는다. 열매는 사각의 능선이 있으며 양쪽이 뿔처럼 뾰족하다. 완전히 익으면 진흙 속에 묻히게 된다. 덜 익은 것을 따 단단한 껍질을 벗기면 하얀 속살이 나오는데 먹을 수 있다"고 적었다.

◂··· 마름 *Trapa japonica* Flerov.
연못이나 호수에서 자라는 일년초다. 뿌리는 진흙 바닥에 붙어 있고 긴 줄기가 자라 끝에서 잎이 로제트형으로 수면에 배열된다.

옛 책에서는 마름이 이리저리 물

결을 따라 흔들린다고 하여 부평초浮萍草라고 했으나 잘못 알려진 사실이다. 식물학적 분류 지식이 부족했던 때 중국 문헌을 인용하면서 혼동한 것이다. 부평초는 중국의 양자강 이남에서 자라는 물상치, 또는 논에서 흔히 보는 개구리밥을 말한다.

마름의 뿌리는 물 밑 진흙 바닥에 박혀 있다. 씨에서 발아한 싹이 길게 자라 물 위에 뜨고 이때부터 잎이 로제트 꼴을 이루며 자란다. 이러한 점에서 보면 마름은 물에 떠서 자라는 부유성 수초가 아니라 진흙에 단단한 뿌리를 두고 사는 육상식물과 다름없다.

가느다란 줄기는 물의 깊이에 따라 긴 것이 있는가 하면 얕은 곳에서 자라는 짧은 것도 있다. 한번 길게 자란 줄기는 물이 빠지면 옆으로 눕고 물이 불어나면 바로 선다. 물의 깊이에 따라 스스로 높낮이를 조절해 물에 가라앉는 법이 없다. 물속에 있는 줄기의 마디에 실뿌리가 돋아 있다. 깃털 같은 검은색 실뿌리를 통해 물속의 유기물을 흡수한다. 진흙에 뻗어 있는 뿌리는 줄기를 지탱하는 역할을 하고, 줄기에 붙은 이 실뿌리가 영양소를 흡수하는 실질적인 뿌리의 기능을 한다.

한여름 수면 위로 올라온 흰 꽃은 작고 앙증맞다. 꽃잎은 4장이고 흰색이지만 약간 분홍색을 띠는 것도 있다. 꽃자루가 짧아 잎의 중앙에 붙은 것처럼 보인다. 한낮이면 꽃잎을 활짝 펴고 해가 기울면 반쯤 오므린다.

중국에서는 중요한 목초로 여기는 자원식물이다. 중국 중남부 지방에 사는 물소는 더위를 식히기 위해 대부분 낮 동안 물에서 지낸다. 이때 물소는 물 위에 뜬 마름을 즐겨 먹는다. 마름은 부드러우면서 영양가가 많아 물소에게는 더없이 좋은 사료가 된다. 지천에 깔려 있는 먹이를 마음껏 먹을 수 있고 더위도 식힐 수 있으니 물소에게 마름이 가득한 호수는 낙원이나 다름없을 것이다. 그러니 물에서 지내는 시간이 길어질 수밖에 없다.

마름은 초가을에 까만 열매로 익는데 양쪽 끝이 뾰족해져서 날카로운 가시가 된다. 속은 하얀 과육으로 가득 차 있어 생으로 먹을 수 있다. 그 때문에 물에서 따는 밤 같다고 하여 물밤 또는 말밤, 말뱅이라고 한다.

열매를 잘 말린 것을 능실菱實, 능각菱角이라 하여 위장병, 치질, 식도암, 자궁암 등의 치료에 쓴다. 최근에는 이 열매에 항암 성분이 있다는 것이 임상실험으로 증명되었다. 민간에서는 술독을 풀어준다고 알려졌으며 설사약, 진정제, 해열제로 써왔다. 연못에서 금방 딴 신선한 열매를 껍질째 짓찧어 볼거리를 앓을 때 환부에 붙이면 금방 가라앉는다고 했다.

중국에서 마름은 열매의 전분을 채취하기 위해 연못에 재배하는 자원식물이다. 가을에 열매가 익으면 마르지 않도록 저장했다가 봄에 물을 뺀 진흙 밭에 뿌리고 싹이 돋아나면 물을 대 재배한다. 수확기에 줄기를 거두어 사료로 하고 열매는 발효해 주정을 뽑는다.

옛날에는 마름 씨의 날카로운 가시를 전쟁의 방어 무기로 쓰기도 했다. 성 밑에 마름 열매를 깔아놓으면 적이 그 영역을 넘지 못했다. 이를 발전시켜 만든 것이 마름쇠菱鐵로 오늘날의 철조망과 같은 것이다. 박동량朴東亮의 《기재잡기寄齋雜記》에는 전주 부윤 이윤경李潤慶이 마름쇠로 왜구를 물리쳤다는 전사가 기록돼 있다. "윤경이 재빠르게 복병을 배치하고 마름쇠를 길에 깔아놓았다. 광대를 시켜 모두 색옷을 입고 마름쇠 사이를 왔다 갔다 하면서 재주를 넘게 했다. 적이 보고 일제히 달려들다가 복병에 죽거나 마름쇠에 찔려 부상을 입었다"는 내용이다. 뒤에 이윤경이 왜구를 모두 물리쳤음은 물론이다. 임진왜란 때도 마름쇠가 적의 발목을 잡는 중요한 무기였다.

마름이 문헌에 등장하는 것은 중국의 고전 《시경詩經》이

최초가 아닌가 한다. 국풍國風 주남周南 편에 저구雎鳩라는 새와 마름이 나온다.

탐스러운 마름을 이리저리 찾아내듯
요조숙녀와 더불어 사랑을 하리라
탐스러운 마름을 이리저리 찾아내듯
요조숙녀와 더불어 풍악 울리며 즐기노라
參差荇菜 左右采之 窈窕淑女 琴瑟友之
參差荇菜 左右采之 窈窕淑女 鐘鼓樂之

저구라는 물새는 마름이 가득한 연못이나 강에 살며 마름 열매를 쪼아 먹는다. 늘 함께 다니는 자웅 한 쌍이 마름 가득한 연못에서 한가로이 노니는 모습을 노래한 시다. 《집전輯典》에 의하면 주나라 문왕은 어릴 때부터 성덕이 뛰어났다. 성년이 되어 태사太姒를 왕녀로 맞아들였는데 그녀의 부덕 또한 만인의 칭송을 받을 만했다. 후세 사람들이 이들의 부부애를 저구에 비유해 노래한 것이다.

이처럼 마름은 물새의 먹잇감으로 없어서는 안 될 귀중한 자원이었다. 그러나 마름 같은 식물성 먹이가 점차 줄어들고 있는 이때, 물새들은 더 이상 발을 붙이기 어렵다. 먹잇감이 적으면 반드시 소비자의 생태계도 균형을 잃을 수밖에 없다.

과거에는 사람도 마름을 식량으로 이용했다. 먹을 것이 귀했던 시절에는 마름의 싹까지 걷어 나물로 먹었다. 열매에 전분이 많으니 싹에도 영양가가 많다고 믿었기 때문이다. 옛글에서 선비가 낙향해 마름이나 뜯어다 나물 반찬을 하겠다는 내용을 볼 수 있다. 마름은 벼슬을 버리고 시골에 묻혀 지내는 한적한 삶의 대명사가 되기도 했다. 이규보李奎報의 시에서는 "여강으로 돌아가 물가에서 마름이나 바라볼까欲歸江郡詠汀蘋"라는 문장이 등장한다. 그는 부귀영달을 버리고 시골로 내려가 마름꽃이나 바라보면서 욕심 없이 살고 싶다고 했다. 이러한 삶이야말로 선비가 지향하는 목표며 최고의 선이었다.

마름은 흰 꽃이 피지만 한낮이면 시든다. 같은 연못에서 피는 가시연꽃은 반대로 보라색이고 낮에 핀다. 옛 책에서는 "마름菱과 가시연꽃芡은 모두 물속에 있는 식물이다. 그러나 마름은 해를 등지기 때문에 성질이 차다. 또 가시연꽃은 해를 향해 피기 때문에 따뜻하다"고 했다.

마름이 가득한 수면은 바라보는 것만으로도 마음의 평안을 얻는다. 마름이 빽빽하게 자란 수면은 빈자리가 보이지 않을 정도로 녹색 카펫을 깔아놓은 것처럼 고요하다. 여름

애기마름 *Trapa incisa* Siebold & Zucc.

여름에 잎겨드랑이에서 흰색 꽃이 위를 향해 핀다. 3장의 꽃잎은 하루만 피어 있고 다음 날이면 다른 꽃이 핀다.

한낮 호수 가장자리에 핀 마름꽃은 결코 화려한 꽃은 못 된다. 점점이 떠 있는 흰 꽃은 일정한 공간을 규칙적으로 확보하고 있어 연속되는 실크 패턴을 보는 것 같다. 그래서 옛 시인들이 마름을 좋아했을까.

우리나라에 자라는 마름은 마름과 애기마름 두 종류다. 잎이 작고 잎자루에 털이 없는 소형을 '애기마름'이라 하는데 긴 줄기가 옆으로 뻗어나가며 마디에서 잎이 돋아나고 꽃도 핀다. 마름이 제자리에서 잎을 사방으로 펼치고 자란다면 애기마름은 긴 줄기가 옆으로 뻗어나가는 덩굴인 셈이다. 물론 줄기가 진흙 바닥에 붙어 있는 점에서는 같다.

그동안 우리는 수초를 너무 업신여겼다. 도작稻作 문화권에 사는 우리에게 수초란 몹쓸 잡초에 지나지 않았을 것이다. 그래서 논에 뿌린 제초제 때문에 마름 같은 귀중한 식물자원이 하나둘 사라지고 있다. 물을 정화하고 생태계의 생산자가 되며 각종 수서곤충이나 물고기들의 은신처가 되어주는 수초인데 말이다.

이번 여름, 연못 한 자락에 마름을 심어 선비의 멋을 음미해보는 것과 동시에 자연을 수호하는 것은 어떨는지.

별나라의 비밀을 간직한 약초

천남성

내 서재 한구석에는 손님이 찾아와도 쉽게 알아차릴 수 없는 그늘진 자리가 있다. 그 한구석에 독극물 관련 서적들이 가지런히 꽂혀 있다. 또 여러 가지 보석에 관한 귀중한 원서들 50여 권이 키재기를 하고 있다.

나는 이 자리에서 혼자 여러 가지 공상을 해본다. 넓은 토지를 구입해 독초 식물원도 만들고, 지하에는 독버섯 재배장을 설치하고 싶다. 그리고 이들 독초와 독버섯에서 여러 가지 독극물을 추출해 갖가지 묘약을 만들어보고 싶다. 그렇지만 '어디 한번 해보라'고 말해주는 사람은 거의 없을 것 같다. 독초원 주변에 원형의 진열장을 마련해 신비로운 보석과 광물관, 인도에 비전되며 내려오는 탄드라의 보물관, 그리고 오컬트 비의 전수관, 요술 공주가 사용했던 수정과 마술 도구들, 그리고 독버섯 전시실 등을 갖춘다면 그야말로 환상의 세계가 아닐까?

독초를 만나면 오금이 저릴 만큼 두려움을 느낀다. 도가니 속에서 끓

◂··· 천남성 *Arisaema amurense* Maxim.
전국의 산지에서 자라는 다년초로 잎은 2장이 붙고 가운데서 하나의 화서가 자라 암꽃은 아래 수꽃은 위에 붙는다.

는 납물과 같다고나 할까. 겉으로는 그저 덤덤한 액체지만 손가락을 담그면 그대로 타버리고 마는 납물. 독초는 아무에게도 말할 수 없는 죽음의 음모를 감추고 있다. 생과 사의 갈림길에서 더욱 칙칙한 곳으로 우리를 초대하는 것 같다.

경외심과 비밀을 품고 죽음을 부르는 독초지만 약으로 쓰일 때는 환자를 살리기도 한다. 동서양에선 투구꽃의 뿌리를 이용해 사형수를 하늘나라로 보내기도 했다. 부자附子라는 사약賜藥이 바로 투구꽃의 뿌리를 끓인 물이라는 것은 잘 알려진 사실이다.

고대 인도에서는 수행자들이 천상 세계를 체험하기 위해 독말풀의 씨를 삼켰다고 한다. 지금도 인도의 요기나 힌두 수행자가 토굴에서 깨달음을 얻겠다고 독말풀을 먹는다. 그들은 환각 속에서 본 천상계를 만다라로 그려낸다. 의식과 무의식의 세계를 넘나들면서 그들이 본 것들을 기록해 독특한 예술작품으로 빚어내고 있다. 바로 독초의 힘이다. 오늘날 미국의 히피들이 마리화나, 대마초를 피우고 고단한 현실을 떠나려고 하는 것과 무엇이 다르겠는가.

날씨가 더워지면 자주색이나 녹색의 천남성天南星이 꽃망울을 틔운다. 한 줄기에 하나의 잎이 돋아나고 한 송이의 꽃이 포엽에 싸여 핀다. 산지의 나무 그늘, 비옥한 토양에서 자라는 다년초다. 납작한 덩이줄기가 범의 발바닥 같다고 하여 호장虎掌이라 했다. 10세기에는 뿌리가 희고 둥글어 노인성老人星이라 하다 이후 천남성이라 불렀다.

독성이 강한 식물은 대부분 약재로도 쓰인다. 천남성류도 좋은 약재가 되고 있다. 우리나라에 자생하는 천남성류는 대략 10여 종인데 모두 알줄기를 약재로 한다. 보통 4~5월 잎이 돋을 때 꽃도 함께 올라온다.

남쪽 섬에서 볼 수 있는 큰천남성과 무늬천남성, 섬천남성은 알줄기가 훨씬 큰 편이다. 그에 비해 중부 이북에서 자라는 천남성, 두루미천남성, 점박이천남성, 넓은잎천남성은 조금 작다. 토란과 비슷하다. 토란 잎에도 독성이 있는데 산화칼슘의 바늘 결정이 있다. 그 때문에 토란을 먹으면 점막을 자극한다. 아린 맛이 강하게 느껴지는데, 손으로 만져도 가렵고 심한 사람은 알레르기 증상이 나타나기도 한다.

천남성도 마찬가지다. 독초로 널리 알려진 만큼 아직 식용했다는 말은 듣지 못했다. 산지에서 무심코 잎을 뜯었다가 손에 물집이 생기거나 입에 대었을 때 입안이 화끈거리는 증상이 나타날 수 있다. 그럴 때 찬물에 깨끗이 씻으면 낫는다.

서양에서는 숲에 사는 마녀가 벨라돈나 같은 독초를 능숙하게 다룬다고 여긴다.

벨라돈나를 함유한 연고를 사용하면 연극, 아름다운 정원, 향연, 미려한 장식과 의상, 훌륭한 청년, 국왕 봉행 등 자신이 즐겁다고 생각하는 모든 것이 보인다. 한편 악마, 연옥, 폐허 등의 광경과 양심의 가책을 키우는 씨앗까지도 볼 수 있다. 즉 이것들이 모두 악마의 원인이 되는 것이다.

요술사의 다양한 환각에 대해 합리적인 설명을 하고 있다.

마녀들의 집회인 사바스Sabbath의 밤, 마녀는 맨드레이크와 벨라돈나, 두꺼비, 독사, 가죽을 벗긴 고양이, 생리 때 흘린 피와 미라 등을 섞어 끓여 만든 연고를 벌거벗은 몸에 칠하고 덧붙여 빗자루대에 발라 하늘을 날았다. 보름달이 뜨면 늑대 등으로 변신해 사바스에 나왔다. 어두운 겨울의 폐허에 모였던 마녀들은 불을 지피고 마당에 더러운 식물과 아이들을 제물로 들고, 그 엉덩이에 입을 맞춘 다음 활과 같이 휜 마왕의 성기를 숭배했다. 외설적인 댄스와 기도, 근친과 야수, 이성과 동성 등 상대를 개의치 않고 새벽을 알리는 수탉 울음소리가 들릴 때까지 섹스 파티를 계속했다.

사바스는 후세 사람들에게 이처럼 전해지고 있다. 그러나 이러한 정경은 마음속에 호색의 버릇이 가득한 신부들이 금욕주의를 가장해 만든 망상인 것 같다. 중세 유럽에선 기독교가 사회 전체를 지배하지는 않았다. 일상생활의 여기저기에 고대 그리스, 로마의 전통으로 거슬러 올라갈 수 있는 토착 신앙과 종교의례가 남아 있었다. 마녀의 박해는 이러한 것을 절멸하려는 부계 문화의 히스테리가 빚어낸 결과가 아닐까. 빗자루대는 비기독교적인 옛 문화의 관점에서 볼 때 우주의 힘을 의미하는 남근의 상징이다. 그것을 뛰어넘는 것은 종교의례로서 성 결합, 양성구유의 재현을 의미한다.

조금 더 깊이 들어가 보면 난교는 주로 모계 문화에서 행해진 풍요제에 관한 의식인 것을 알 수 있다. 우리가 이것을 외설적으로 느끼는 것은 우리의 의식이 기독교, 유교적인 부계 문화에 젖어 있기 때문이다. 적어도 마녀재판이 시작되기 이전의 유럽에서는 여자들이 주최하고, 맨드레이크 같은 환각성 식물을 이용해 난교 의식을 행하는 풍요제가 남아 있었다. 마녀들은 빗자루대를 성기에 비벼댐으로 거기에 칠해진 '나는 연고'의 성분을 흡수해 신비로운 세계로 날아올랐던 것이다. 그때는 실제로 저녁 바람을 가르고 하늘을 날았으며 늑대로 변신해 황야를 달리는 것이 가능했는지 모른다. 풍요의 대지신大地神이 준 무상의 쾌락을 누리는 것이 가능했으리라.

자유 방종한 생각으로 쉽게 행동에 돌입하고 여기에 자

❀ 천남성의 열매는 독성이 강하지만
수치해 약으로 한다.

점박이천남성 *Arisaema peninsulae* Nakai

숲에서 자라는 다년초로 높이 40~50센티미터에 이른다. 줄기에 얼룩무늬가 있다.

신이 존재한다는 것을 격렬하게 느낄 수 있는 '실존의 미각'에 비하면, 지나칠 정도로 값싼 정의를 휘두르며 숨이 끊어질 듯 헐떡이며 살아가는 도회인의 생활은 곰팡이가 슨 미라와 마찬가지다.

독초 식물원을 세워 갖가지 신비로운 독초와 약초를 심고 싶다. 그리고 독초의 숲에서 여러 벗을 초대해 사바스 축제를 여는 것도 재미있을 것 같다. 과연 초대받은 손님들이 찾아줄지 모르겠지만…….

한의학에서는 가을에 알줄기를 캐서 얇게 썰어 햇볕에 말린 천남성을 중풍 치료에 쓴다. 또 통증을 없애고 가래를 삭여주며, 이뇨 작용이 뛰어난 것으로 알려졌다. 특히 중풍에 걸려 손발이 마비되었거나 말을 못 할 때 쓰면 특효가 있다고 했다. 또 심한 운동을 하여 허리를 삐었거나 어깨를 다쳐 움직일 수 없을 정도로 통증이 심할 때, 천남성 알줄기를 짓이겨 환부에 붙이면 잘 듣는다. 어린이 간질병, 심한 경련에도 쓴다. 민간에서는 알줄기를 짓찧어 류머티즘 신경통 환부에 붙인다. 상처가 곪았을 때 천남성을 썰어 말린 것을 가루로 하여 뿌려주면 쉽게 낫는다. 또 고름을 뽑아내 근본적인 치료 효과를 높인다.

천남성은 한의학에서 널리 쓰였던 만큼 다른 독초에 비

해 그 비밀이 많이 밝혀진 편이다. 따라서 사용 범위가 넓고 치료 효과도 크다. 일부 지방에서는 어린순과 알줄기를 함께 오랜 시간 끓여 독성분을 제거해 먹고 있으나 위험천만한 일이다. 반드시 의사의 처방에 따라야 한다. 잘못 먹거나 쓰면 더 큰 불행을 부르게 된다. 작용이 큰 것은 언제나 반작용도 큰 법이다.

연못에 나부끼는 푸른 깃발

꽃창포

물기가 많은 연못가나 개울가에서 자라는 여러해살이풀이다. 흔히 난초라 하지만 난초과 식물과는 거리가 멀고 붓꽃과 식물에 속한다. 이름에 창포라는 말이 붙었지만 창포도 아니다. 5월 단옷날에 머리를 감는 창포물의 창포는 천남성과 식물이고, 꽃창포는 붓꽃과 식물이다. 노랑꽃창포의 학명은 ***Iris pseudoacorus***인데, 잎 모양이 창포속*Acorus* 식물과 닮기는 했어도 창포가 아니라는 뜻이다. 텔레비전 광고에 창포 비누와 창포 샴푸가 나온다. 그런데 창포 향을 가미했다는 이 화면 속의 식물은 창포가 아니고 보라색 꽃창포다. 식물 이미지조차 잘못 내보내는 광고의 상품을 일반 소비자가 신뢰할지 의문이다.

문학작품에서도 창포와 꽃창포를 혼동해서 쓰는 예가 많다. 최인호 님의 《잃어버린 왕국》 4권에는 백제의 유민들이 새로운 땅 근강을 찾아가는 모습을 자세히 그렸다.

←··· 노랑꽃창포 *Iris pseudacorus* L.

원산지가 유럽인 귀화 식물로 전국의 냇가나 연못에서 자라는 다년초다. 5~6월에 줄기 끝에서 노란 꽃이 위를 향해 핀다.

근강이 가까워질수록 창포菖蒲 꽃들이 무성히 자라고 있는 들판이 펼쳐지고 있었다. 예나 지금이나 근강의 근처에는 창포들이 들에 무성히 자생하고 있었는데, 때맞춰 연보랏빛 꽃들이 온 들판을 뒤덮고 있었고 꽃에서 풍겨 나오는 향기로운 꽃 냄새가 온 누리를 메우고 있었다.

무성히 자라고 있는 창포꽃을 본 순간 백제의 유민들은 일제히 발을 멈추고 탄식을 하였다. 그 꽃은 잃어버린 고향에서 흔히 볼 수 있는 꽃이었기 때문이었다. 백제의 유민들은 창포꽃들을 신령한 꽃이라 믿어왔었다. 그들은 초여름 창포 잎과 창포 뿌리를 삶아서 만든 물로 머리를 감으면 사귀邪鬼가 물러간다고 굳게 믿고 있었다. 그래서 그들은 해마다 초여름이면 그 잎과 뿌리를 끓인 물로 머리를 감고 목욕을 하였던 것이었다. 뿐 아니라 그들은 보랏빛 꽃에서 염료를 뽑아내어 보랏빛 물감을 만들어낼 줄도 알고 있었다.

멋 부리는 여인들은 그 보랏빛 물감에 옷을 넣어 물들여 그것을 입고 다녔었다. 그렇게 하면 신령한 기운이 몸과 혼을 지켜주어 그 어떤 귀신도 범접지 못하리라고 생각하고 있었던 것이었다. 온 들판에 무성한 창포를 보자 백제인들은 그 낯익은 꽃에서 문득 향수를 떠올렸으며 낯선 땅에 대한 두려움과 공포심이 씻은 듯이 사라져버리고 기쁨이 충만하는 것을 느꼈던 것이었다.

이 글에서 저자는 천남성과의 창포와 붓꽃과의 꽃창포 이 두 가지 식물을 혼동하고 있다. 우선 "들판을 뒤덮고 있는 연보랏빛 창포菖蒲꽃 향기가 온 누리를 메우고 있다"고 했는데 창포는 옥수수 모양의 꽃차례는 황록색이고 잎 사이에 숨어서 피며 향기도 없다. 창포를 방향식물이라 하는 것은 잎과 뿌리줄기 그 자체에 방향 물질이 있기 때문이다. 보라색으로 피는 것은 꽃창포*Iris*를 말한다.

꽃에서 염료를 추출하는 것 역시 꽃창포다. 염색할 때는 염료를 탄 물에 옷을 담가 물들이는 것이 아니라 옷감을 염색한 뒤에 옷을 지었다. 바느질한 옷 자체를 염색하면 안감과 겉감의 재질이 다를 때 곱게 물들지 않을뿐더러 봉제선에 물감이 배어들지 않아 고운 색을 낼 수 없기 때문이다. 또 창포의 뿌리를 끓여 세정제로 썼다고 했는데 뿌리보다 땅속줄기를 썼다. 실뿌리라고 안 되란 법은 없지만 캐기도 어렵고 양도 적기 때문이다.

꽃창포는 보라색 꽃이 피는 것이 보통이나 노랑꽃창포는 전혀 다른 색이다. 칼처럼 생긴 기다란 잎 사이에 꽃줄기가 돋아나 그 끝에서 몇 송이의 꽃이 핀다.

꽃창포나 붓꽃을 말하는 아이리스는 그리스 신화에 나오는 나비의 여신 이리스에서 따온 말이다. 신화 속의 이리스는 신들의 심부름꾼으로 나비를 통해 하늘과 땅을 오가면서 일을 처리해나간다. 꽃창포의 아름다운 꽃잎 모습이 나비 같다고 하여 아이리스가 되었는지도 모른다. 지상에 예쁜 나비가 많듯 꽃창포꽃 색깔도 가지각색이다.

그리스어로 무지개를 뜻하는 아이리스에서 유래했다는 설도 있다. 무지개의 여신 아이리스는 신들의 왕 제우스와 여왕 헤라의 심부름꾼이었다. 하늘과 땅을 연결한 무지개를 타고 다니면서 일했다. 그녀가 땅에 내려와 모습을 바꾼 것이 바로 꽃창포라는 것이다. 이이리스의 꽃말이 '전언'인 것도 그 때문이다. 그리스 사람들은 무덤가에 꽃창포를 심는데, 무지개의 여신이 영혼을 하늘나라로 인도해줄 것으로 믿기 때문이다.

고대이집트에서는 밑으로 늘어진 3장의 꽃잎을 믿음, 지혜, 용기로 보았다. 그 때문에 꽃창포를 통치자의 절대적인 권력의 상징으로 생각했다. 파라오 투트모스 1세는 시리아를 정복하고 그 기념으로 아이리스의 덩이줄기를 궁정으로 가져갔고, 그 사실을 카르나크 성전의 내부 벽면에 새겨놓았다. 다시 몇 년이 흐른 뒤 그의 손자 투트모스 3세는 시리아와의 전투에서 큰 승리를 거두고 이집트의 힘을 과시했다. 그는 노획한 여러 재화와 함께 고향으로 돌아오면서 아이리스꽃을 높이 들어 환영객들에게 승리의 기쁨을 전했다.

유럽에서는 노란 꽃이 피는 것을 노란 깃발Yellow flag, 보라색 꽃이 피는 것을 푸른 깃발Blue flag이라 하여 구분하고 있다. 곧추선 줄기 끝에 달린 넓은 꽃잎을 펄럭이는 깃발로 보았기 때문이다. 저먼 아이리스German iris라고 부르는 독일 꽃창포는 원산지가 중앙아시아와 티베트로 다년초다. 다만 독일에서 원예종으로 개량했을 따름이다.

독일에서는 죽 뻗은 잎이 검劍과 같다고 보고 '검의 백합Schwertlilie'이라 부른다. 영국에서도 고어로 칼을 뜻하는 Segg라 하는 것을 보아 꽃창포에 유럽의 기사 정신이 반영된 듯하다. 잎이 곧고 힘차게 위로 뻗기 때문에 기사들이 차고 다니는 칼 모양을 닮아 '기사의 꽃'이라 한 것 같다.

유럽에 전해 내려오는 전설이 있다. 어느 날 지상의 모든 꽃이 모여 큰 축제를 벌였다. 그 자리에 기품 있는 망토를 걸친 멋진 신사가 나타났다. 꽃들은 그 신사에게 눈이 팔렸다. 그런데 그때 이상한 일이 일어났다. 수많은 나비가 신사에게 날아와 그가 움직일 때마다 함께 주위를 날아다녔다. 꽃들은 그 신사를 '나비의 주인'이라고 불렀다. 그 후부터 꽃과 나비는 언제나 가까이 지내는 사이가 되었다고 하는데, 이 신사가 바로 꽃창포다.

또 유럽에서는 꽃창포의 뿌리를 깎아 어린이들 목에 걸어주는 풍습이 있다. 나쁜 질병을 막아준다고 믿었기 때문이다. 유럽에 흑사병이 유행했을 때 어느 마을에서 꽃창포 뿌리줄기를 병을 물리쳤다는 이야기가 전해지고 난 후부터다.

꽃에서 염료를 뽑아내고, 뿌리줄기에서는 검은색 물감을 얻는다. 뿌리를 벽난로 속에서 태우면 실내의 악취가 제거된다. 향붓꽃 *Iris florentina*에서 향료를 채취하기도 한다. 뿌리를 캐 껍질을 벗기고 그늘에서 말려 잘게 부순다. 이것을 증기로 쪄서 증류한 뒤 5~6년 정도 숙성시키면 최고급 향수가 된다. 프랑스 남부와 이탈리아 북부 지방에서 많이 재배한다.

일본의 경우 단옷날이면 꽃창포를 처마에 걸어놓는 풍습이 있다. 거미가 꽃에 줄을 치면 한 해의 소원을 성취한다고 믿었다. 이날 하루 동안에는 거미가 방안에서 발견되어도 잡지 않는다. 행운을 갖다준다고 믿기 때문이다. 또 5월 5일 어린이날에 꽃창포를 선물하는 풍습이 있어 이날을 '꽃창포의 날'이라고 한다. 곧고 넓은 칼 모양의 잎은 용기를, 보라색 꽃은 독수리의 검붉은 피를 상징한다. 소년들은 어린이날을 기념해 목욕할 때 그 물에 꽃창포꽃을 띄워 사무라이처럼 용감하고 정의로운 청년이 되고자 다짐한다.

프랑스인들은 아이리스를 특히 좋아해 나라꽃으로까지 받들고 있다. 1150년, 루이 7세가 십자군 원정에 참가했을

부채붓꽃 *Iris setosa Pall.* ex Link

강원 이북 산과 들의 습지에서 자라는 다년초다. 꽃줄기는 곧추서고 3~5송이의 보라색 꽃이 핀다.

❀ 꽃창포의 열매 꼬투리는 익으면 세 개로 갈라져 검은 씨기 떨어진다.

때 그의 군대 깃발에 아이리스를 그려 넣은 후로 대대로 왕권의 문장이 되었다. 프랑스에서는 아이리스를 가끔 백합으로 잘못 표기하기도 한다. 프랑스혁명의 영웅 잔 다르크의 기념비에도 다음과 같은 글을 새겨놓았다.

> 이 소녀의 칼은 왕관을 지키고 이 소녀의 칼 아래 핀 백합(꽃창포)은 찬란하도다.

이처럼 많은 유럽의 귀족이 그들의 가문 문장으로 아이리스를 선택했다. 잎은 기사의 정의로운 칼을, 꽃은 충성심을 나타내는 심장으로 보았다. 시칠리아, 헝가리는 물론 잉글랜드에서도 1340년에서 1800년까지 나라꽃으로 여겼다.

꽃창포 뿌리줄기를 그늘에서 말리면 좋은·약재가 된다. 상처 난 데, 곪은 곳에 생즙을 내 붙이고, 술을 많이 마셔 머리가 무거울 때 달여 마신다. 폐에 관한 질병에도 쓸 수 있어 감기, 기침, 기관지염을 앓을 때 달여 마신다. 그러나 아무리 좋은 약재라 해도 반드시 한의사의 지시에 따라 먹어야 안전하다.

장독대에서 살아난 어머니의 넋

원추리

원추리는 한자로 훤초萱草라 한다. 조선 숙종 때 쓴《산림경제山林經濟》에서는 원추리 또는 업나물이라 했고,《훈몽자회訓蒙字會》에서는 넘나물이라 했다. 수필가 손광성 님은 "원추리는 한자의 훤초가 변형된 우리말이다. 훤초에서 ㅎ이 탈락해 원초가 되고, 원초에서 원추, 원추에서 다시 원추리가 되었다"고 했다.

원추리 잎은 난초나 붓꽃처럼 긴 칼날 모양이다. 봄철에 돋아나는 싹은 밑에서 서로 감싼다. 완전히 자란 잎은 1~1.5미터나 된다. 꽃줄기는 잎과 비슷하지만 잎이 비스듬히 자라거나 중간에서 꺾어지기 때문에 훨씬 길게 보인다. 꽃줄기 끝에서 몇 개의 짧은 가지가 갈라지고 그 끝에서 한 송이씩 노란 꽃이 핀다.

큰원추리나 각시원추리는 가지가 없이 꽃이 한데 뭉쳐서 돋아난다. 원추리꽃은 위를 향해 비스듬히 핀다. 6장의 꽃잎 중 밖의 3장은 좁고, 안쪽 3장은 넓다. 백합과 식물의 특징을 잘

←… 원추리 *Hemerocallis fulva* (L.) L.
전국적으로 화단에 재배하는 원예식물이다. 6월에 높이 50~70센티미터의 꽃줄기로 자라고 그 끝에서 몇 송이의 꽃이 뭉쳐서 달린다.

간직하고 있는데, 밖의 3장은 꽃받침이 변해서 된 것이다. 이러한 생태적 특성은 나리꽃과 흡사하다. 원추리꽃은 부귀를 상징하는데, 황색에 풍요와 번영의 의미를 담았기 때문이다.

원추리는 노란색이다. 노랑은 오방색 중에서도 중앙을 뜻하며 각 방향에서 오는 잡귀를 막아준다는 의미다. 집안의 중심이며 깊숙한 내당 뜰에 심는 꽃이다. 옛사람들은 "부녀자가 머리에 원추리꽃을 꽂고 있으면 아들을 낳는다"고 했다. 《예문유취藝文類聚》 초부草部에는 "의남초宜男草는 높이가 6~7자이고 연꽃처럼 생겼다. 임산부가 차고 있으면 반드시 아들을 낳는다宜男草也 高六七尺 花如蓮 宣懷妊婦人 佩之必生男"고 적혀 있다. 이 말은 원추리 꽃봉오리가 남자아이의 성기를 닮았기 때문으로 풀이된다. 의남초라 한 것은 남근 숭배사상에서 유래되었고, 꽃이 지고 나면 전체가 오므라들어 합환화合歡花라 했다. 남의 어머니를 훤당萱堂으로 높여 부르는 것은 어머니들이 거처하는 뒤뜰에 원추리를 많이 심었기 때문이다.

17세기에 활약한 설봉雪峯 강백년姜栢年은 《설봉유고雪峯遺稿》에 실은 시 〈천안형수씨만天安兄嫂氏挽〉에서 "친정에 훤당을 두고 가셨으니 얼마나 슬펐을까 / 의남초도 꽃피우지 못했으니 더 한이 맺혔으리"라고 했다. 친정에 노모가 살아 계시는데 딸이 먼저 눈을 감았다. 게다가 아들을 낳지 못했다. 자식을 두지 않은 것을 두고 의남화를 꽃피우지 못했다고 읊었다. 여기서도 원추리를 의남화로 적고 형수의 죽음을 슬퍼했다.

원추리는 여름을 대표하는 우리 꽃이다. 가장 일찍 피는 애기원추리는 6월에 이미 노란 꽃망울을 터뜨려 숲을 장식한다. 이어 큰원추리, 원추리, 노랑원추리가 핀다. 여름이면 전국의 산지가 원추리꽃으로 절정을 이룬다. 원산지는 우리나라를 비롯해 중국, 일본 등 동북아로 다년초다. 볕이 드는 풀밭이나 산지의 양지에서 잘 자란다. 길가, 밭둑, 숲 가장자리나 볕이 새어드는 나무 아래에서도 잘 견딘다.

원추리는 꽃이 아름답고 개화 기간이 길어 동서양에서 오래전부터 재배해온 중요한 관상식물이다. 특히 서양에서는 원추리의 관상 가치를 높이 평가해 낮백합Day liliy이라 하여 수백 종의 원예품종을 만들어냈고, 세계시장에서 큰 인기를 끌고 있다.

또 봄철 워낙 일찍 새싹이 돋아나기 때문에 중요한 식용식물로도 여겨졌다. 어느 지방에서는 넘나물이라 하는데 한자어로 넓은 나물을 뜻하는 '광채廣菜'에서 따온 말인 것 같다.

두보杜甫의 시 〈납일臘日〉에서는 "눈빛 뚫고 원추리 돋아나고 버들가지에 봄빛이 어리네侵能雪色還萱草 漏洩春光有柳條"라고 했다. 납일은 동지로부터 세 번째 뱀날未日을 가리킨다. 설달그믐께에 해당한다. 중국의 강남 지역은 음력설에 봄이 시작되므로 이때쯤이면 이미 봄기운이 완연해 원추리 싹이 돋아나게 마련이다.

원추리는 이름도 많다. 의남초 외에도 망우초忘憂草, 모애초母愛草라 한다. 노란 꽃을 나물로 하는 까닭에 황화채黃花菜, 화채花菜라고도 한다. 꽃봉오리를 따 말려두고 나물로 했다. 요즈음 시장에서 팔리고 있는 원추리 꽃봉오리 나물은 대부분 중국에서 수입한 것인데, 데쳐서 말린 것이기 때문에 물에 불려 갖가지 요리에 쓸 수 있다.

원추리꽃에는 성적흥분을 일으키는 물질이 들어 있다. 중국의 옛 황실에서는 원추리를 말려 베개 속에 채웠다. 꽃에서 풍기는 향기가 정신을 혼미하게 하고 성적 감흥을 일으켜 부부의 금실을 좋게 한다고 믿은 것이다. 그래서 원추리를 황금의 베개를 뜻하는 금침화金枕花라 했는지 모른다. 침실 뒤뜰에 은밀히 심는 것도 알고 보면 부부의 금실이 좋으라는 뜻이 담겨 있다.

망우초라는 이름은 근심을 잊게 하는 풀이라 하여 붙여졌다. 《시경》에는 전장으로 떠난 님을 그리며 슬픔을 잊기 위해 원추리를 심는다는 문장이 있다.

어디서 원추리나 얻어 뒤꼍에 심어볼까.

오시지 않는 님 생각에 마음의 병은 깊어만 가네.

焉得萱草 言樹之背

願言思伯 使我心痗

여기서도 원추리는 반드시 뒤꼍背에 심는다고 했다. 근심을 잊기 위해 원추리를 심는 마음, 그것이 바로 옛 여인들이 낭군을 사모하는 마음이었다.

세종 때의 명신 태허정太虛亭 최항崔恒 역시 그의 시에서 원추리를 "근심을 잊게 하는 꽃忘憂萱草"이라 읊었다.

때때로 비와 이슬 은혜로이 받아서

옥 같은 팔 스스로 뻗었어도 늦지 않았네

금관에 햇살 비치니 맑은 흥취 일어나고

바람에 푸른 꼬리 흔들어 시심을 자극하네

恩承雨露獨無時

玉股抽靑自不遲

日映金冠生雅興

風搖翠尾摘詩思

뜰에 홀로 서 있는 한 떨기 원추리꽃이 때마침 부는 미풍에 잎이 흔들려 시심을 자극한다고 노래했다.

겹원추리를 노래한 시도 눈길을 끈다.

꽃줄기에는 부엽이 없고 겹꽃은 꽃자루 끝에 모였네
언제나 시인에게 묻노니 반드시 망우라 할 수 있겠는가
修莖無附葉 繁蕚攢莛首
每欲問詩人 定得忘憂否

〈봉두훤鳳頭萱〉이라는 시다. 봉두란 겹꽃이라는 뜻이어서 겹꽃원추리, 즉 왕원추리를 말한다. 부엽附葉이란 물 위에 뜬 이파리라는 말이고 번악繁蕚은 무성한 꽃받침이니 겹꽃이라는 뜻이다. 정수莛首는 꽃줄기 끝이다. 망우忘憂는 《시경》에서 언급된 '훤초는 가히 망우'라 한 표현에서 따온 글이다.

중국의 문호 임어당林語堂은 "꽃을 보려거든 원추리는 심지 말며, 새소리를 들으려면 뻐꾸기는 기르지 말라"고 했다. 원추리는 슬픔의 꽃이고, 뻐꾸기야말로 진달래꽃에 피를 토하는 비극의 새기 때문이다. 《유사遺史》에 있는 이야기다.

금원禁苑에 겹꽃 복숭아千葉挑가 만발했다. 귀비楊貴妃와 함께 날마다 꽃나무 아래서 잔치를 벌이던 명황明皇이 복숭아꽃을 가리키며 "원추리꽃萱草만 근심을 잊게 하는 줄 알았더니 이 꽃 또한 한을 풀어주는구나"라고 했다.

망우초의 유래에 대해 《이화연수서李華延壽書》에는 "원추리꽃을 먹으면 정신이 아득해져 마치 취한 것처럼 근심을 잊어버린다"고 했다. 실제 원추리 뿌리에는 사포닌과 알칼로이드 성분이 포함돼 있어 마취 효과가 있다. 한방에서는 뿌리를 결핵, 주독, 강정, 이뇨, 해열을 위해 쓴다.

민간요법으로 전초를 류머티즘, 신경통, 위염, 황달에 달여 마신다고 했다. 또 뿌리를 요통, 산후 자궁 수축제로 쓴다. 뿌리 즙을 묽게 하여 젖멍울, 중이염, 알레르기를 완화하는 데 마시고, 벌레에게 물려 가려운 데 뿌리를 짓찧어 붙였다.

대부분의 산채는 봄철에 돋아나는 어린싹을 먹는다. 원추리는 싹뿐만 아니라 꽃도 먹는다. 꽃을 나물로 하는 몇 안 되는 식용식물 중 하나다. 예로부터 사찰에서는 원추리나물을 선식으로 즐겨 먹었다. 봄에는 어린싹을 먹고 여름이면 꽃봉오리로 찜, 조림, 무침, 전을 하거나 말린 꽃을 찻잔에 띄워 운치를 즐겼다. 옛 선비들도 원추리꽃이 피는 여름이면 꽃봉오리로 화채花菜 요리를 해놓고 친한 벗을 불렀다. 향기로운 술과 맛깔스러운 원추리꽃 나물을 안주로 하여 흥을 돋우었고, 시구를 주고받았다.

맛과 함께 멋을 취할 줄 알았던 옛 선비 정신이 깃든 원

각시원추리 *Hemerocallis dumortieri* Morr.

산지의 볕이 잘 드는 풀밭에서 자란다. 여름에 노란색으로 피는 꽃은 꽃자루가 아주 짧다.

왕원추리 *Hemerocallis fulva* for. *kwanso* (Regel) Kitam.

원추리의 겹꽃으로 정원에 널리 재배한다. 어린싹과 꽃봉오리를 나물로 한다.

추리가 지금은 장독대와 함께 사라지고 있으니 안타깝다. 뜨거운 햇살에 익어가는 장맛과 함께 한 떨기 원추리꽃이 핀 시골의 정취가 아쉬운 때다. 여름의 서정을 위해 장독대 옆에 원추리를 심을 일이다.

새하얀 레이스 차림으로 새벽을 여는 꽃

하늘타리

여름날 새벽 뜰에 나가면 담장 위에서 하얀 레이스를 풀어헤치고 별을 헤는 꽃. 하늘타리꽃이다. 하늘타리는 박과의 다년초로 덩굴성이며 길이 10여 미터까지 뻗어나간다. 우리나라에 2종이 있다. 하나는 전국에 걸쳐 자라는 하늘타리고 다른 하나는 남부 도서지방에서 자라는 노랑하늘타리다. 하늘타리는 열매가 야구공 정도로 굵고 껍질이 계란색으로 익는다. 몰론 노랑하늘타리는 샛노랑으로 익어 관상 가치가 있다.

고려시대에 이두로 표기한 명칭은 천을근天乙根 또는 천원을天原乙이었다. 당시에는 하늘뿌리란 뜻으로 부른 것 같다. 조선시대에는 천질월이天叱月伊, 천질타리天叱他里라고 했다. 《동의보감》에는 '하타리불휘'로 기록했다. 이것이 하늘타리로 바뀐 것 같다. 학명은 ***Trichosanthes kirilowii* Maxim.**이다. 속명 *Trichosanthes*는 꽃잎이 실처럼 갈라진 꽃이라는 뜻이고 뒤의 종소명 ***kirilowii***는 러시아 식물학자 막스모비치가 식물채집가인 키

←··· 하늘타리 *Trichosanthes kirilowii* Maxim.
전국의 마을 근처 밭둑이나 길가에서 자라는 덩굴성 다년초다. 덜 익은 열매와 잘 익은 씨를 약으로 한다. 미숙과는 쓴맛이 있지만 볶아서 먹는다.

릴로우의 이름을 기념해 붙여준 식물명이다.

잎과 마주 나는 덩굴손으로 다른 물체를 감으며 기어오른다. 어긋 달리는 잎은 5~7갈래로 깊이 갈라진다. 꽃은 여름이 막바지에 이른 7~8월경 잘게 갈라진 수술 모양으로 핀다. 보통 새벽에 피어 박각시나방 같은 야행성 곤충이 수정을 시키고 해가 뜨면 시들기 시작한다. 꽃잎과 꽃받침이 각각 5개다. 수꽃과 암꽃이 한 그루에서 따로 핀다.

부드러운 잎을 나물로 하지만 맛이 씁쌀하다. 미숙과도 잘게 썰어 들기름에 볶아 먹는다. 굵은 덩이뿌리를 말려 괄루근括蔞根이라 하여 약으로 한다. 이것을 빻아 가루로 한 것이 천화분天花粉이다. 씨는 괄루인括蔞仁이라 한다. 당뇨병 치료제로 효능이 뛰어나서 갈증이 심하고 혈당이 높으며 수척한 증상에 긴요하게 쓰인다. 그리고 기침을 멈추고 변비를 풀어주기도 한다. 종자 역시 당뇨병에 쓰고 변비를 치료한다.

진秦의 여불위呂不韋가 편찬한 《여씨춘추呂氏春秋》〈맹하기孟夏紀〉에 "4월이면 하늘타리 싹이 돋고, 씀바귀꽃이 피기 시작한다"고 했다. 하늘타리는 비교적 싹이 늦게 돋아나고 초여름이 되어야 덩굴이 뻗어나간다는 뜻이다. 보리가 익어가고 지열이 후끈 달아오르는 때 길가의 하얀색 또는 노란 꽃이 핀다.

《물명고》에는 "하늘타리括樓는 잎이 포도와 같이 깊이 갈라졌으며 작은 호박처럼 둥근 열매가 달리는데 '하늘탈이'라고도 한다. 그리고 과루瓜蔞, 천과天瓜, 황과黃瓜, 택고澤姑 등 여러 가지 이름이 있으며 열매를 황단黃團, 뿌리를 백약白藥, 뿌리를 말려 빻은 가루를 천화분이라 하며 뿌리를 갈아 즙을 짠 뒤 그 물을 가라앉혀 앙금을 말린 것을 서설瑞雪이라 한다"고 적었다. 우리 말 하늘타리는 옛말 하늘탈이에서 변형된 것을 알 수 있다.

불경에도 하늘타리 열매가 나온다. 물론 우리나라에서 자라는 것과 조금 다르다. 불경 속의 하늘타리는 빨갛게 익고 약간 타원형이다. 부처님이 열반에 드신 후 세상에 많은 변화가 왔다. 제자들과 부처님을 따르던 수많은 사람은 시간이 흐를수록 부처님을 그리워하게 되었다. 부처님을 기리는 사람들은 부처님을 초인적인 능력을 가진 위대한 분이라고 생각하게 되었다.

예나 지금이나 사람의 입술은 선명한 붉은색이어야 한다. 부처님의 입술 또한 건강한 붉은색이어야 했다. 그래서 붉은 입술을 만들기 위해 빈바頻婆라는 식물을 신앙적 대상으로 끌어들이게 되었다. 《대정장大正藏》에서는 부처님의 붉은 입술을 빈바 열매로 비유했다. 또 마노瑪瑙, 호박琥珀 같은 보

❀ 꽃잎은 실처럼 잘게 갈라진다. 새벽에 피어 야행성 나방류가 수분을 하고 해가 뜨면 꽃잎을 오므린다.

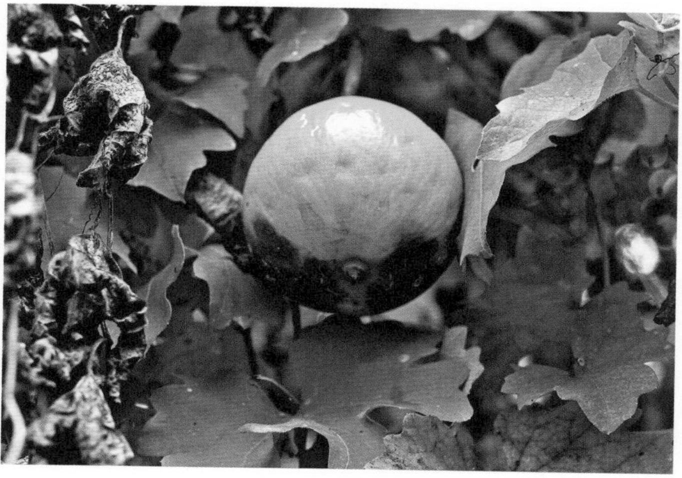

❀ 열매는 둥글거나 약간 길쭉한 것도 있으며 가을에 노랗게 익는다.

석에 비유하기도 했다.

여기서 빈바란 식물에 대해 알아볼 필요가 있다. 빈바는 산스크리트어로 빔바Bimba라 하고, 한자로도 음사해 빈바라 한다. 인도 대륙을 비롯해 미얀마, 대만, 말레이시아 등 인도 차이나반도에서 자생하는 1~2년생 박과의 덩굴식물이다. 우리나라의 하늘타리와 비슷하지만 뿌리에 영양분을 저장하는 기관이 없고 열매 속의 씨를 통해 번식한다.

잎은 5장으로 얕게 갈라지고 가장자리에 자잘한 톱니가 있다. 어긋 달리는 잎은 긴 잎자루가 있고 마디에서 덩굴손이 나와 다른 나뭇가지를 잡으며 기어오른다. 한 줄기에서 암꽃과 수꽃이 따로 핀다. 꽃잎은 흰색이고 5장의 꽃잎과 꽃받침이 있으며 암술은 노란색이다.

빈바는 인도 각지의 농가 울타리나 밭둑에서 흔히 볼 수 있는데 열매의 과육을 먹는다. 또 미숙과는 호박처럼 요리의 재료가 된다. 미숙과는 하얀 섬유질로 꽉 차 있으나 익으면 속까지 붉게 변한다. 따라서 빈바를 먹으면 과육 때문에 입술 또한 빨갛게 물든다. 그 모습이 립스틱을 바른 것처럼 예쁘게 보인다고 하여 인도의 처녀들이 즐겨 먹는다.

연꽃이 부처님을 상징하는 꽃이듯 빈바는 부처님의 입술에 비유된다. 《법화경法華經》에서는 "부처님의 입술은 농익은 빈바처럼 붉다"고 했다. 또 "부처님은 아름다운 눈에 빈바 같은 입술을 가진 이"라고 소개해 눈길을 끈다.

비닐하우스에서 오이나 호박을 가꾸듯 우리나라에서도 빈바를 가꾸어, 미숙과는 채소로 먹고 완숙시켜 참외처럼 먹었으면 좋겠다. 불경 속의 식물을 가까이 두고 생활에 이용하는 동안에는 부처님의 세상으로 더욱 가깝게 다가갈 수 있지 않겠는가. 범 종단 차원에서 불교 식물을 한데 모은 불교 식물원을 세워도 좋겠다. 요원한 일이니, 하얀 레이스를 활짝 펴고 새벽을 여는 하늘타리를 심어볼까.

굽힐 줄 모르는 굳건한 자세

부들

여름의 호수를 서정적으로 장식하는 수초가 바로 부들이다. 줄기는 곧게 자라고 끝에서 갈색을 띤 암꽃이 소시지 모양으로 달린다. 전체에 털이 없어 매끄럽다. 잎은 두껍고 곧게 펴지며 중앙에서 꽃줄기가 자란다. 잎 아래쪽에서 줄기를 서로 감싸며 마디가 있다. 물에서 살지만 뿌리만 진흙에 박고 있을 뿐 잎과 꽃줄기는 물 밖으로 드러나 있다. 따라서 얕은 연못이나 강에서 자라고, 물이 불었다 줄었다 하는 냇가의 진흙에도 넓은 군락을 이룬다.

잎과 줄기가 깨끗하다. 조용한 호수에 그림자를 드리운 부들은 강변의 서정을 느끼게 하기에 충분하다. 조금도 구부러짐이 없는 강직한 줄기 끝에 한 마리의 잠자리라도 앉으면 수면에 어리는 잔영과 함께 기막힌 풍경을 이룬다. 동양 정원에 갈대와 부들이 없다면 연못은 허전하기 짝이 없다.

수면을 채우는 연꽃과 수련, 마름

←… 부들 *Typha arientalis* Presl.

연못이나 강의 가장자리에서 자라는 다년초다. 뿌리가 물 밑 뻘 속을 얕게 기면서 뻗어나간다. 높이 2~2.5미터까지 자라고 6~7월에 갈색 꽃차례가 줄기 위쪽에 달린다. 노란 꽃가루를 약으로 한다.

같은 수초만으로는 동양적인 서정을 표현하기에 역부족이다. 연꽃만 심은 연못은 조연 없이 주연만 있는 모노드라마 같다. 동양식 정원을 꾸밀 때 반드시 갈대와 부들을 함께 심어주는 것은 주재료와 부재료가 서로 어우러지도록 하려는 뜻이다.

우리나라에는 큰잎부들, 부들, 애기부들, 좀부들 네 종류가 자란다. 애기부들은 암꽃이 가늘고 수꽃도 가느다란 모양으로, 암꽃과 사이를 두고 위쪽에 붙는다. 좀부들은 암꽃의 화서가 비엔나소시지 모양의 타원형을 하고 있다. 부들과 애기부들이 다년초인 데 비해 좀부들은 일년초며 얕은 물이 있는 곳이나 습지에서 자란다. 좀부들은 최근 중부지방에 서식하는 것으로 밝혀진 북방계 식물이다. 잎의 모양도 가늘고 전체적으로 규모가 작은 수초다.

옛날부터 부들 줄기를 갈라 짠 돗자리는 최고급으로 쳤다. 잎도 말려서 자리를 짜거나 발을 만들었다. 또 방석, 소쿠리 등을 짜면 오래도록 쓸 수 있고 보푸라기가 생기지 않아 감촉도 좋다. 전한 시대에 쓴 《예기》에는 부들 돗자리가 왕실에서도 쓰였다는 것을 말해준다. "왕이 목욕할 때는 두 가지의 수건을 쓰는데, 상체는 부드러운 갈포 수건으로 닦고 아래는 거친 수건을 쓴다. 욕탕에서 나와 부들 돗자리에 서서 가운을 걸치고 몸을 말린다"라며 목욕할 때의 풍습을 자세히 기록해두었다.

《시경》에는 부들을 남성에, 연꽃을 여성에 비유해 정답게 자라고 있는 정경을 노래했다.

저기 저 연못에는 부들과 연꽃이라
고운 님이시여 내 시름 어찌할 거나
자나 깨나 님 그리워 일손 놓고 눈물 흘리네
彼澤之陂 流布如何
有美一人 傷如之何
寤寐無爲 涕泗滂沱

부들과 연꽃이 피어 있는 연못가에서 한 여인이 멀리 떨어져 있는 남자를 그리워한다는 노래의 일부다. 부들은 그 생김새가 남성적이고 연꽃의 잎은 여성스러우니, 남자와 여자가 서로 가까이 있으면 얼마나 정다운가. 그러나 나는 홀로 있으니 눈물만 흐른다고 그리운 마음을 호소하고 있다. 이처럼 부들은 예로부터 시가詩歌에서 남성에 비유되곤 했다. 육상식물로는 소나무와 대나무를 남성에, 매화와 버들을 여성에 비유하는 것과 같다.

부들은 약으로도 쓰인다. 6~7월에 익는 부들 꽃가루는 노란색이고 위쪽 수꽃 화서를 온통 황색으로 뒤덮는다. 수꽃의 꽃가루주머니가 벌어지기 전에 수꽃만을 잘라 비닐 같은 것을 깔고 말리면 노란 꽃가루가 떨어진다. 줄기를 잡고 가볍게 흔들면 많은 꽃가루를 얻을 수 있다. 바람이 없는 날에 작업하는 것이 좋고 큰 비닐봉지에 넣어서 작업하면 날아갈 염려가 없다.

한방에서는 이 꽃가루를 포황蒲黃이라 한다. 성분은 이소람네틴, 팔미트산, 스테아르산과 약간의 지방질로 되어 있다. 이뇨제, 지혈제, 통경제, 염증 치료제로 쓴다. 특히 산후복통, 폐경으로 아랫배가 늘 더부룩할 때 효과가 있다고 알려져 있다.

민간요법으로는 잎을 달여 당뇨병에 쓰고 방부제, 염증 치료제로도 쓰인다. 특히 상처가 곪았을 때 포황을 뿌리면 상처 부위가 빨리 아무는 것으로 알려져 있다. 뿌리는 뿌리대로 약재로 쓴다. 잎줄기의 아래쪽 흰 부분과 뿌리는 한데 달여 장출혈, 괴혈병, 사마귀와 종기를 치료하는 데 쓴다. 처방으로는 부인병에 황포와 당귀, 생지황 각각 5그램에 호박, 작약, 계피 각 2그램을 200밀리리터 정도의 양으로 달여 하루 세 번씩 나누어 마신다. 이것이 바로 포황탕蒲黃湯이다. 포황은 약간의 독성이 있어 임산부가 마셔서는 안 된다.

《동의보감》에는 "부들은 맛이 달다. 생으로 먹으면 좋지 않고 볶아서 쓰면 몸에 이롭다"고 했다. 봄철 돋아나는 어린 싹을 나물로 했다는 기록도 있다. 중국 동북지방에서는 지금도 요리에 쓴다. 그러나 해독 방법을 터득하지 않고 함부로 먹어서는 안 된다.

부들의 이름은 암꽃 화서의 질감에서 따온 말이다. 부드럽다는 우리말에서 부들이라는 이름이 붙은 것으로 본다. 부들, 부드리라고도 부른다. 한자로는 포초蒲草, 향포香蒲, 초포황草蒲黃, 포화蒲花, 포봉두화蒲棒頭花, 수납촉화분水蠟燭花粉 등으로 쓰기도 한다.

《성경통지盛京通志》에는 "부들의 꽃가루는 먹을 수 있고 약으로 쓰는데 포황이라 한다"고 적었다. 당시에는 꽃가루를 모아 송화처럼 식용으로 했던 것 같다. 그러나 옛 문헌만 믿고 함부로 먹으면 위험하다.

이수광李睟光의 《지봉유설芝峰類說》은 부들과 갈대, 창포를 같은 종류로 보고 있다. "부들에는 세 종류가 있는데 하나는 수초水草로 자리를 만들고, 하나는 포류蒲柳로 화살대를 만든다. 또 하나는 창포蒼蒲이니 약으로 쓴다"고 했다. 화살대로 쓸 수 있는 것은 갈대며, 창포는 지금도 약으로 쓴다. 돗자리를 짜는 수초가 바로 부들이다.

옛날에는 부들의 어린싹을 나물로 먹었던 것 같다. 《본초本草》에는 "부들의 싹을 향포 또는 감포甘蒲라 한다. 이른 봄에 나는 어린싹을 씹으면 부드럽고 달착지근하다. 맛이 매우 좋아서 겉절이를 담가 먹고 젓갈에 찍어 먹는다"고 했다. 또 예로부터 소금에 절인 부들 싹을 포저蒲菹라 하여 봄철 별미로 즐겼다.

부들은 1년 만에 거의 1.5~2미터까지 자란다. 또 수질 정화 능력이 있는 자원식물이다. 최근 양수리 근처에 한강 수질정화식물로 부들을 심겠다고 나섰는데, 부들 줄기와 잎의 사용처가 마땅치 않은 것이었다. 같은 수초 중에 갈대, 줄, 달뿌리풀처럼 잎을 사료로 하거나 가을에 벤 것을 제지용으로 대량 소비할 수 없기 때문에 문제가 있었다. 볏과식물은 목초로, 공예용으로, 제지용으로 쓸 수 있다. 그러나 부들은 아직 적당한 소비처를 찾지 못한 것이 사실이다. 이런 처지에 부들을 많이 심었다가 가을에 잎이 시들고 나면 다시 줄기를 베는 데 많은 노력과 경비가 든다. 그대로 두면 겨울에 묵은 잎이 물속에 잠겨 또 다른 수질오염원이 된다. 따라서 부들의 사용처를 먼저 고려한 다음 대량 식재하는 것이 좋다.

독특한 아름다움과 직선의 시원스런 멋을 살린 꽂꽂이

애기부들 *Typha angustifolia* L.

연못이나 강의 얕은 물에서 자라는 다년초다. 줄기는 부들에 비해 가늘고 암꽃과 수꽃도 가늘고 긴 편이다. 이삭을 꽃꽂이 소재로 쓰고 노란 꽃가루는 약으로 쓴다.

작품은 현대적 감각을 지녀 최근에 인기가 높은데, 부들꽃은 여름철에 꽃꽂이 소재로도 널리 쓰인다. 또 꽃가루는 양봉업자들에게 더할 수 없이 고마운 자원이다. 부들의 꽃가루를 모아 꿀벌의 겨울 양식으로 주면 그만큼 사료가 절감된다.

부들의 암꽃에서 씨가 완전히 익으면 솜털처럼 부풀어 오른다. 이것을 모아 방석의 솜 대신 쓸 수 있다. 이규보는 그의 시에서, "술을 마시고 함께 좋은 차까지 맛보며 / 부들 방석蒲團에 앉으니 말이 필요 없네"라고 했다. 부들방석은 솜 방석보다 부드럽고 푹신했던 것 같다.

더불어 《여씨춘추》〈존사尊師〉 편에, "삼으로는 신을 삼고 토끼 잡는 그물과 어망을 짜며, 부들과 갈대로 발을 엮는다織葩屨 結罝網 捆蒲葦"고 했다. 또 〈사절士節〉 편에는, "제나라에 북곽소라는 사람이 있었는데 부들과 갈대로 자리를 짜고 삼으로 신발을 삼아서 어머니를 봉양하였다齊有北郭騷者 結罝網 捆蒲葦 織葩屨 以養其母"고 적었다.

부들과 갈대는 줄기로 발을 엮고 잎은 돗자리를 짜는 중요한 소재였음을 알 수 있다. 민초들의 삶이란 풀잎으로 짠 자리를 깔고 갈대 줄기로 지붕을 이은 집에 거처하는 소박한 것이었다. 이 검소한 생활을 일컬어 부들로 자리를 짜고 삼으로 신발을 삼는다고 표현한 것 같다.

또 옛날에는 부들의 솜털을 거두어 병사들의 겨울 방한복으로 사용했다는 기록도 보인다. 서민들은 부들의 솜털을 모아 이불솜 대신 덮고, 부들솜을 넣은 누비옷을 입고 겨울의 혹한을 이겨내기도 했다.

그러나 이처럼 아름다운 수초도 하천정화사업이란 명목 아래 계속되는 공사장의 포크레인 삽날에 무참히 잘려나가고 말았다. 수질오염이 가속화되는 것은 물론 생명 자원마저 사라질 것이라 보면 안타깝기 그지없다.

여인들이 즐겨 찾았던 방향식물

창포

창포菖蒲는 예로부터 여인들이 좋아했던 자생 수초다. 《동국세시기》에는 단옷날 여인들이 모발 세정제로 창포를 사용했다는 사실이 기술되어 있다.

> 남녀 어린이들은 창포를 삶은 물菖蒲湯에 세수를 하고 머리를 감는다. 그리고 홍색과 녹색의 새 옷으로 갈아입는다. 부녀자들은 창포 근경을 깎아 비녀를 만들고 수壽 자나 복福 자를 새기고 끝에 붉은 연지를 발라 장식한다. 이것을 머리에 꽂아 멋을 낸다. 재액을 물리치기 위해 꽂는 창포비녀를 단오장端午粧이라 한다.

←··· 창포 *Acorus calamus var. angustatus* Bess.
물가에서 자라는 다년초로 잎의 길이가 1~1.5미터다. 뿌리는 진흙 바닥을 얕게 기면서 옆으로 뻗어 나가고 아래쪽에 가는 옥수수 모양의 황록색 꽃차례가 달린다. 잎과 줄기 전체에서 향기가 난다.

김매순金邁淳의 《열양세시기洌陽歲時記》에도 창포물에 머리 감는 풍습이 기록돼 있다.

> 처녀 총각 들이 들에 나가 창포를 뜯어다 삶고 그 물에 머리를 감는다. 흰 뿌리 부분을 너댓 치 정도로 자르고 잘 씻어 비녀처

럼 만든다. 끝에 붉은 칠을 하여 머리에 꽂거나 남자들은 허리에 차고 다닌다.

유득공柳得恭의 《경도잡지京都雜志》에도 "단옷날이면 계집애들은 청홍색 옷을 입고 창포탕에 머리를 감는다. 창포 뿌리를 깎아 주사朱砂를 칠하고 머리에 꽂는데, 이것을 단오장이라 한다"라는 기록이 보인다.

우리나라의 이러한 민속은 중국의 옛 풍습을 따른 것으로 보인다. 한나라 때 대성戴聖은 《대대기大戴記》에서 "5월 5일에는 창포蓄蘭로 목욕을 한다"고 기록했다. 또 송宋의 왕기공王沂公이 펴낸 《단오첩端午帖》에는 "창포를 자르는 것은 사귀를 물리치기 위해서"라고 쓰여 있다.

단오는 본격적인 여름의 시작이어서 이때부터 각종 전염병이 극성을 부린다. 전염병을 나쁜 악귀가 퍼뜨린다고 믿었던 옛사람들은 향기가 나는 창포물에 목욕하고 머리를 감아 몸과 마음을 정갈하게 했다. 또 창포 뿌리줄기로 깎은 비녀에 글자를 새기고 게다가 붉은 칠까지 하여 재액을 물리치고 수복강녕의 염원을 담았던 것이다.

일본에서는 음력 5월 5일이면 집집마다 침실 방문 위에 붉은 비단 주머니를 건다. 주머니 속에는 볕에 말려서 잘게 썬 창포가 방향제로 들어 있다. 이 창포 주머니를 구스다마藥玉라 하는데 액막이용으로 부정을 씻는다고 믿었다. 9월 9일 중구절이면 창포 대신 국화나 구절초를 쓴다. 모두 방향식물인 까닭이다.

창포는 습지에서 자라는 다년초다. 지방에 따라 챙피, 쟁피풀이라 하고, 한자로는 백창白昌, 취창臭菖, 수창포水菖蒲, 이창泥菖이라 한다. 부들蒲과 비슷한 식물이라 하여 창포라는 이름이 붙었다. 《명의별록》에는 "창포는 뿌리가 붉은 수창포보다 흰 것이 좋은데 벼룩과 이를 없앤다去蚤蝨"고 했다. 기원전 2세기 회남왕淮南王 유안劉安이 쓴 《회남자淮南子》에는, "창포는 벼룩이나 이를 쫓지만 그리마를 불러들인다"고 했다. 창포의 방향물질이 기생충을 몰아내니 얼마나 고마운가. 《본초강목》에는 "창포는 습지에서 자라는 풀인데 잎은 칼 모양이고, 뿌리는 흰색이며 마디가 있다. 백창 또는 이창이라고도 하는데 위장에 좋다"고 했다.

창포는 물가의 뻘에 뿌리를 내리고 굵은 뿌리줄기를 통해 지면을 얕게 기면서 뻗어 나간다. 물가에서 자라기 때문에 잎이 물에 반 정도 잠겨도 죽지 않는다. 따라서 개울의 물이 불어나면 잎도 잠기게 되고, 물이 빠지면 뿌리줄기까지 물 밖으로 드러나게 된다. 잎은 곧추서고 도드라진 중앙 엽맥이 뚜렷하다. 초여름 잎 사이에서 옥수수 모양의 화서가 돋아나 잎 사이에 숨어서 핀다. 꽃의 색깔도 그저 연록색을 띠고 있어 눈에 잘 띄지 않는다.

그 때문에 창포꽃을 설명하는 내용에도 곧잘 제비붓꽃이나 저먼 아이리스 사진이 등장하곤 한다. 창포 샴푸, 창포 비누의 상품 포장지에도 천남성과의 창포와는 아무 상관없는 붓꽃 사진을 넣고 있다. 심지어 식물학 서적에서조차 창포와 꽃창포를 같은 식물로 취급하거나 뒤죽박죽으로 설명해둔 것이 있다.

유럽에서는 일찍이 창포의 가치를 인식해 널리 재배하고 있다. 창포에서 방향성 건위 성분을 추출해 의약품을 제조해내기 때문이다. 또 최근에는 창포에서 향료를 뽑아 화장수, 고급 향수를 제조하기도 한다. 동양의 자원식물이 자생지에서는 사라질 위기에 처해 있지만, 그 식물을 갖고 간 나라에서 생활에 이용하려는 연구가 활발한 셈이다.

창포는 의약품으로서의 가치 외에도 수질정화식물로 주목해야 한다. 근래 수질정화 능력을 테스트 중인데 상당한 효과가 기대되는 자생식물 중의 하나기 때문이다. 한국수생식물연구회에서 줄, 갈대, 물억새, 달뿌리풀과 함께 창포를

❀ 창포 열매가 익으면 자잘한 씨가 무수히 많으나 대부분 쭉정이라 싹이 트지 않는다. 포기나누기로 번식하면 쉽다.

❀ 창포의 뿌리줄기는 엄지손가락 정도로 굵다.

주목하고 있는 것은 이 수초의 개발 잠재력이 뛰어나다고 보기 때문이다. 더구나 이들 수변식물에 비해 창포는 활용도가 높아서 경제성도 있다. 대량 재배했을 때 강이나 하천의 수질정화는 물론 잎을 베어 향료를 추출하거나 의약품을 제조할 수 있기 때문이다. 또 섬유질을 이용해 종이나 밧줄, 또는 마포 같은 것을 짤 수도 있다. 창포를 대량 재배해 자원으로 이용한다면 환경정화는 물론 여러 산업에 두루 쓸 수 있을 것이다.

옛날에는 창포가 중요한 황색 염료식물이었다. 창포물을 들인 베는 다갈색의 파스텔 톤인데 짙은 색을 내기 위해서는 두세 번 반복하면 된다. 창포물을 들인 베로 옷을 지어 입으면 몸에 이나 벼룩 같은 기생충이 생기지 않는다 하여 매우 귀하게 여겼다. 또 종이에 창포물을 들여 서화 배접에 썼는데, 오래도록 좀이 슬지 않고 종이에서 향기가 난다고 했다.

사실 우리는 창포의 가치를 잘 인식하지 못했다. 전국의 하천에 흔하디흔했던 식물이 이제는 멸종위기식물이 되어 환경부와 산림청에서 보호식물로 지정하기에 이르렀다.

창포가 자라는 자생지 자체가 날로 오염되고 있다. 그나마 살아남은 것도 제초제 때문에 언제 녹아버릴지 모른다.

귀중한 자원식물인 창포가 옛 책에서나 볼 수 있는 추억의 식물이 되지 않을까 염려된다. 안타까운 일이 아닐 수 없다.

연못에서 건져 올린 전통의 맛

순채

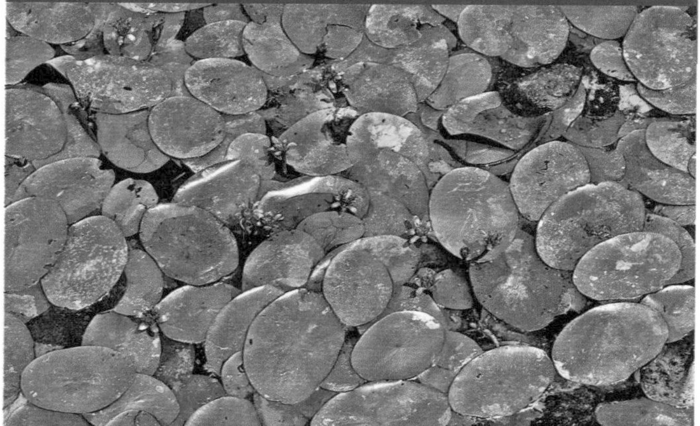

순채는 연못에서 자라는 수초지만 옛날에는 잎과 싹을 먹기 위해 논에 재배하기도 했다. 한번 심으면 매년 싹이 돋아나 꽃을 피우는 다년초다. 가느다란 뿌리줄기는 진흙 바닥을 얕게 기면서 옆으로 뻗어나간다. 줄기에 어긋 달리는 잎에는 긴 잎자루가 있고, 그 끝에서 지름 8~12센티미터 정도의 타원형 잎이 물 위에 뜬다.

봄철에 돋아난 줄기가 수중에서 길게 자라 50~100센티미터나 되고 잎은 어긋 달린다. 6~7월이면 잎겨드랑이에서 긴 꽃줄기가 자라나 짙은 보라색 꽃이 위를 보고 핀다. 꽃자루에 부드러운 털이 있다. 꽃의 지름은 2~2.5센티미터로 작다. 꽃받침과 꽃잎은 각각 3장이고 버들잎 모양이며 끝이 뾰족하다. 순채의 꽃잎은 6장으로 보이지만, 사실 바깥쪽 3장은 꽃받침이고 안쪽 3장만이 꽃잎이다. 수술은 암술을 감싸고 무수히 많으며 암술보다 길다. 중앙의 암술머리는 밖으로 구부러져 있다. 수술

←··· 순채 *Brasenia schreberi* J. F. gmel.
원산지가 중국으로 알려진 관상식물이다. 고려 이전에 우리나라에 들어왔을 것으로 추정되며 약용, 식용으로 널리 재배했으나 지금은 희귀식물이 되었다.

이 시들고 나면 암술이 자라 머리에 끈적끈적한 점액질이 생긴다.

물에서 자라는 수초는 잎에 물이 묻어 있는 시간이 많을 수밖에 없다. 충분한 볕을 흡수하기 위해서 특수한 장치를 마련하지 않으면 안 된다. 순채는 잎의 심층부에 자외선 흡수층을 만들었다. 잎 표면에 방수 코팅 처리를 하고서도 이 자외선 흡수층을 통해 광합성을 쉽게 할 수 있다. 순채꽃은 수면 위로 5센티미터 정도 솟아올라 핀다. 순채 외에도 마름, 가시연꽃 같은 수초 역시 잎 뒷면이 짙은 보라색을 띠고 있는데 이 또한 자외선을 잘 흡수하기 위해서다.

암술과 수술이 시간을 달리해 꽃을 피우는 것은 다른 포기의 꽃가루를 묻히기 위해서다. 수정이 이루어지면 꽃받침이 오므라들고 꼬투리 전체가 수그러져 물속으로 들어간다. 씨는 물속에서 익는다.

옛 시인 묵객들이 연못에 뜬 순채며 연꽃, 수련을 특별히 좋아했던 것은 이들 수초가 정적인 이미지였기 때문이었는지 모른다. 잔잔한 수면에 뜬 순채는 언제 봐도 심성을 편안하게 해준다. 연이나 수련처럼 지나치게 화려하거나 요염하지 않다. 또 부들이나 갈대처럼 날카롭지 않다. 동양적인 선비 정신에 잘 맞는 관상식물이다.

우리의 전통 정원에서 연못을 빼면 주인공 없는 드라마와 같다. 연못을 조성할 때 파낸 흙을 한 곳에 쌓아 수미산須彌山을 만들고 연못 안에는 3개의 섬인 봉래蓬萊, 방장方丈, 영주瀛州의 삼신산三神山을 조성한다. 그리고 가장자리와 수미산에는 갖가지 나무와 희귀한 꽃을 심는다. 마지막으로 수면에 띄울 연이나 수련을 심으면 연못이 완성된다.

가장 전망 좋은 곳에 정자를 세우고 그 위에서 연못을 조망하며 시를 짓고 글을 읽는다. 벗이 오면 연못에서 갓 따온 순채 쌈을 안주로 향기로운 술잔을 기울인다. 이것이 바로 선비의 식문화요, 전통 정원문화다.

강원도 철원의 순담蓴潭은 조선 정조 때 재상을 지낸 김관주金觀柱 선생이 판 것이다. 그는 몸이 쇠약해 벼슬을 그만두고 요양할 장소를 찾던 중 산수가 아름답고 공기가 맑아 요양지로 최적이라는 곳을 소개 받았다. 이곳을 찾은 김관주 선생은 빼어난 절경에 그만 넋을 잃을 정도였다.

그는 거문고 모양의 연못을 파고 제천 의림지義林池에서 자라는 순채를 얻어다 심었다. 그 후 순채가 무성한 연못의 이름을 순담이라 지었다. 그러나 지금은 순채를 볼 수 없다. 순채 때문에 지은 연못의 이름이 무색할 뿐이다.

옛사람들은 순채의 투명한 성질을 청정한 선비의 기질로 생각했던 것 같다. 면암勉菴 최익현崔益鉉 선생이 읊은 〈순담蓴潭〉이란 시가 있다.

들판을 누비던 그 사람 의지 맑았건만
나그네 되어 돌아오니 산새만 지저귀네
떠도는 구름 흐르는 물 아득히 먼 곳에
나 홀로 순채를 따는 마음 가이 없네
綠野當年意味淸
客來只有谷禽鳴
浮雲流水迷茫地
采采潭蓴不盡情

초야에 묻혀 지내던 그 선비는 자연을 닮아서인지 의지 또한 맑고 깨끗했다. 그분의 인품이 그리워 다시 찾아왔건만 그 사람은 보이지 않고 산새만 노래하고 있다. 푸른 하늘에는 구름 한 점 떠 있고 맑은 물은 끝없이 흘러간다. 옛 추억을 생각하며 투명한 순채 싹을 뜯는 시인의 마음은 이런저런 생각으로 끝이 없었나 보다.

순채의 또 다른 가치는 잎을 식용하고 약재로 쓴다는 점이다. 순채는 잎을 데쳐 쌈으로 한다. 끓는 물에 소금을 한 줌 넣고 순채를 넣었다가 금방 건져낸다. 가장 좋은 방법은 그릇에 순채를 담고 그 위에 끓는 물을 부어 적당하게 익히는 것이다. 순채는 부드럽기 때문에 너무 많이 익히면 맛이 떨어진다.

찬물에 헹궈 물기를 짠 것을 잘 펴고 밥을 얹은 뒤 그 위에 굴비 살을 얹으면 더할 나위 없는 맛이다. 원래 쌈이란 선비 음식과는 거리가 멀다. 손으로 음식을 만지작거려야 하는 행위 자체가 양반이 해서는 안 되는 일이었다. 그래서 너무 크지도 작지도 않은 순채 잎을 골라 접시 위에 먹기 좋게 펴 놓는다. 젓가락으로 한 잎을 집어 빈 접시에 펴놓고 그 위에 밥을 얹고 다시 젓가락으로 집어 먹는다. 좀 번거로워도 맛이 좋아 여름철 별미로 여겨졌다.

고려의 문장가 이규보는 친구 집에 초대받아 순챗국을 먹은 심경을 이렇게 읊었다.

얼음 삶은 국은 듣지도 못했는데
그대는 어찌하여 얼음국을 자랑하는가
불려 와서 자세히 살펴보니
이제야 알겠네, 순챗국인 것을
烹氷古未聞
子忽誇此烹
呼來細相見

是之謂蓴羹

순챗국의 투명한 젤리 같은 점액이 얼음처럼 보였나 보다. 그리고 순채의 느낌을 "항상 속된 음식물만 먹었기 때문에 / 목구멍에 티끌이 끊이질 않았는데 / 오늘에야 순챗국을 먹고 보니 / 가늘고 가벼운 것이 은실銀絲 같구나"라고 했다.

옛날 동진東晉의 오군吳郡 땅에 장한張翰이란 자가 낙양에 들어가 대사마동조연大司馬東曹掾이라는 벼슬에 있을 때였다. 어느 가을날 소슬바람이 불자 불현듯 고향 생각이 나 견딜 수가 없었다. 특히 고향 오군에서 나는 순챗국과 농어회의 맛을 도저히 잊을 수 없었다.

'가난하게 살아도 내 뜻대로 사는 것이 좋지. 출세를 위해 고향을 버리고 수천 리 밖에서 몸과 마음을 얽매일 필요가 있을까.'

이렇게 생각한 그는 뒤도 돌아보지 않고 고향으로 돌아갔다. 《진서晉書》〈문원전文苑傳〉 장한에 나오는 이야기다. 부귀영화도 버리고 가족의 품으로 돌아가도록 한 순채야말로 고향의 맛이다. 입에 대는 순간 씹을 것도 없이 사르르 목을 타고 미끄러지는 부드러운 맛이다.

순채 요리의 또 하나 별미는 연한 순채 잎과 함께 붕어鮒나 가물치鱧를 넣고 끓인 국이다. 이 순부탕蓴鮒湯과 순례탕

* 순채는 3장의 꽃받침과 3장의 꽃잎으로 이루어진 짙은 보라색 꽃이 피는 다년초다. 수술은 무수히 많고 가운데 있는 암술은 머리가 밖으로 구부러진다.

蓴鱧湯은 여름철 별미이자 귀족들이나 먹을 수 있었던 최고급 요리였다. 지금은 이러한 선비의 식문화가 사라지고 없으니 아쉬울 뿐이다.

얼마 전 강원도 정선의 어느 식당에서 순채 요리를 한다는 집이 있다고 하여 찾아간 적이 있었다. 그러나 그 집의 순채 요리는 우리가 흔히 먹는 된장국에 데친 쌈을 곁들인 평범한 것이었다. 순채 잎을 넣는다고 다 순채 요리가 되는 것은 아니다. 순채는 역시 옛 방식대로 가물치를 곁들여 담백한 양념만으로 조리했을 때 진짜 맛이 살아난다. 사라진 우리의 옛 식문화를 재현하는 일도 의미 있다고 하겠다.

순채 요리를 먹은 다음에는 순채차蓴菜茶를 마셔야 제격이다. 순채의 순을 거두면 우무 같은 점액질을 모을 수 있는데, 여기에 오미자에서 우려낸 붉은색 국물을 부어 꿀을 타 마시는 여름 음료다. 붉은 꿀물에 투명한 젤리 같은 것이 떠 있어 청량감이 있고 색깔처럼 맛도 좋다. 주의할 점은 반드시 차게 마셔야 한다는 것이다. 열처리한 것은 어딘지 투박해보이고 점액질 성분도 텁텁해진다.

순채는 순蓴, 노채露菜, 수채水菜, 순채蓴菜, 묘茆, 병풍屛風, 수근水芹, 노규露葵, 사순絲蓴, 마제초馬蹄草, 결분초缺盆草, 금대錦帶라는 여러 가지 이름이 있다. 예로부터 강장 및 강정 식품

또는 약용식물로 사랑받아 온 수초다. 순채의 점액질 물질에는 비타민 B^{12}가 많이 포함된 것으로 알려졌다. 잎과 싹을 모아 위를 보호하고 호흡기질환을 치료하는 데 쓴다. 또 열을 내려주고 소변을 잘 나오게 하며 부기를 낫게 한다. 또 몸속의 여러 가지 독소를 제거하는 작용이 있다. 특히 술을 많이 마셔 머리가 아프고 속이 쓰리는 등 숙취가 있을 때 순챗국을 먹으면 씻은 듯이 낫는다고 한다.

도홍경陶弘景은, "몸을 보하고 기가 위로 치미는 것을 삭혀주며 가물치를 넣고 끓여 먹으면 몸의 부기를 빼준다"고 했다. 또 《당본초唐本草》에는, "붕어를 넣고 국을 끓여 먹으면 위를 튼튼히 하고 소화불량을 치료한다. 노인들에게 더욱 좋다"고 했다. 《본초재신本草再新》에는, "뱀독을 해독하고 부스럼을 치료하며, 전초를 달여 마시거나 생즙을 내 환부에 붙인다"고 했다.

약효가 좋은 만큼 부작용도 따르는 것 같다. 《본초습유本草拾遺》에는, "늘 먹게 되면 기를 잃게 되고 관절이 나빠진다"고 했다. 또 성질이 차기 때문에 더운 체질에 좋지만 많이 먹으면 치아가 상한다. 식초와 함께 먹으면 뼈가 상하고 하고 머리카락이 빠진다고 했다. 《의림찬요醫林纂要》에는, "너무 많이 먹으면 배가 냉하고 아프다"고 부작용을 경고했다.

순채를 약재로 쓸 때는 봄과 여름에는 줄기와 잎을 쓴

다. 그러나 겨울에는 말린 잎이나 종자를 써도 좋다고 했다. 《본초휘언本草彙言》에는, "순채는 성질이 차고 미끌미끌하다. 생강을 섞어 죽을 끓여 먹으면 위를 가라앉히고 술독을 제거한다. 더위로 설사를 할 때도 특효하다. 그러나 한꺼번에 너무 많이 먹거나 오래도록 먹으면 위를 상하게 할 수도 있다"며 복용 방법까지 자세히 밝히고 있다. 좋은 약재지만 너무 많이 먹으면 해롭다는 것이 밝혀졌다. 모든 식품이 그렇듯 지나치게 많이 먹는 것은 몸에 좋지 않다.

순채는 나물이나 약으로, 관상식물로 쓸 수 있는 좋은 자원식물이다. 집안에 작은 연못을 파고 순채를 가꿀 수 있다면 얼마나 풍요로운 삶이 되겠는가. 옛 선비들의 멋을 재현해봄 직하다.

겨레의 마음속에 피는 성스러운 꽃

연꽃

연꽃은 예로부터 이 땅에서 우리 겨레의 삶과 밀접한 관계였다. 연꽃이 피는 세계를 극락정토로 생각했고, 저녁에 오므라들었다 아침이면 다시 피어나는 것을 보고 부활의 상징으로 믿었다. 죽어서도 연꽃이 피는 세상에서 다시 살아난다고 믿었던 우리 선조들은 고분의 중앙 가장 높은 천장에 연꽃을 그려 사후 세계의 낙원으로 삼았다. 건축물에 연꽃으로 단청丹靑을 했으며, 가장 화려한 비단옷의 옷고름에도 연꽃을 그려 넣었다. 또 연꽃으로 차를 끓이거나 연잎, 연밥, 연근을 요리의 재료로 삼았다. 죽어서도 연꽃으로 장식한 꽃상여를 타고 저승의 강을 건넜다. 연꽃이 우리 겨레의 마음속에 얼마나 깊이 자리 잡았는지 짐작할 수 있다.

연꽃은 생활뿐만 아니라 정신세계에도 커다란 영향을 끼쳤다. 많은 문학작품이 연꽃을 예찬했고 건축과 공예, 회화에도 연꽃을 주제로 한 작품이 남아 있다. 연꽃이 주는 의미와 의식주에 미친 영향은 너무나 크고 넓어 깊이를 알 수 없다.

←… 연꽃 *Nelumbo nucifera* gaertn.

우리 문화에 많은 영향을 끼친 관상식물이다. 쓰임새가 많아서 식용, 약용으로 널리 써온 자원식물이다.

연꽃은 연꽃속*Nelumbo* 식물이고 수련은 수련속*Nymphaea*에 들어 있다. 같은 수련과 식물이지만 속은 완전히 다르다. 일반적으로 연꽃은 잎이 크고 잎자루나 꽃자루에 가시가 있다. 그에 비해 수련은 가시가 없어서 매끄럽다. 또 연꽃은 잎과 꽃이 물 위로 솟아오른다. 그러나 수련은 잎과 꽃이 물 위에 떠 있다. 연잎이 둥근 모양인 데 비해 수련 잎은 둥글지만 한쪽이 고깔 모양으로 중앙까지 갈라진 모양이다.

연꽃은 종자 보존 능력이 그 어떤 식물보다 뛰어난 편이다. 일본의 오오가 이치로 박사는 2천 년 전의 호수 진흙층에서 발굴한 연꽃 씨를 발아시키는 데 성공했다. 동경 부근의 5.4미터 되는 깊이에 묻혀 있던 카누에서 3개의 연꽃 씨를 발굴했는데 그중 2개에서 싹이 튼 것이다. 그 연꽃의 씨가 여물어 지금은 세계 여러 나라 식물원에 보내져 자라고 있다.

연은 씨가 워낙 단단하고 물이 묻지 않기 때문에 쉽게 발아하지 않는다. 물에 떨어진 씨는 물길을 따라 멀리멀리 퍼져나가고 진흙 속에 수십 수백 년 동안 묻혀 있다가 어느 때 조건이 맞으면 싹이 터서 자란다. 연의 학명 ***Nelumbo nucifera***에서 ***Nelumbo***는 신할리즈어로 연꽃이라는 뜻이다. 또 뒤의 종소명 ***nucifera***는 씨가 단단하다는 뜻이다.

연근과 연잎의 잎자루를 자르면 굵은 구멍이 뚫려 있는 것을 볼 수 있다. 이 구멍을 통해 물 위와 물 아래로 호흡한다. 잎은 수면에 뜨기도 하지만 수면 위로 솟아올라 잎자루의 길이가 1~2미터나 자란다. 잎은 원형이며 가장자리가 밋밋하고 매끄럽다. 잎자루에는 날카로운 가시가 돋아나 있어서 맨살에 스치면 살갗이 찢어질 정도다.

중국의 고생물학자 서인徐仁 박사는 1천만 년 전 지층에서 연꽃잎 화석을 발굴했다. 또 1973년에는 절강성 여요현余姚縣의 7천 년 전 하모도문화河姆渡文化 유적지를 발굴했는데 이곳에서 놀라운 유물이 쏟아졌다. 그중에서 식물학자의 눈길을 끈 것이 바로 연꽃 화분이었다. 이것으로 미루어 보아 적어도 7천 년 전부터 중국의 남부지방에서는 연꽃을 널리 심었으며 식용 또는 약용으로 생활에 이용했음을 알 수 있다.

방편자 유희는《물명고》에서 연의 부위별 명칭을 자세히 기술했다.

> 연蓮은 '년'이라 하고 수지水芝, 또는 택지澤芝라고도 한다. 뿌리줄기 우藕, 윤교蒟茭라 하고, 가느다란 뿌리줄기를 세우細藕, 연의 본체를 밀蔤, 연 줄기 전체를 하荷 또는 가茄라 한다. 연체蓮蔕 를 하비荷鼻 연잎을 하蕸, 잎이 물 밖으로 나오면 기하芰荷, 잎이 물 위에 떠 있으면 우하藕荷, 새로 돋아난 어린잎을 눈엽嫩葉, 피어오르는 꽃봉오리를 부용芙蓉, 활짝 핀 꽃을 함담菡萏, 부거芙蕖, 수

화水花라 한다. 흰꽃을 옥환玉環, 꽃술을 불좌발佛座髮, 씨방을 '년밤송이' 또는 연방蓮房, 씨방에 들어 있는 씨를 연자蓮子, 연밥의 과육을 우실藕實, 꿀을 화봉花蜂, 꽃가루를 적菂, 단단하게 마른 씨를 석련石蓮, 껍질을 벗긴 씨를 연육蓮肉, 씨앗 중에 들어 있는 푸른 눈을 의薏라 하는 등 여러 가지 이름을 갖고 있다. 그 밖에도 품종에 따라 분지연分枝蓮, 수련垂蓮, 금련金蓮, 야서련夜舒蓮, 연벽련蓮碧蓮, 십장련十丈蓮, 황련黃蓮, 우합련藕合蓮, 사계련四季蓮, 분향련分香蓮 등이 있다.

18세기 한 실학자의 연에 관한 자료가 이처럼 많은 정보를 담고 있는 것이 놀라울 따름이다. 방편자는 이 밖에도 우리말 이름을 기재해 한글의 음운 변천 연구에도 지대한 공헌을 했다.

기원전 700여 년에 이미 연의 각부 명칭에 대해 자세히 기록하는 것으로 보아 당시에도 연꽃을 널리 심었다는 것을 알 수 있다. 《이아爾雅》〈석초釋草〉 편에, "연荷은 부거芙蕖라 한다. 잎자루葉柄를 하荷라 하고 뿌리줄기에서 솟아오른 어린싹을 밀密이라 한다. 또 꽃봉오리를 함담菡萏, 연의 씨방花托을 연蓮이라 하고, 씨蓮子는 적菂, 씨 중에서 배아胚芽를 의薏라 한다"라고 적고 있다. 방편자가 기술한 내용과 크게 다르지 않음을 알 수 있다.

기원전 500여 년 오吳나라 왕 부차夫差는 호산虎山의 궁에 연못을 파고 총애했던 비 서시西施와 함께 연꽃을 완상했다고 한다. 서시는 중국에서 역사상 가장 아름다운 여인으로 꼽힌다. 당대의 영웅 오왕도 서시를 잊지 못할 정도로 아름다웠다고 한다. 그 때문인지 오월吳越 지방에서 생산되는 연근을 서시비西施臂라 하는데 세상에서 가장 맛있는 요리라는 뜻이다.

당의 수도 장안長安 부근에도 부용원芙蓉苑이라는 넓은 연못에 여러 가지 연꽃을 심었다는 기록이 보인다. 그뿐만 아니라 겹꽃의 백련도 기록하고 있다. 왕인유王仁裕가 쓴 《개원천보유사開元天寶遺事》에는 "명황明皇 가을에 태액지太液池에 겹꽃千葉 백련白蓮이 여러 송이 피었다"고 했다. 또 동진 이전에 이미 연꽃을 화분에 심어 가꾸기도 했다.

북송 때 학자 주돈이周敦頤는 그의 〈애련설愛蓮設〉에서 연꽃을 예찬했다.

> 나는 연꽃을 누구보다 좋아한다. 연은 진흙에서 돋아났지만 더러운 물이 묻지 않고, 맑은 물에 씻기어도 요염하지 않다. 가운데가 비었고 밖은 곧으며, 덩굴도 아니고 가지도 없다. 더구나 멀어질수록 향기는 오히려 맑고 꿋꿋하게 서 있다. 멀리서 바라볼 수는 있어도 다가가 만질 수는 없다.

※ 연꽃은 재배 역사가 긴 식물이어서 수많은 품종으로 개량되었다. 꽃의 색은 자주색에서 흰색, 노랑, 빨강 등 여러 가지다.

※ 겹꽃이 핀 백련이다. 수술이 꽃잎으로 변해 겹꽃이 되었다.

진흙에서 돋아난 연꽃이 더러운 물에 물들지 않으니 바로 군자의 꽃이다. 더구나 깨끗한 물에 씻기어도 요염하지 않다고 했다. 원래 아름다운 연꽃인지라 더 이상 깨끗할 수 없다는 뜻이리라. 가까이 있을 때보다 멀리서 더욱 은은한 향기를 느낄 수 있으니 이보다 더 고운 꽃이 있을까.

고려 충선왕이 원나라에서 돌아올 때 정이 든 연인에게 석별의 정을 나누며 붉은 연꽃 한 송이를 선물했다. 그 낭자는 돌아온다던 님을 애타게 기다렸지만 소식이 없었다. 마침 조선으로 귀국하는 이익재李益齋를 만나 연시를 적어 보낸다.

떠나실 때 주신 연꽃
처음에는 붉고 붉더니
오래지 않아 꽃 시들고
초라한 모습 사람 같더이다
贈送蓮花片 初來灼灼紅
辭枝今幾月 憔悴與人同

선명한 연꽃이 언제까지나 붉게 피어 있을 것 같더니 이제 시들어 초라한 모습으로 남았다. 사람의 마음도 연꽃처럼 변하고 말았는가. 그리운 님을 만날 수 없음을 한탄하며 한편 원망스럽게 생각하고 있다.

상주에는 연밥 따는 노래採蓮謠가 전해 내려온다.

상주 함창 공갈못에
연밥 따는 저 처자야
연밥 줄밥 내 따줄게
이내 품에 잠들어주게
잠자기는 어렵잖소
연밥 따기 늦어가오

상주의 대표적인 이 노래는 공갈못을 배경으로 연밥 따는 아가씨와 연정을 품은 남정네의 대담식으로 구성돼 있다. 낭만과 시정이 깃든 상주 공갈못은 삼한시대에 축조된 저수지다. 관개농업용 시설물이며 당시의 뛰어난 토목 기술을 보여주는 유적이다.

강진의 백련과 무안의 백련은 영원히 보존해야 할 국가적 자연 자원이다. 특히 전남 강진군 성전면 금당리의 금당지金堂池는 전국적으로 유명한 백련 서식지다. 130여 년 전부터 백련이 피기 시작해 오늘날까지 그 고고한 모습을 지켜나가고 있다. 또 무안에도 10만 평에 이르는 넓은 백련 서식지가 있다. 귀중한 자원이면서도 그동안 언론에 널리 알려지지 않은 것은 백련의 가치를 일반인이 깊이 인식하지 못했기 때문으로 풀이된다.

간단히 연차蓮茶를 만드는 방법을 알아보자. 먼저 저녁 해거름, 연꽃이 오므라들기 전에 미리 준비해둔 찻주머니를 연꽃 속에 넣는다. 이튿날 아침 연꽃이 벌어지기 전에 저녁에 넣어둔 찻주머니를 꺼내 차를 끓인다. 연차는 뜨거울 때 마시기보다 차게 해서 마시면 향이 더욱 좋다. 요즈음은 오전 10시경 갓 피어난 연꽃을 잘라 실내의 화병에 꽂아놓고 찻주머니를 넣기도 하지만 옳은 방법이 아니다. 찻주머니는 한지나 베, 비단이 좋으며 되도록 염색하거나 풀을 먹이지 않은 것이 좋다. 연향이 가득 밴 차는 유리병 같은 밀폐된 용기에 넣어 냉장고에 보관한다. 이외에도 어린잎은 나물로, 연근은 밑반찬으로, 꽃은 차나 술을 빚어 마신다.

16세기 중국의 심복沈復이 쓴《부생육기浮生六記》에는 운芸이라는 여인이 연차 끓이는 장면을 자세히 그리고 있다.

> 여름에 연꽃이 처음 필 때에는, 꽃들이 저녁이면 오므라들고 아침이면 피어난다. 운이는 작은 비단 주머니에 엽차를 조금 싸서 저녁에 화심花芯에 놓아두었다가 다음 날 아침에 이것을 꺼내서 맑은 샘물을 끓여 차를 만들기를 좋아했다. 그 차의 향내는 유난히 좋았다.

이처럼 옛 선비들은 연꽃을 친한 벗 이상으로 사랑했다. 연꽃이 피면 벗을 불러 연향에 취했고 연꽃 속에 넣었던 차를 마셔 몸을 맑고 향기롭게 했다.

하지만 이와 같은 아름다운 연차의 전통은 사라지고 말았다. 연꽃을 칼로 잘라 강제로 꽃을 벌리고 그 속에 주머니를 넣어 실로 꽁꽁 동여맨 뒤 항아리 속에 가두는 천박한 행위를 전통 백련차라고 자랑한다. 한 송이 연을 피우기 위해 1년을 기다려왔는데 그렇게 쉽게 잘라서야 되겠는가. 더구나 연은 부처님 머리인 것을.

연잎은 상처가 났을 때 지혈제로 쓰거나, 독버섯을 먹고 중독증을 일으켰을 때 잎을 짓찧어 그 즙을 마시게 했다. 또 야뇨증에 잎을 달여 마시면 특효라 했다. 지네에게 물렸을 때는 날콩과 함께 생밤, 연잎을 함께 찧어 해독제로 썼다.

서양인이 좋아하는 장미나 백합은 아름다움만을 추구하는 원예식물이다. 그러나 동양인에게 연꽃의 의미는 종교로까지 승화된다. 불교와 밀접한 관련이 있다는 것 외에도 우리 심성에 잘 맞는 식물이다. 우리 겨레는 연꽃이 피는 극락을 꿈꾸던 낙원으로 여겨왔다. 또 연꽃 속에서 태어난 심청의 효성 어린 이야기를 들으며 자랐다.

가장 화려하고 가장 성스러운 사원을 만들기 위해 무수

히 많은 연꽃으로 장식하고 그 중앙에 연화좌대를 마련해 부처님을 모신다. 부처를 상징하는 흰 연꽃이 고통과 질병에서 해방시켜준다고 믿었다. 그래서 연꽃은 부위별로 각종 질병을 막아주는 영약으로 알려져 있다. 한국인에게 연꽃은 단순한 꽃이 아니라 믿음 그 자체다.

고구려고분에서 살아난 천상계의 꽃

수련

온대지방에서 자라는 수련은 꽃이 물 위로 벗어나지 못하고 물에 뜬다. 그러나 열대성 수련은 꽃자루가 길게 물 위로 솟아오르고 꽃은 연꽃처럼 물 위에서 핀다. 우리나라와 일본에서는 연꽃을 연蓮이라 쓰지만 중국에서는 연蓮보다 하荷로 쓴다. 연과 하 모두 연꽃을 뜻한다. 보통 연꽃은 낮에 피지만 수련은 낮에 피는 것도 있고 밤에만 피는 종류도 있다.

같은 한자 문화권이면서도 나라마다 쓰는 글자가 다른 것도 재미있다. 영어로는 연을 로터스*Lotus*라 하고 수련은 물 위의 백합이란 뜻으로 워터 릴리*Water Lily*라 한다. 수련의 학명 *Nymphaea*는 물의 요정 님프에서 따온 말이다. 물의 요정처럼 예쁜 꽃이라는 뜻이 담겨 있다. 그러나 유럽에서는 물의 요정 님프가 꽃으로 모습을 바꾸고 있다가, 어린이가 꽃을 꺾으려고 하면 발목을 잡아 연못으로 끌어들인다고 믿었다. 그래서 어른들은 님프를 무서워해 함부로 연못에 들어가지 않았다.

아마존강에 자라는 세계 최대의

←··· 수련 *Nymphaea tetragona* georgi
충남 이남의 저수지나 강가에서 자라는 다년초로 진흙 바닥에 묻혀 있는 뿌리줄기가 옆으로 뻗어나간다.

왕련은 잎의 지름이 2미터나 돼 어린이가 올라가도 가라앉지 않는다. 우리나라에는 자생하는 연꽃과 수련이 없다. 가시연꽃은 에우리알레속*Euryale* 식물이고 순채는 브라세니아속*Brasenia* 식물이다. 또 개연꽃과 왜개연꽃은 누파르속*Nuphar*이다. 이름만 연꽃이라고 부를 뿐 수련과 연 어느 쪽과도 거리가 먼 것들이다.

고구려고분에 나타난 수많은 연꽃 문양은 불교가 들어오기 전부터 이 땅에서 자생적으로 발달한 미술 양식이다. 고구려고분 중에서도 무용총의 천장에는 수많은 연꽃 문양이 그려져 있다. 그 연꽃들은 꽃잎 끝이 뾰족하고 꽃잎 사이에 초록색의 꽃받침이 선명하다.

서정록 님은 그의 저서 《백제금동대향로》에서 고구려고분의 연꽃은 연꽃이 아닌 수련과의 님페이아속*Nymphaea* 수련이라고 주장한다. 지금까지 한반도의 연꽃 문화는 불교가 유입되면서 함께 들어온 양식이라고 생각해왔다. 이러한 사실은 학자들이 학문적 비판 없이 기존의 학설을 답습했기 때문이다.

불교의 상징화라 알려진 연은 넬룸보속*Nelumbo*이다. 부처님은 제자들에게 "연잎에 물방울이 묻지 않는 것처럼 물욕에 집착하지 말라"고 했다. 이때 잎에 물이 묻지 않고 구르는 것은 연꽃이다. 그에 비해 수련의 잎은 물에 젖는다. 고구려의 연꽃 문양이 수련이라면 불교와 무관한 독자적 문화라 할 수 있는 것이다.

고구려고분에 표현된 연못에는 꽃잎 중심에 화방이 없다. 씨가 붙은 엽밥이 없다는 뜻이다. 수련과 연꽃의 다른 점이라면 화방이 있느냐 없느냐다. 화방이 있으면 연이요, 없으면 수련이다.

연꽃은 중국 동북부 하얼빈 북쪽 흑룡강 유역에도 널리 자란다. 그러나 수련은 이보다 내한성이 약해서 양자강 유역까지 내려간다. 우리나라에서는 충남 이남 지역의 저수지나 연못에서 자생 상태로 자란다. 그러나 재배하는 온대성 수련은 이보다 훨씬 높은 위도에서 수용할 것으로 보인다. 출토된 화분 분석에 따르면 빙하기 이전에는 러시아와 몽골, 캄차카반도에서도 수련이 널리 자라고 있었던 것으로 나타났다. 이러한 여러 가지 자료를 종합해봤을 때, 고대 한반도에서는 태양을 상징하는 수련을 가꾸고 자연물을 통한 연꽃 문화를 널리 꽃피웠다는 것을 알 수 있다.

수련은 아침에 피었다가 오후 3시면 꽃잎을 닫는다. 사람들은 다음 날 다시 꽃을 피우는 모습 때문에 죽지 않는 삶을 생각하게 되었다. 또 낮이면 다시 꽃이 피어나는 것을 두고 태양을 떠올리게 되었다. 고대이집트에서도 수련을 태양꽃으로 여겨 태양신 호루스Horus가 수련에서 태어났다고 구전되었다. 따라서 수련을 영원불멸의 태양과 같은 존재라고 생각하게 되었다.

한반도 최초의 연꽃 문양은 함경북도 웅기군 송평동 고분에서 발견된 목긴항아리長脛壺다. 어깨 표면에 굵은 먹선이 그려진 8엽의 연화문八葉蓮花紋이다. 무덤은 죽은 이의 유택幽宅이다. 내세관을 굳게 믿었던 고대사회에서는 무덤 속을 생시와 같은 공간으로 장식하지 않으면 안 되었다. 그래서 태양이 비치는 영원불멸의 세상으로 꾸미게 되었다. 고구려고분에 연꽃이 아닌 수련 문양이 등장하는 것도 이러한 내세관을 굳게 믿었기 때문이라 해석된다.

우리나라에 위치한 고구려고분벽화에서 다양한 인동당초문忍冬唐草紋을 볼 수 있다. 그중 집안 제4호, 제5호분이나 사신총의 인동당초문을 걸작으로 꼽고 있다.

바로 이 인동당초문이라는 상상 속의 길상초吉祥草가 연꽃에서 탄생했다. 물론 인동당초문의 인동이 어떤 식물을 뜻하는지는 아직 정확하게 고증된 바 없다. 우리나라 산야에 자생하는 인동이 인동당초문 속의 그 덩굴식물인지 아닌지는 그리 중요하지 않다. 그렇다면 당초문의 '당초'란 어떤 식물일까. 대체로 학자들은 '당나라 풀'이라는 이 당초를 난초로 보고 있다. 우리가 가꾸는 사군자 속의 보춘화나 혜蕙 또는 난蘭이 바로 당초라는 것이다. 난초를 도안화해 연속무늬로 만든 것이 바로 인동당초문인 셈이다.

당초문은 원래 당나라 때 고안된 문양이 아니다. 근원을 찾아 들어가면 고대이집트 시대로 거슬러 오른다. 이집트의 연꽃 무늬인 로터스Lotus를 도안화한 장식 문양이 그리스로 건너가 기원전 5세기경에 완성되었다고 할 수 있다. 이집트의 연꽃은 우리가 알고 있는 그 연꽃이 아니다. 비슷한 수련睡蓮을 지칭하는 것 같다. 알렉산더대왕의 동정東征 때 페르시아 지방으로 전해졌을 것으로 추정된다. 인도에서는 아쇼카왕이 건립한 부다카야의 난순欄楯에 처음 연꽃을 도안화한 당초문이 등장한다.

당초문은 그 후 문양의 형태에 따라 그리스의 안테미온Anthemion계와 아라비아 지역에서 발전한 아라베스크Arabesque계로 나눌 수 있다. 안테미온은 잎이 다소 넓고 장중한 감이 있는데 비해 아라베스크 양식은 섬세하고 조밀한 감을 준다. 또 같은 안테미온계의 문양에서도 원형의 꽃무늬 형식을 주로 표현하는 로터스, 부채꼴 꽃무늬 형식의 팔메트Palmette, 그리고 덩굴무늬 형식의 아칸서스Acanthus로 나눌 수 있다.

영국에서는 인동문을 허니서클Honeysuckle이라 하고 프랑스와 독일에서는 종려나무잎Palm 모양이라 하여 팔메트라 한다. 서방의 덩굴 형태로 연결되는 아칸서스 문양이 육조시대에 실크로드를 따라 동양으로 전해진 것이 인동당초문인 셈이다. 허니서클을 번역한 '인동'에 중국 풀이라는 뜻의 '당초문'이 결합돼 인동당초문이 되었다.

백제 무령왕릉에서 출토된 왕과 왕비의 관식은 불꽃 문양과 보상화가 결합된 당초문이라 할 수 있다. 또 통일신라로 넘어오면서 서역에서 전해진 포도, 석류, 연꽃과 결합해 여러 가지 형태의 당초문이 나타난다. 인동덩굴에 연꽃이 곁들여지면 연화당초문, 포도송이가 곁들여지면 포도당초문, 석류가 들어 있으면 석류당초문이 된다. 그 외에도 보상당초문, 모란당초문, 국화당초문 등 여러 가지다.

미얀마 냥쉐주 인레 호수의 인타Intha 족은 수상가옥에서 산다. 잔잔한 인레 호수에는 빨간 수련이 끝없이 피어 있다. 작은 쪽배를 타고 호수를 둘러보다가 파웅다우Paung Daw U 사원 근처에 수상가옥 마을을 둘러 보게 되었다.

이 마을에는 수련 줄기에서 실을 뽑아 '파트마'라는 직물을 짜는 가내수공업이 발달했다. 워낙 정교하고 촘촘하게 짠 직물이라 사람들에게 인기를 끌고 있다. 수련 줄기는 길이가 1미터 정도 되지만 섬유가 가늘고 많은 양을 얻을 수 없어 스카프 하나를 짜려면 5천 개의 수련 줄기가 필요하다. 그리고 만드는 데만 꼬박 25일의 기간이 걸린다니 힘든 작업이 아닐 수 없다.

파트마는 명주보다 부드럽고 시원해 왕족이나 고승들만 쓸 수 있었던 고급 옷감이었다. 프랑스나 이탈리아의 유명 패션업체에서 이곳에서 나는 수련 옷감으로 여성 재킷을 지어 한 벌에 수천만 원에 팔고 있다. 그만큼 감촉이 좋고 시원한 천연섬유인 까닭이다. 이 파트마로 재킷 한 벌을 지으려면 수련실 약 600그램, 그러니까 수련 줄기 6천 개가 필요하다. 5~12월까지 채취한 줄기에서 실을 뽑아낸다. 네 가닥을 하나로 꼬아 튼튼하고 질긴 실로 만들고 이것을 24시간 내에 원단으로 짜면 질 좋은 파트마가 된다.

고대사회에서는 수레를 단순하게 교통수단으로 보기보다 움직이는 주택으로 생각했다. 작은 집에 바퀴를 달았다고 생각하면 쉽게 이해가 간다. 주택의 지붕이니 마땅히 수레의 천장에도 연꽃 문양이 장식돼 있어야 한다. 《초사楚辭》 구가 하백河伯 조條에는 하백이 "연꽃으로 지붕을 장식한 수레를 타고 두 마리의 뿔 없는 용을 몰고 간다乘車兮荷蓋 駕兩龍兮驂螭" 라고 적고 있다.

지붕에 연꽃을 장식하는 풍습은 전국시대부터 있었던 것 같다. 초나라의 굴원屈原이 쓴 《초사楚辭》에도 그 같은 내용

❀ 온대성 수련은 꽃송이가 물에 떠서 핀다. 수련은 오후가 되면 꽃잎을 오므린다.

이 보인다.

수중 궁궐을 지어 연꽃으로 지붕을 덮는다.

築室兮水中, 葺之兮荷蓋

지붕이나 수레의 덮개를 연꽃으로 장식했다고 하는데, 동북아시아에서 표현한 연이 바로 수련이라고 할 수 있다. 한반도의 수련 문화는 중북 남부나 인도, 동남아시아 각국의 연꽃 문화와는 많은 차이가 있다. 그러나 불교가 유입되면서 수련은 점차 연꽃으로 바뀌고 꽃잎 중앙에 연밥을 표현하게 되었다. 비로소 순수한 연꽃 문양을 완성한 셈이다.

달빛이 몰래 키운 커다란 열매

박

여름이 지난 자리를 가을이 채워가고 있다. 시골 사시는 누님께서 인편으로 박 한 덩이를 보내주셨다. 넉넉한 누님 얼굴을 뵌 듯하여 반가운 마음에 손으로 쓸어본다. 그도 모자라 껴안고 볼을 대면 매끄럽고 시원한 느낌이 좋다. 도시인들이 하찮게 생각하는 물건이지만 고향을 그리워하는 사람들은 그 대상을 통해 유년의 추억을 떠올리기에 감동할 때가 있다.

우리 남매가 박나물을 좋아하는 것은 어머니 때문인지도 모른다. 여름이면 어머니는 헛간 지붕 위에 박이 봉긋이 부풀어오르면 사다리를 세워 나를 지붕 위로 올려 보냈다. 그렇게 딴 박은 우리 가족의 한 끼 반찬이 되고도 남았다.

박꽃이 피는 계절에는 가지에 열매가 탐스럽고 곡식이 알알이 영글어 가며 우리들의 사랑도 무르익는다. 이 가을, 가난한 도시 살림이지만 옥상에 조롱박 한 포기라도 심을 수 있는 마

←… 박 *Lagenaria leucantha* Rusby

전국에서 재배하는 일년초 덩굴식물이다. 줄기는 나무나 담장을 기어오르며 10미터까지 자란다. 열매가 한 아름이나 되는 것부터 작은 것은 주먹만 한 것도 있다.

음의 여유를 갖고 싶다. 호박이나 박은 어감만으로도 풍요로움을 느끼게 한다. 호박이 넝쿨째 굴러 들어온 꿈은 횡재를 뜻하고, 박 속처럼 흰 피부라면 미인의 속살을 뜻하다. 따라서 호박이 부의 상징이라면 박은 절세미인을 말한다. 옛사람들은 박을 행운의 상징처럼 생각했던 것 같다. 착한 흥부에게 내린 보물도 박 속에 가득가득 담겨 있었지 않은가.

모든 색을 아우르는 색채가 있다면 흰색일 것이다. 백색은 어떤 색깔도 포용한다. 세상의 개성 강한 모든 색깔을 품어 안을 수 있는 어머니 같은 빛깔이 있다면 바로 흰빛이다. 박꽃은 그런 색이다. 더구나 박꽃은 밤에 피기 때문에 곱다. 어둠 앞에서는 모든 색깔이 제빛을 잃어버린다. 한낮에는 그토록 화려했던 꽃들도 어둠 속에서는 제빛을 잃어버리고 날이 샐 때까지 숨죽이고 지낸다. 그러나 밤에 꽃을 피우는 박꽃은 홀로 우아한 자태를 뽐낸다. 가느다란 목을 뽑아 하늘을 향해 까치발을 든다. 박꽃의 의지는 더욱 높은 곳을 오르려고 하지만 그 소망은 겨우 초가지붕에 다다를 뿐이다.

달빛을 닮아서일까, 언제 봐도 맑고 깨끗하다. 하얀 솜털이 소복하고 손가락을 스치면 부드럽고 차가운 감촉이 그대로 전해질 것만 같은 가녀린 꽃. 박꽃은 늘 우리 곁에 있으면서도 좀처럼 눈에 띄지 않는 은둔의 꽃이다. 어느 달 밝은

밤, 더위에 뒤척이다가 겨우 잠이 들었을까, 창으로 밀물처럼 쏟아져 들어오는 달빛에 이끌려 뜰에 나서면 수녀복의 깃처럼 순결한 흰빛으로 반기는 꽃. 산장에서 요양 중인 파리한 귀부인의 목을 닮아서일까, 긴 꽃자루를 있는 대로 뽑아 올려 엷은 향기로 자신이 살아 있음을 알린다.

숨을 죽이고 꽃에 다가가면 마음속까지 향기로 물들 것 같다. 사람들이 잠든 이 시각에도 박꽃 세상은 작은 생명의 숨소리로 가득하다. 나방이며 딱정벌레가 꿀을 찾아 날아들고 이따금 벌레를 찾아 나는 시커먼 박쥐가 바람처럼 눈앞을 스치기도 한다. 꽁무니에 작은 등불을 단 개똥벌레라도 찾아오면 박꽃은 금방 금빛으로 바뀐다. 그 소박한 무명 빛깔은 어느새 개금改金한 불상의 미소로 바뀌고 황금색 외투를 덧입는다.

파초 잎에 맺힌 이슬을 피해 가까스로 다가간 곳에 또 하나의 보름달이 누워 있다. 하늘에 걸린 달보다 더 크고 살결은 부드러운 박. 여름을 보내고 서리 내릴 때쯤 속이 차면 겉 또한 단단해지리라. 박꽃은 그저 수더분하지만 열매만은 그 어느 과일보다 풍성하다. 잘 자란 박은 아름을 넘는 것도 있고 보통이라 해도 어른 머리만 하다. 조롱박은 휴대용 물통이 되어 물이나 술을 담으면 가벼우면서도 깨지지 않아서 좋다. 목이 긴 조롱박에는 자루가 달려 물을 뜨는 바가지로 썼고, 손아귀에 드는 작은 박은 갈라서 간장독에 띄우고 장을 뜨는 데 썼다.

연암燕巖 박지원朴趾源의 시에는 어느 여름날 농촌의 한나절 풍경을 노래하고 있다.

병아리를 채려고 덮친 솔개를 피해
박꽃 핀 울 밑으로 놀란 닭들 달아나네
함지박 이고 가는 며느리 돌다리를 조심하고
누렁이와 어린아이 졸랑졸랑 뒤따라가네
鳶蹴鷄兒攫不得
群鷄亂啼匏花籬
少婦戴권疑渡溪
赤子黃犬相追隨

병아리를 노리고 활강하는 솔개를 간신히 피한 병아리와 어미 닭이 박 넝쿨 늘어진 울타리 밑으로 숨는다. 집 옆을 흐르는 개울에는 징검다리가 걸려 있고, 그 위로 새참을 내기 위해 며느리가 조심조심 건넌다. 그 뒤를 누렁이와 벌거숭이 어린아이가 뒤따른다. 한 폭의 그림을 보는 것 같다.

아낙이 싸리 광주리에 담은 점심을 이고 들길을 걷는 정겨운 모습은 이제 농촌에서도 찾아보기 어렵다. 점심 광주리 위에는 으레 바가지 꾸러미가 얹혀 있게 마련이다. 바가지에 더운 보리밥을 퍼 담고 그 위에 머위 줄기며 고구마나물, 고사리, 취나물, 콩나물을 얹어 고추장에 비벼 먹는 점심. 이처럼 바가지가 식기로 쓰이면 얼마나 요긴한 물건인가. 바가지에 밥을 담으면 이틀이 지나도 쉬지 않는다. 오히려 고슬고슬한 것이 금방 지은 밥처럼 윤기가 돈다. 그래서 시골에서는 함지박처럼 큰 바가지에 식구들이 먹을 밥을 담아 시원한 처마 그늘 빨랫줄에 매달아두었다.

최근에는 공예품을 만드는 재료로 널리 쓰인다. 박공예는 바가지에 그림을 그리거나 시를 쓰고 얕게 음각한 다음 옻칠을 한 공예 작품이다. 바가지는 단순하게 물건을 담는 그릇에서 예술 작품으로 다시 태어나고 있다.

덜 익은 박을 잘라 말려 박고지를 만들면 맛깔스러운 나물이 된다. 먼저 박의 껍질에 솜털이 없어지면 따서 하루쯤 말린다. 손톱으로 눌러서 부드럽다면 속의 씨도 익지 않았다는 증거다. 이러한 박을 반으로 갈라 속을 파내고 얇게 도려낸다. 끊어지지 않게 길게 썰어 싸리 울타리에 널어 말린 것이 박고지다.

박고지뿐만 아니라 박나물은 국, 무침, 볶음으로도 좋고 만두소, 김밥, 초밥에 곁들여도 좋다. 다 익은 박을 반으로

※ 박꽃은 밤에 피었다 아침이면 이미 꽃잎을 오므린다. 암꽃은 볼록한 씨방을 갖고 있다.

갈라 속을 빼내고 솥에 쪄낸 뒤 속살을 파낸 것 또한 나물로 먹을 수 있다. 잎도 부드러워 먹기에도 좋다. 박은 버릴 것이 하나 없는 자원식물인 셈이다.

오랜 기억을 되살려 아내와 함께 박나물 요리를 해보기로 했다. 박나물은 별다른 맛이 없다. 그러나 가장 맛이 없을 것 같은 재료에서 가장 맛깔스러운 요리가 탄생한다. 박나물에 소금을 뿌리고 참기름을 한 방울 떨어뜨리면 향기부터 예사롭지 않다.

박 껍질을 벗기는 어머니의 손길이 떠오른다. 하얀 겉껍질을 벗기면 은밀하게 연두색 속살이 드러났다. 잘게 채 썰어 도마 위에 가지런히 쌓아놓고 밀가루 반죽을 했다. 손바닥 크기로 둥글게 밀어 그 위에 박나물 채 썬 것을 올려놓고 둥글게 말아 솥뚜껑에 지져냈다. 아버지는 이 박나물 떡을 유난히 좋아하셔서 해마다 울 밑에 박을 심었다. 그보다도 우리 남매는 박나물을 넣고 말아 먹는 왜국수를 더 좋아했다. 찬 우물물에 식힌 국수를 사기그릇에 넣고 그 위에 박나물과 오이채를 얹어 열무김치에 말아 먹는 맛, 바로 고향의 맛이었다.

가족은 식성까지 닮는다고 했다. 요즘 들어 아내의 된장찌개에서 어머니의 맛을 느낄 때가 있다. 오늘따라 아내의 박나물에도 고향의 맛이 묻어난다. 이게 바로 나이가 들어간다는 뜻인가.

어릴 때는 박나물 떡을 그리 맛있게 먹었던 기억이 없는데, 나이가 들고 보니 왜 어른들이 그토록 박나물 떡을 즐기셨는지 알 것 같다. 박은 달기보다 오히려 약간 쌉쌀한 맛이 돌며 담백한 맛에서 깊고 그윽한 맛을 느낄 수 있으니 젊은 이들이 어찌 이 맛을 느낄 수 있겠는가.

이 계절이 다 가기 전에 박꽃 피는 고향이라도 찾아야 할까 보다. 풀냄새 풋풋한 시골에서 죽마고우를 불러 막걸리에 박나물 무쳐놓고 박꽃 핀 밤을 함께 지새우고 싶다.

요리의 맛을 내는 대표적인 향신료

마늘

마늘은 백합과의 다년초로 이른 봄 일찍 잎이 돋아나 봄이 무르익어 가는 5월 말쯤 흰색 꽃이 탐스럽게 핀다. 비늘줄기에서 하나의 꽃대가 나와 조그만 꽃이 둥글게 뭉쳐 공 모양의 꽃차례를 이룬다. 꽃이 지고 나면 작은 마늘쪽 같은 다육질의 씨가 10여 알 정도 달린다. 이것을 심으면 통마늘이라고 하는 동그란 구슬 모양의 비늘줄기로 자란다. 이 통마늘을 다시 심으면 이듬해에 비늘줄기가 갈라지며 쪽마늘이 된다. 원산지는 중앙아시아 동남부 건조지역으로 알려져 있다.

마늘의 재배 역사는 고대이집트 시대로 거슬러 올라간다. 제1왕조의 고분벽화에도 마늘이 그려진 것으로 보아 식용 또는 약용으로 사용한 역사가 아주 오래된 것 같다. 힌두의 신화에서는 인드라 신이 아들이 없는 것을 한탄하다가 성선의 가르침에 따라 아내에게 성스러운 우유를 마시도록 했다. 그녀가 딸꾹질하면서 우유를 조금 흘렸는데 그 자리에서 마늘이 돋아났다는 설화다.

←··· 마늘 *Allium sativum* Linn.

원산지가 중앙아시아인 다년초로 한무제 때 장건이 서역 정벌에서 돌아오며 중국에 전한 식물로 알려져 있다. 우리나라에는 삼국시대 이전에 들어왔을 것으로 추정한다.

인도 마늘의 작은 줄기가 마치 우유 방울처럼 희고 동그란 것도 그 때문이라는 것이다.

중국에 유입된 시기는 기원전 2세기경 한나라 무제武帝 때 장건張騫이 서역 정벌에 나섰다가 귀국할 때 가져왔다고 알려져 있다. 우리나라에 언제 마늘이 전해졌는지는 확실하지 않으나《삼국사기》나《삼국유사》에도 마늘이 나오는 것으로 보아 고려시대 이전으로 추정할 수 있다.

우리 음식에 마늘이 없다면 어찌 맛을 낼 수 있겠는가. 특히 마늘과 고춧가루는 김치의 양념으로 빠질 수 없다. 마늘과 고춧가루가 있었기에 오늘날 김치라는 식품이 세계인의 입맛을 사로잡았다 하면 지나친 해석일까. 마늘은 갖가지 반찬의 맛을 가름하지만, 때로는 병을 치료하는 약이 되고 여러 가지 공산품의 원료가 되기도 한다.

마늘은 매운맛이 강하고 역한 냄새가 난다. 마늘을 먹고 나면 냄새가 심하기 때문에 기피하는 사람들이 많다. 괴기스러운 영화를 보면 그토록 악랄한 사탄도 마늘과 십자가만은 무서워한다. 그만큼 지독한 냄새가 나기 때문에 사탄마저 외면하는지 모른다.

마늘은 독한 냄새가 나는 식품이긴 해도 성욕을 돋우는 물질과 세포활성물질이 있어 강장, 강정 식품으로 인기가 있다. 그러나 마늘이 환영받지 못하는 곳이 있는데, 바로 절이다. 산사에서 공동생활을 하는 수행승에게 마늘처럼 냄새나는 식품은 다른 수행자에게 방해될 수밖에 없다. 그래서 산중 생활에서 마늘과 술, 담배는 엄격하게 금지된다.

마늘을 비롯해 달래나 양파, 파, 산부추 따위는 모두 알리움속이다. 알리움속 식물은 예로부터 요리의 향신료로 쓰였다. 최근 연구 보고에 따르면 알리움속 식물에는 세포활성물질인 토코페롤 성분이 들어 있는데, 마늘과 달래에 가장 많이 있다고 했다. 즉 동물성 세포를 활성화시키는 늙지 않는 물질이 들어 있는 셈이다. 그래서인지 일본 북해도 원주민인 아이누족이 야생 파를 상식하고 혹독한 겨울을 이겨낼 수 있었다는 연구 결과도 있다. 아메리카 인디언들이 남긴 고대 벽화에도 마늘과 비슷한 알리움속 식물이 보인다. 이미 수천 년 전부터 이들 식물이 향신료로 널리 쓰였음을 알 수 있다.

산스크리트어로 마늘을 라쑤나Lassuna라 하고, 발리어로는 라수나Lasuna라 한다. 영어로는 갈릭Garlic이라 하여 약용 또는 조미료로 쓴다. 그냥 먹으면 맵고 탁 쏘는 듯한 자극적인 맛 때문에 입맛을 살려주는 데 더없이 좋은 식물이다.

오늘날 마늘과 고추는 우리 식생활에서 중요한 자리를 차지한다. 같은 알리움속 식물 중 달래는 들에서 자란 마늘이라 하여 야산野蒜, 냄새나는 나물이라는 뜻으로 훈채葷菜라 한다. 달래, 마늘은 음식의 맛을 내는 데 더없이 좋은 나물이었다. 울릉도 나리분지에 자생하는 산마늘을 주민들은 '멩이命'라 부르며 명을 이어가는 나물로 여기고 있다.

불교에서는 매운 냄새가 나는 마늘, 부추, 파, 달래, 생강을 비롯한 다섯 가지 채소를 '오신채'라 하여 금하고 있다. 《선원청규禪苑淸規》에서는 생강 대신 야생 파인 원유를 넣기도 한다. 대승불교 경전인 《입능가경入愣伽經》도 다음과 같이 적혀 있다.

> 보살마하살은 고기와 술, 마늘을 먹어서는 안 된다. 악취는 수행자를 따라다니며 더러운 이름을 남기게 한다. 또 고기는 식귀食鬼가 먹는 음식이다. 수행자가 먹을 것이 못 된다.

요가로 심신을 수행하는 요기Yogi들에게도 고기와 파, 마늘, 부추, 술은 언제나 멀리하는 음식이다. 《마누법전》에서도 브라만이 먹는 음식으로 어울리지 않는 것을 이렇게 적었다.

> 브라만은 마늘과 파, 부추, 버섯과 더러운 곳에서 자란 모든 식품을 먹어서는 안 된다. 버섯, 돼지고기, 마늘, 파, 부추를 먹는

브라만은 타락한 사람이다.

이처럼 수행자는 반드시 더러운 땅에서 자란 음식을 먹어서는 안 된다고 했다. 더구나 마늘과 파, 부추 같은 냄새나는 식품을 먹는 수행자를 타락한 사람이라고까지 했다. 흥미로운 것은 이슬람교도가 멀리하는 돼지고기를 먹지 말라고 한 것이다. 돼지는 늘 더러운 주둥이로 땅을 헤집고 다니며 먹이를 찾기 때문에 그 성정이 부정한 것으로 보았다.

발리어로 쓰인 육장《남방상좌부소전南方上座部所傳》에도 부처님이 직접 마늘에 대해 거론했다.

부처님께서 설법하는데 마늘을 먹은 한 스님이 다른 스님들에게 폐를 끼치지 않으려고 조금 떨어져 혼자 앉아 있었다. 부처님께서 그 연유를 듣고 대중을 향해 되물었다.

"내 법회에 가까이 오지도 못하는 음식을 먹어도 괜찮을까?"

대중들이 일제히 대답했다.

"안 됩니다."

"그렇다면 비구들이여. 마늘을 먹는 것은 옳지 않다. 만일 이미 먹었다면 잘못을 뉘우친 후에 지은 죄, 악작惡作으로 하자."

고 말씀하셨다. 부처님의 명쾌한 해석에 대중은 고개를 끄덕였다.

그러나 또 다른 경전에서는 병후 체력을 보강하기 위해

서 마늘을 먹을 수 있다고 했다.

어느 날 사리불이 심한 복통을 호소했다. 목련이 그를 보다 못해,

"사리불아, 자네는 평소 배가 아플 때 무엇을 먹고 나았는가?"

"마늘을 먹었지만……."

그 말을 들은 목련은 부처님께 마늘을 약으로 써도 좋으냐고 물었다. 부처님께서는,

"병이 났을 때 치료를 위해서는 마늘뿐만 아니라 다른 어떤 것도 먹을 수 있다."

부처님의 자비심을 읽을 수 있는 이야기다.

비구니들이 범한 사소한 죄를 바일제波逸堤라 한다. 관련하여 "비구니가 마늘을 먹으면 바일제에 해당된다. 다만 계를 정상적으로 수행할 수 없는 미치광이나 초범자는 죄를 면한다"라고 말한다. 또 법장부法藏部의 식산계食蒜戒는 "마늘을 떡에 싸서 먹거나 약으로 먹고, 상처에 바르는 것은 죄가 되지 않는다."라 규정했다.

이처럼 같은 마늘이라 해도 수행자에게는 금물이지만 환자에게는 오히려 좋은 약이 될 수 있다는 뜻이다. 불가에서는 금기 식품인 마늘이 최근 그 약효가 속속 밝혀지면서

건강식으로 떠오르고 있다.

마늘을 깐다. 동그란 팽이 모양의 비늘줄기 아래쪽에 곱슬 머리털 같은 실뿌리가 붙어 있는 육쪽마늘이다. 바스락거리는 겉껍질을 벗기면 안쪽에 보랏빛을 머금은 마늘쪽이 서로 이마를 맞대고 붙어 있다. 갈라서기 싫다는 듯 서로 꼭 맞붙어 있는 것을 하나씩 떼어낸다. 마늘 특유의 매큼한 냄새가 묻어난다. 궂은 날 담장 밑에서 비를 피하면서 느끼는 희미한 흙냄새도 함께.

마늘을 깔 때는 하나하나 손톱으로 까는 일이 여간 성가시고 어려운 일이 아니다. 많은 양을 깔 때는 먼저 전날 저녁 물에 불려야 한다. 양파 자루 같은 것에 넣어 손으로 비비고 문지르면 껍질이 잘 벗겨진다. 완전히 까지지 않은 것은 따로 골라내 손톱으로 까면 된다.

마늘은 6쪽씩 알의 크기가 고른 것을 골라야 한다. 마늘통이 굵다고 해서 마음을 빼앗겨서는 안 된다. 겉보기에 굵고 실한 것일수록 껍질을 벗기고 보면 안쪽이 텅 비어 있고 자잘한 것이 수십 개씩 밖으로 되바라져 있게 마련이다. 조금 굵은 것 옆에 작은 것이 붙어 있는데, 그것을 떼어내고 나면 더 작은 것이 또 들어 있어 모두 20개가 넘는 것도 있다. 이처럼 작은 것들이 불규칙하게 마구 섞여 있는 마늘을 벌마늘이라 한다. 벌마늘은 까기도 어렵고 저장성도 나쁘다. 벽에 매달아 놓으면 하나씩 부서져 흩어지고 만다. 물론 마늘장아찌도 담글 수 없으니 가공식품을 조리하기에도 적당치 못하다.

마늘의 독하고 강한 냄새 때문에 마늘을 먹지 않는 사람도 있다. 그렇지만 마늘이 각종 세균성질환을 예방하는 훌륭한 식품이라는 것을 알고 나면 함부로 여기지 않을 것이다. 최근 세계보건기구에서는 마늘이 항암효과가 뛰어나다는 사실을 밝혔다. 세계가 전염병의 공포에 떨고 있을 때도 우리나라 사람들은 갖가지 돌림병을 잘도 피해왔다. 일본에서조차 한국인은 독한 마늘과 매운 고추를 먹기 때문에 사스에 걸리지 않는다는 연구 결과를 발표한 적이 있다. 특히 마늘이야말로 병원체에 대한 저항력이 강해서 한국인만이 사스나 조류독감, 에이즈 같은 질병과도 무관한 것은 아닌지.

우리는 마늘을 좋아한다. 다른 나라 사람들과 비교하면 확실히 마늘을 많이 먹는 편이다. 찌개에도 마늘이 들어가고 갖가지 나물을 무칠 때도 마늘즙이 들어간다. 삼계탕에도 마늘이 들어가야 보양 효과가 있다고 믿으며 불고기에도 마늘즙을 넣는다. 게다가 고기를 구워 먹을 때도 상추쌈에 생마늘을 곁들여야 맛있다고 한다. 마늘장아찌에 마늘쫑조림, 쇠고기장조림에도 마늘이 들어가야 맛이 난다. 또 있다. 꼬치

※ 마늘은 가을에 마늘쪽을 하나씩 심어 겨울을 넘기고, 이듬해 초여름 비늘줄기를 수확한다.

구이에는 생마늘을 꿰어 구워 먹는다. 이렇게 항암 식품을 많이 먹는데 어찌 건강하지 않겠는가. 우리 밥상에서 마늘이 차지하는 자리가 얼마나 크고 넓은가.

마늘을 먹는 우리 겨레의 심성은 삼동을 웅크리고 지낸 곰처럼 끈기 있고 강하다. 외세에 꺾여도 끝내 떨치고 일어서는 승리의 민족이다. 짓밟히면서도 다시 일어서겠다는 독한 마음의 씨앗을 품었기에 포기는 없다. 탁 쏘는 듯한 불같은 성격은 불의를 참지 못하고 정의를 향해 나아가는 용기를 지녔다. 불굴의 정신은 마늘 같은 강한 독성을 마음 밭에 고이고이 묻어온 까닭에 일어난다.

마늘과 비슷한 양념으로 서양인들이 즐겨 먹는 양파도 있고 중국요리의 주재료인 파와 부추 같은 것도 있다. 또 들에서 자라는 달래도 마찬가지다. 이러한 채소들은 마늘과 같은 풍미를 지녔다. 그러나 양파와 파는 크기로는 마늘보다 푸짐하지만 매운맛이야 마늘을 따르겠는가. 대량 소비를 위해 매운맛을 빼고 개량하다 보니 그저 달착지근할 뿐 양념의 역할을 다하지 못한다. 파도 그렇다. 덩치가 크다고 음식의 맛을 가름하는 것은 아니다. 작은 것이 더 맵다는 것은 한국의 고추를 통해서도 잘 알 수 있다.

찔레꽃 향기 그윽한 날, 밭에서 땀을 흘리고 풋마늘 한 포기 쑥 뽑아 껍질을 벗기고 실뿌리가 붙은 밑둥을 뚝 분질러버린다. 찬물에 만 보리밥에 풋마늘을 날된장에 찍어 야만스럽게 한입 베어 문다. 잘 삭힌 홍어 맛보다 독하고 약 오른 풋고추보다 달착지근하다. 풋마늘 한 포기는 반찬도 되고 막걸리 안주도 되는 고마운 식품이다.

잎이라고 버릴 수는 없다. 마늘잎을 콩가루에 무쳐 쪄 먹는 맛 또한 사라져가는 우리의 맛이다. 마늘잎을 듬성듬성 썰어 냄비 바닥에 깔고 그 위에 꽁치 두어 마리 얹어 양념장을 끼얹어 조려낸 그 맛을 도회인들이 알기나 할까. 냄새 때문에 고등어도 굽지 못하는 저들에게 마늘잎 꽁치조림을 맛보여주고 싶다.

보랏빛이 사위어가면서 점점 독한 기운을 농축하는 육쪽마늘의 계절이다. 그 매운 향에 헛기침을 하면서 마늘을 깐다. 실해 보이는 겉모습의 벌마늘보다 속이 알찬 실속 있는 육쪽마늘이어야 한다. 속이 알차고 향기로운 마음을 길러야 할 때다. 마늘이 우리 식생활에 깊이 뿌리내렸듯이 내 마음속에도 육쪽마늘 같은 옹골찬 기개를 가득 채워나가고 싶다.

많은 양을 변화시키는 작은 씨앗

참깨

참깨의 원산지에 대해서는 여러 가지 설이 있다. 인도 북서부 히말라야 산지에 야생 참깨 한 종이 자생한다. 전 세계에서 재배하는 12종의 참깨는 아프리카 종으로 보고 있다. 또 자바섬 산악지대에 붉은색 참깨가 자라는데 이것은 재배하던 것이 야생화한 것으로 추정된다. 참깨는 씨의 색에 따라서도 4종으로 분류할 수 있다. 흰색을 가장 많이 재배하고 검은색, 노란색과 붉은색 참깨도 있다. 색깔이 있는 참깨는 요리의 맛과 색을 내는 데 유용하게 쓰인다.

참깨를 호마胡麻라 하고 지마芝麻, 지마脂麻, 향유香油라고도 한다. 영어로는 세서미*Sesame* 또는 베니*Benne*라고 부른다. 한의학에서는 검은 깨를 흑지마黑芝麻라 하여 약으로 쓴다. 산스크리트어나 발리어 모두 참깨를 틸라Tila라 하고 씨에서 짠 참기름을 타일라Taila라 한다. 발리어로는 참기름을 텔라Tela라 한다.

←··· 참깨 *Sesamum indicum* L.

원산지가 인도에서 아프리카 북부인 참깨는 예로부터 식용 또는 약용으로 널리 이용해왔다. 씨에서 짠 참기름은 음식의 맛을 내는 조미료로 쓰인다.

한자어에 호胡 자가 들어 있는 명사는 거의 중국의 이민족, 특히 흉노족을 지칭하는 단어들이다. 그러다가 후대로 가면서 한족 이외의 민족을 가리키는 말로 굳어진 것 같다. 특히 서역의 제민족을 칭하는 것이 보통이다. 호승胡僧이라 하면 인도나 서역에서 온 스님을 말하고, 호마胡馬라 하면 서역의 말이라는 뜻이니 곧 아라비아의 준마를 뜻한다. 인도에서 온 달마를 노호老胡라 하여 원로 대접을 해주고 있다. 달마 문하의 제자들은 호종족胡種族이라 기록하기도 한다.

서역의 문화가 본격적으로 중국에 알려지기 시작한 것은 한나라 때다. 장건이 서역을 정벌하면서 그 지역의 문물이 함께 유입되었다. 안식국(페르시아), 대식국(아라비아), 인도 등 여러 나라를 서역이라 총칭했는데 그 지역에서 들어온 것에는 대개 호 자를 붙였다. 오이는 호과胡瓜, 후추는 호초胡椒, 호두는 호도胡桃, 겨자는 호채胡菜, 고수는 호유胡荽라 하는 것도 그 때문이다.

참깨는 오랜 옛날부터 재배해온 작물이다. 중국 절강성 고대 신석기 유적에서도 참깨가 발굴되는 것으로 보아 그 이전부터 재배해왔다는 것을 알 수 있다. 기록상으로는《상서尙書》에서 처음 확인할 수 있다. 한대의 농서인《범승지서氾勝之書》에도 참깨는 쌀과 보리와 함께 중요한 식용작물로 기록되어 있다. 한국은 통일신라시대 때부터 참깨를 재배한 기록이 있다.

참깨는 참깻과의 한해살이풀로 높이 1미터 정도며 가지를 치지 않는다. 줄기는 곧추서고 네모지며 잎과 더불어 부드러운 털이 빽빽하다. 잎은 마주나거나 윗부분에서 때로 어긋난다. 잎자루는 긴 타원형이고 가장자리가 밋밋하며, 밑부분에서 3개로 갈라지기도 한다. 잎자루 밑 부분에는 노란색 작은 돌기가 있다. 최근에는 줄기가 갈라지고 잎이 세 갈래로 갈라지는 품종을 재배하기도 한다.

꽃은 7~8월에 피며 흰색 바탕에 연한 자줏빛을 띤 채 윗부분의 잎겨드랑이에 달린다. 꽃받침은 5개로 깊게 갈라지고 꽃부리는 입술 모양이며 윗입술 꽃잎은 2개, 아랫입술 꽃잎은 3개로 얕게 갈라진다. 수술은 4개로 가운데 2개가 길고 2개는 짧다. 암술은 1개다. 열매 꼬투리는 원기둥형이며 끝이 뾰족하고 익으면 끝에서부터 갈라 터지면서 깨가 쏟아져 나온다. 작은 꼬투리에 지나치다 할 정도로 많은 씨가 가득 들어 있다. '신혼 재미에 깨가 쏟아진다'고 하는 것은 참깨만큼 고소한 재미가 많이 쏟아진다는 뜻이리라.

참깨는 쓰임새가 많은 유지작물이다. 먹을 때는 요리하는 방법이 중요한데, 미리 볶아서 갈아 놓으면 기름이 산화

되어 효과가 떨어진다. 먹을 때마다 조금씩 볶아서 바로 먹는 것이 가장 좋으며, 찧지 않고 먹으면 껍질이 두꺼워 소화되지 않고 그대로 배설된다. 씨를 살짝 볶아서 절구에 반쯤 찧으면 깨소금이 되는데 요리의 고소한 맛을 내기 위해 첨가하는 조미료로 쓴다. 씨에서 짠 기름은 참기름이라 하여 우리나라 사람들이 가장 좋아한다. 고사리, 숙주나물, 시금치, 묵나물 같은 것을 무칠 때 참기름을 쓴다. 참기름이 들어가지 않는 나물무침이 없을 정도로 다양하게 쓰인다. 기호에 따라 들기름을 쓸 때도 있지만 나물은 역시 참기름에 무쳐야 제맛이다. 참기름이니 참깨니 하는 말은 진짜 기름, 진짜 깨라는 것이다. 가장 값지고 맛깔스런 기름과 깨라는 뜻을 담은 게 아닐까.

참깨는 지방이 45~55퍼센트, 단백질이 36퍼센트나 들어 있으며, 비타민 B와 E도 많다. 가래떡이나 절편에 참기름을 발라 서로 달라붙지 않게 하고 떡, 엿, 과자 등에 넣어 먹는다. 김밥을 말아도 마지막에 참기름을 바르고 구운 고기도 참기름에 찍어 먹는다. 서양에서는 참기름을 다른 식용유와 섞어 샐러드유로 만든다. 인도에서는 무더울 때 피부에 바르는 화장유로 쓴다. 이외에도 점착제, 화장품 원료, 약용으로도 쓰인다.

지방이 많이 들어 있으므로 자양강장 효과가 있고 다른

생약과 배합하면 허약 체질, 병후 회복용으로 쓸 수 있다. 또 화상 부위에 바르면 세균 감염을 막을 수 있다. 따라서 상처의 외용 연고에 쓰인다. 인조 버터나 비누 원료로 사용 가능하며, 올리브기름 대신 공업용으로도 쓸 수 있다. 저온에서도 잘 굳지 않는 성질을 이용해 극지를 운항하는 선박 기관의 윤활유로 쓰인다. 값이 비싸긴 해도 타는 냄새가 좋아 등화유로도 이용된다. 참깨를 볶아서 참기름으로 짜고 남은 찌꺼기가 깻묵인데 가축의 사료, 고급 비료로 이용된다. 옛날 중국에서는 참깨를 태운 그을음을 이용해 최고급 먹을 만들기도 했다.

참깨는 작지만 효능이 뛰어난 편이다. 예로부터 불로장생 약으로 생각했다. 특히 검은깨는 흰머리를 검게 한다고 믿었다. 검은깨의 안토시아닌은 항산화 효과가 있어 노화 방지에 도움이 된다. 또한 참깨 속의 셀레늄과 세사미놀은 항암 효과가 있는 것으로 알려져 있다.

민간요법으로는 허리가 아플 때 참깨를 볶아서 가루를 낸 뒤 12그램씩 덜어 술, 미음, 생강 끓인 물, 꿀물 등과 함께 먹으면 좋다고 알려져 있다. 몸이 허약하면 땀을 많이 흘리게 되는데, 참기름 한 숟가락을 거품이 없어질 정도로 끓여서 식힌 다음 달걀 3개를 넣고 잘 섞는다. 하루 세 번에 나누어 끼니 전에 먹는다.

몸이 피로하면 불포화지방산이 풍부한 참깨를 약으로 쓰면 좋다. 불포화지방산은 혈관 벽에 붙은 콜레스테롤을 제거해 스트레스로 경직된 혈관에 생기를 북돋운다. 또 참깨 속에 들어 있는 비타민 B^1은 뇌세포를 활성화하는 기능도 한다. 참깨를 찌고 말려서 다시 볶은 다음 가루를 낸 뒤 꿀에 반죽해 환을 지어 먹을 수 있다.

《마누법전》에서는 참깨를 쿠사초와 함께 조령제 때 준비해야 하는 필수품으로 기록했다. 같은 책 제4장 〈관목자灌沐者의 규칙〉에는 참깨에 관한 내용이 들어 있어 눈길을 끈다.

> 베다의 내용을 알리는 일은 시주물을 올리는 일보다 낫다. 물과 음식, 암소, 토지, 의복, 참깨, 금, 우유를 올리는 것보다 좋은 일이다.

암소나 토지, 금과 같은 귀한 재물들을 예로 들면서 함께 참깨를 꼽았다. 그만큼 값지고 귀한 존재인 까닭이다. 이어서 재물이 사람의 심성을 더럽힐 수 있다고 경계하고 있다. 금과 음식은 수명을 단축시키고 토지와 암소는 육체를 망가뜨린다. 거친 의복은 피부를 긁히게 하고 우유를 많이 마시면 근력이 떨어지며 참깨는 자손의 버릇을 망친다.

✽ 참깨는 전국 각지에서 재배하는 중요 작물이다. 높이 1~2미터까지 자라며 꽃잎 끝이 얕게 갈라진다. 기본종은 흰색 꽃이 피지만 연한 분홍색 또는 자주색 꽃도 있다.

✽ 참깨는 우리나라에서 재배하는 대표적인 유지작물이다. 씨를 짠 기름은 요리의 맛을 내는 향신료로 쓴다. 어긋 달리는 잎 사이에서 종 모양의 꽃이 아래를 향해 핀다.

참깨에 맛을 들이면 맛있는 음식을 탐하게 되어 결국 가난하게 살 수밖에 없다고 경계하고 있다. 이외에도 불교 경전 여러 곳에 참깨가 나온다. 《자카타》에 이런 이야기가 있다.

가시국의 포타라시를 다스리는 앗사카 왕은 웃비리 왕비를 지극히 사랑했다. 제1왕비인 그녀의 용모는 빼어나게 아름다웠다. 어느 날 왕비가 갑자기 죽고 말았다. 왕은 왕비의 시신을 관에 넣고 참깨 깻묵을 가득 채워 침대 밑에 두었다. 왕은 그녀를 너무나 사랑했기에 식음도 전폐한 채 슬픔에 빠져 있었다.

참깨가 향기롭고 방부제 효과까지 있다는 것을 알았을 것이다. 〈올빼미의 전생 이야기〉에도 참깨가 나온다.

숲속 나라에서 올빼미가 새들의 왕으로 뽑히려고 했을 때 한 까마귀가 반대하고 나섰다.

"그가 왕이 된다면 우리는 뜨거운 철판 위에 던져진 참깨처럼 여기저기로 흩어질 것이요. 그를 왕으로 선출해서는 안 됩니다."

그 후부터 까마귀와 올빼미는 서로 원수처럼 지내게 되었다.

민족에 따라 참깨에 주술적인 의미를 부여하기도 했던

것 같다. 중동지역의 〈알리바바와 40인의 도둑〉 이야기에서는 주인공이 동굴의 닫힌 돌문을 열기 위해 "열려라 참깨!"라고 외쳤다. 동굴에 들어가기 위한 암호가 참깨였던 것이다.

《법화경》에는 참깨를 갖고 사기 행각을 벌이는 자를 경계하는 내용이 담겨 있다.

> 참깨를 볶아서 참기름을 짜 썩히면 벌레가 생긴다. 이 벌레와 함께 기름을 짜면 많은 양을 얻을 수 있지만 중죄에 해당한다. 이처럼 설법자의 말씀을 따르지 않는다면 아리수阿梨樹, 난향수蘭香樹 꽃처럼 머리가 일곱으로 갈라질 것이다.

내용을 보면 당시에도 가짜 참기름을 파는 사람이 있었다는 것을 알 수 있다.

《입능가경》 식육품에는 수행자가 먹는 음식 13종을 들고 있는데 그중에 쌀, 콩, 우유와 함께 참깨를 적고 있다. 참깨는 소금과 같은 것으로 아주 조금만 넣어도 완전히 달라지는 맛을 지녔기에 특별한 의미를 담고 있다. 참깨야말로 작지만 큰일을 하는, 없어서는 안 될 존재인 까닭이다. 작은 씨알이 큰 집단에 섞이면 더욱 큰 힘을 발휘하게 된다. 바로 참깨의 성정이야말로 수행자가 본받아야 할 표본이었다.

넓은 잎사귀에서 울리는 거문고 소리

파초

파초芭蕉는 그 싱그러운 잎에서 느끼는 정취가 좋아 옛 선비들이 즐겨 가꾸었던 관상식물이다. 예로부터 버드나무는 매미를 부르기 위해 심고 파초는 넓은 잎에 떨어지는 빗소리를 듣기 위해 심는다고 했다.

파초는 시인, 묵객들이 심고 가꾸었다. 잎이 넓고 키가 커 나무처럼 보인다. 원산지에서는 높이 5미터까지 자라고 우리나라에서도 3미터를 훌쩍 넘긴다. 잎의 길이만 해도 2~3미터에 이르고 옆으로 비스듬히 기울어져 비라도 오는 날이면 그 싱그러운 모습에서 남국의 정취가 물씬 느껴진다.

파초 줄기는 땅속에 들어 있고 짧은 마디가 많아서 큰 덩어리를 이룬다. 이러한 땅속줄기를 위경僞莖이라 하는데 가짜 줄기라는 뜻이다. 파초의 둥근 기둥처럼 보이는 것은 사실은 줄기가 아니고 잎 껍질인 엽초葉鞘가 여러 겹 감싸고 있기 때문에 단단한 줄기처럼 보이는 것이다. 다시 말하면 줄기를 감싸고 있는 잎의 아랫부분이라 할 수 있다.

←… 파초 *Musa basjoo Siebold & Zucc. ex* Iinuma
화단에 재배하는 관상식물이다. 원산지가 열대 아시아로 겨울에는 짚과 왕겨로 보온을 해주어야 얼어 죽지 않는다.

커튼처럼 너울거리는 잎사귀 사이에서 비스듬히 밑으로 늘어진 꽃줄기 끝에 연꽃 봉오리를 닮은 꽃봉오리가 달린다. 꽃싸개잎이 한 겹씩 벗겨지면서 노란 꽃이 피었다 지고 나면 열매인 바나나가 달린다. 파초는 생육기간이 긴 열대식물이다. 우리나라에서는 열매가 달렸다 해도 채 자라기 전에 서리가 내려 익지 않는다. 따라서 바나나를 얻기 위해서는 온실에서 재배해야 한다.

파초는 바나나Banana의 중국식 발음이다. 향초香蕉, 북초北蕉라고도 하며 좀처럼 꽃을 볼 수 없다고 하여 우운화優雲華라고도 부른다. 파초의 학명은 ***Musa basjoo***이다. 속명 ***Musa***는 로마의 아우구스투스 대제의 주치의 안토니오 무사Antonio Musa를 기념해 붙여준 이름이다. 무사가 약용식물을 분류하고 약효를 밝혀 수많은 환자를 치료한 공로를 인정했기 때문이다. 종소명인 ***basjoo***는 파초의 일본어 발음을 그대로 라틴어로 표기한 것이다. 파초는 네덜란드의 식물학자인 지볼트가 일본에서 전해진 표본을 가지고 명명한 까닭이다.

파초의 열매를 바나나라고 하는데 재배 역사가 긴 만큼 열대 과일의 대표격이라 할 만하다. 원산지가 동남아시아 열대지만 인도를 거쳐 아프리카로 전해졌고, 신대륙의 발견으로 중남미에도 전해져 널리 재배되고 있다. 우리나라에 언제 전해졌는지는 확실하지 않지만 대략 구한말 서양 선교사가 들어오면서 전해졌을 것으로 추정된다.

옥수수가 꽃이 피고 열매가 달리면 죽는 것과 같이 파초도 꽃이 피고 나면 그 줄기는 말라 죽고 옆에서 돋아난 새싹이 자라게 된다. 이 바나나는 전 세계에 100여 개 품종이 있다. 우리나라에서는 열매가 굵은 것과 작은 것 두 가지 정도가 있으나 원산지에는 껍질이 주황, 자주색인 것 등 여러 가지가 있다.

파초가 관상식물로 재배되기 시작한 것은 언제부터일까. 삼국시대 불경의 유입과 함께 문헌에 나타난 것을 접할 수 있지만 실제로 정원에서 재배한 것은 고려 때로 보고 있다. 열매인 바나나를 따기 위해 재배한 것은 1960년대 중반 제주도에 비닐 온실을 만들면서부터다. 그 뒤 감귤과 함께 제주의 특산물이 되는가 했더니, 1980년대에 열대 과일이 대량 수입되면서 지금은 사양 산업이 되고 말았다.

중국 문인 중에 장탄葬坦만큼 파초를 운치 있게 그린 작가도 흔치 않을 것이다. 그는 〈추등쇄억秋燈鎖憶〉에서 파초 잎에 연시를 쓰는 선비의 정취를 이렇게 그려냈다.

추부秋芙가 심은 파초는 벌써 잎이 자라 발치에 녹음을 드리워

주고 있다. 베개에 기대앉아 가을비가 잎을 두드리는 소리를 듣고 있자니 쓸쓸한 마음 금할 길 없다. 어느 날 장난삼아 파초 잎에 삼행시를 썼다.

누가 일부러 파초를 심었던가
아침에 쓸쓸한 비가 내리더니
저녁에도 쓸쓸한 비가 내리네

다음 날 파초 잎에 화답하는 시가 쓰여 있었다.

쓸쓸하게 애태우는 이여
파초를 심은 마음이
파초를 원망하옵니다

장탄이 아내 추부에게 전하는 시와 추부의 화답하는 시가 파초 잎에 쓰여 있다. 이 얼마나 운치 있는 연시인가. 더구나 그 시가 파초 잎에 쓰여 있으니.

소당小塘 이재관李在寬의 〈파초제시도芭蕉題詩圖〉에서도 선비의 한유를 엿볼 수 있다. 초엽제시蕉葉題詩는 중국 문인화에서 흔히 보는 소재다. 7세기 당대의 문인 회소懷素가 가난해 종이를 살 돈이 없어 파초 잎에 글씨를 썼다는 고사에서 유래한다. 이 그림은 선비가 한가한 여름 한때를 홀로 보내며 파초 잎에 시를 적는 장면이 잘 포착돼 있다. 파초는 보는 것만으로 시원함을 느끼게 하는 여름의 상징물이다.

파초는 넓고 크다는 이미지가 있지만 오히려 큰 것을 작게 축소해 보는 시각도 있다. 마르고 파리한 모습을 두고 넓은 파초 잎에 견주어 초췌蕉萃하다고 하지 않던가. 물론 여기서는 비바람에 찢어진 파초를 일컫는 말이지만. 파초 잎사귀 모양을 한 얕고 얇은 술잔 초엽蕉葉은 다루기는 조심스러워도 기막힌 운치가 있다. 꽃잎에 맺힌 이슬방울을 나뭇잎으로 모아 차를 우려내듯, 아주 귀한 술을 마실 때는 반드시 초엽을 쓴다. 아껴가면서 조금씩 마시기 위해서다.

17세기 중국의 문장가 장조張潮는 그의 《유몽영幽夢影》에서 다음과 같이 말했다.

> 꽃을 심는 것은 나비를 부르기 위해서고, 바위를 쌓는 것은 (정원에) 구름을 불러들이기 위해서다. 소나무를 심는 것은 산뢰山籟를 부르는 데 도움이 되고, 물을 고이게 하는 것은 개구리밥靑萍이 자라는 데 도움이 되며, 노대露臺를 만드는 것은 달을 담기 위해서다. 또 파초를 심는 것은 빗소리를 듣기 위해서이고 버드나무를 심는 것은 매미 소리를 듣기 위해서다.

현대인은 아파트 녹지에서 우는 매미 소리가 듣기 싫다

고 버드나무를 베어버린다. 그들의 삭막한 마음이 어찌 파초의 운치를 느낄 수 있겠는가. 옛 선비들은 빗소리를 듣기 위해 일부러 마당에 파초를 심었을 정도였다. 파초 잎에 후드득 떨어지는 빗소리가 거문고 현을 울리는 청아한 음향과 같다고 했으니 얼마나 운치 있는가.

선시禪詩에서는 파초 잎을 두드리는 빗소리를 목탁 소리라 했다. 그 스님은 파초를 통해 깨달음을 얻었으리라. 불교에서는 여러 문양이나 탱화 등에 파초를 많이 그린다. 우리나라 사찰에서는 산신각에서 찾아볼 수 있다. 도교의 신선사상과 토착 신앙의 대상인 산신이 불교에 유입해 신으로 형상화한 탱화를 산신각 또는 칠성각에 모시게 되었다. 대개 산신은 흰 수염에 대머리고 긴 눈썹을 휘날리는 노인이 호랑이나 사슴을 거느린 모습으로 표현된다. 손에는 파초잎 모양의 파초선이나 불로초 등을 들고 있다. 주로 봉래, 영주, 방장산 등 삼신산이 배경이다.

《서유기西遊記》에서는 삼장법사三臟法師가 손오공과 사오정, 저팔계를 데리고 불경을 구하러 인도에 간다. 도중에 불이 붙은 화염산火焰山에 가로막히자 철선공주에게 세 번에 걸쳐 파초선을 빌린다. 그 파초선으로 불을 끄고 비까지 내리게 하여 무사히 화염산을 지났다. 이처럼 파초는 그 넓은 잎의 모습에서 시원한 기분을 느낄 수 있었으므로 파초가 부채의 대명사처럼 취급되곤 했다.

파초는 불경 여러 곳에서 읽을 수 있다. 산스크리트어로 파초를 카달리Kadali라 한다. 발리어 모카Moca는 바나나의 원래 이름이다. 불교 경전에서는 '오음五陰은 파초 줄기와 같다'고 설명했다. 벗겨도 벗겨도 본질적인 것이 없고 끝내 아무것도 남지 않는다는 뜻이다. 오음이란 나를 구성하는 육신적 요소인 몸色과 정신적 요소인 수受, 표상 작용인 상想, 의지 작용인 행行, 인식 작용인 식識 이렇게 다섯 가지를 말한다.

《대집경大集經》에서는 오음을 이렇게 설명하고 있다.

> 오음은 물방울과 같고 물거품이며, 열기와 같고, 불꽃, 파초, 환상과 같은 것이며, 꿈과 같으니…… 내게도 없고 영혼이나 중생, 남에게도 없다는 것을 알아야 한다.

이렇듯 파초의 껍질은 아무리 벗겨내도 끝내 아무것도 남지 않아 불완전한 인간에 비유한다. 또한 《금강경金剛經》에서도 "나와 남, 중생, 명命의 사상四相에 집착하지 말라"고 했다. 그리고 《보행왕정론寶行王正論》에서도 이렇게 말했다.

> 파초를 갈가리 찢어놓으면 아무것도 아닌 것처럼 사람 역시 여섯 가지 요소, 즉 눈眼, 귀耳, 코鼻, 혀舌, 몸身, 의意를 서로 갈라놓

으면 아무것도 아니다.

《미란타왕문경彌蘭陀王問經》에서는 자신의 잘못이 쌓이면 파초처럼 스스로 멸망에 이른다고 경고하고 있다. "파초, 대나무, 암노새가 자신의 새끼에게 짓눌려 죽는 것과 같이 옳지 못한 행동을 하면 스스로 파멸의 구렁텅이로 떨어지고 만다"라고 했다. 이와 비슷한 이야기는 《출요경出曜經》에도 나온다. "파초는 열매를 맺으면 죽는다. 대나무와 갈대도 또한 같다. 노새는 새끼를 배면 죽고 선비는 가난하기에 자신의 양심을 잃어버리게 된다."

일본의 문호 나쓰메 소세키夏目漱石는 경전 구절을 인용해 소설 《도초道草(국명 한눈팔기)》에서 이렇게 적었다.

> 파초에 바나나가 달리면 이듬해 말라 죽는다. 대나무도 꽃이 피면 죽고 만다. 동물도 짝짓기를 하지만 새끼를 낳고 죽는 놈도 있다. 인간도 방탕하고 교만한 동물이어서 이러한 법칙에 따라 살아갈 뿐이다.

현장玄奘의 《대당서역기大唐西域記》에는 영양식으로 우유에 바나나를 갈아 넣은 음료가 나온다. 오늘날에도 어머니들이 아기 이유식으로 바나나즙을 먹이듯 예로부터 바나나가

❀ 파초는 연두색 꽃싸개가 하나씩 벗겨지면서 매일 한 줄씩 새로운 꽃이 핀다.

바나나 *Musa x paradisiaca* L.

열대지방에서 자라는 다년초로 여러 겹의 엽초가 겹겹이 감싸 굵은 줄기를 이룬다. 열매가 달린 줄기는 시든다. 바나나의 꽃은 자주색으로 핀다.

영양가가 높다는 것을 잘 알고 있었던 것 같다.

당나라 때 백제승 혜청慧淸은 위앙종潙仰宗을 창설한 앙산仰山선사의 법손이 되었다. 그리하여 천하에 법력을 널리 떨쳤다. 그는 일찍이 당으로 건너가 파초산芭蕉山의 깊은 골짜기 암자에서 수많은 파초를 심고 가꾸면서 지냈으므로 사람들이 '파초 화상'이라 불렀다.

중국에서 파초는 관상식물로 널리 가꾸고 있지만 인도에서는 신성한 상징물로 여긴다. 힌두교도들이 결혼식장 입구에 바나나 줄기를 세운다거나 바나나 잎을 요리 접시로 쓰는 것은 전염병을 막고 벽사의 힘을 믿기 때문이다. 또 파초 줄기는 감촉이 부드럽고 시원하기 때문에 인도 고전문학에서는 파초를 여성의 아름다운 몸매에 비유하기도 한다. 마치 중국에서 버드나무를 가느다란 여성의 몸매에 비유하는 것과 같다.

파초는 버릴 것이 하나도 없는 유용한 자원식물이다. 잎을 삭혀 섬유질을 뽑아내고 이것으로 파초포芭蕉布를 짜면 매우 질기다. 또 잎과 줄기에서 뽑은 섬유로 종이를 만들기도 한다. 파초의 속껍질을 벗겨낸 고갱이는 부드럽기도 하려니와 달착지근해 고급 요리에 쓰인다. 또 파초 꽃봉오리도 요리에 쓸 수 있다. 파초꽃은 꽃싸개가 손바닥처럼 넓고 작은 바가지처럼 물이 고인다. 길쭉한 꽃들이 20~30송이씩 돌려나기로 붙는데, 한 송이의 작은 꽃에는 하나의 암술과 수많은 수술이 있다. 작은 꽃을 감싸고 있는 속꽃싸개는 긴 타원형이고 여기에 달콤한 꿀이 고인다. 파초는 많은 꿀을 얻을 수 있는 밀원식물이기도 하다.

앞서 언급했듯 바나나는 100여 종 이상의 품종이 있다. 껍질은 흰색부터 노랑, 주황, 짙은 보라색까지 다양하다. 맛에도 많은 차이가 있는데 날로 먹는 것이 있는가 하면 찌거나 불에 구워 먹는 품종도 있다. 바나나는 가공해 주스, 잼, 과자 등 식품의 재료로 널리 쓰인다.

잎은 그늘에서 말려 약으로 쓴다. 맛이 달고 차며 이뇨, 해독 성분이 있다. 따라서 열을 내리고 갈증을 없애며 황달을 다스린다. 부기를 가라앉히고 각기와 종기에도 잘 듣는 것으로 알려져 있다. 민간요법으로는 열이 있을 때 파초 뿌리 30그램에 물 200밀리리터를 부어 반이 될 때까지 달인 것을 1회 분량으로 마시면 효과가 크다고 했다. 파초의 뿌리 또한 이뇨제로 쓰기도 하고, 신장병에도 뛰어난 효과가 있다.

파초 잎이 어느 때보다 싱그러운 계절이다. 저 넓은 잎에 비라도 내린다면 그윽한 거문고 소리를 들을 수 있으련만.

종이처럼 가볍고 무쇠처럼 단단한 지팡이

명아주

요즘 망초, 개망초 같은 신 귀화식물이 판을 친다. 야산의 묵은 경작지나 빈집의 안마당, 도시의 공터, 마을 어귀 어디든지 땅을 가리지 않고 터를 잡아 자란다. 그러나 원래 집이 폐허가 되면 제일 먼저와 자리 잡는 것이 명아주다.

봄철 마른 풀뿐인 듯싶은 산언덕이지만 여름이 되면 1~2미터 가까이 자란 명아주가 뒤덮고 있는 것을 자주 본다. 1984년 여름, 강원도 영월 방랑 시인 김삿갓 묘를 찾아 나섰다. 돌보는 이 없어 이리저리 쓸려 나가고 어린애 봉분만 하게 남은 묘를 키 큰 명아주가 뒤덮고 있었다. 그것도 모르고 넓은 산을 이 잡듯 뒤진 기억이 있다.

명아주는 전 세계에 약 1,400종이나 분포돼 있다. 원산지가 인도와 중국 남부 아열대 지방으로 알려져 있다. 우리나라에 들어온 것은 언제인지 분명치 않으나 아마 수백 년 전에 이미 귀화식물로 정착했을 것으로 보고 있다.

←… 명아주 *Chenopodium album var.* centrorubrum Makino

마을 근처의 공터에서 자라는 일년초다. 영양이 좋은 곳에서는 줄기가 3미터까지 자란다. 줄기를 잘 말려 지팡이를 만든다.

명아주 싹은 맛 좋은 나물이다.

잎의 밑부분이 크게 세 갈래로 갈라진 청명아주, 잎이 삼각형인 참명아주, 고갱이가 하얀 흰명아주, 바닷가 모래땅에서 자라는 버들명아주, 취명아주, 좀명아주, 얇은명아주가 있다. 모두가 맛에는 별다름이 없고 요리법도 같다. 어린싹을 따서 나물이나 국거리로 했다. 잎이 부드러워 옛날부터 선조들이 좋아했던 먹을거리였다. 또 근대, 시금치와 사촌 간이라 할 수 있다. 시금치가 들어가는 요리면 어떤 것이건 대신 쓸 수 있다. 김밥에 넣어 말거나 아욱죽을 쑤듯 죽을 쑤어 먹어도 맛이 좋다. 싱싱한 날것으로 샐러드를 하면 풍미가 있고 생즙을 만들어 매일 아침 마시면 과일주스 대용으로 할 수 있다.

5~6월께 20~30센티미터가량 돋아난 것이 싱싱하고 맛도 좋다. 큰 줄기는 부드러운 순만 따 끓는 물에 데쳐낸다. 양념에 무치거나 초고추장에 찍어 먹는다. 또 멸치를 넣은 명아줏국을 끓이거나 다른 나물과 함께 비빔밥 등을 한다. 데쳤다가 말려놓으면 겨울에 먹을 수도 있다. 묵나물로 한 것은 쫄깃하면서도 매끄러워 겨울 밑반찬으로 최고로 쳤다.

성현成俔의 《용재총화慵齋叢話》에는 명아줏국 이야기가 나온다. 어느 장님이 친구에게 과부를 소개해 달라고 졸랐다. 친구는 장님의 아내와 짜고 과부를 만나는 것처럼 했다. 드디어 동침하게 된 날 아내의 등을 두드리며, "이렇게 좋은 사

취명아주 *Chenopodium glaucum* L.

밑에서부터 많은 줄기가 갈라진다. 잎은 삼각형을 띤 타원형이며 작은 편이다.

람과 만나다니 음식에 비유한다면 자네는 곰의 발바닥이나 표범의 태에 가까운 맛이고, 집사람은 명아줏국에 겨밥과 같은 맛이야"라고 했다. 새벽에 돌아온 장님은 영문도 모르고 자기 아내에게 바가지를 긁는 소리를 들었다는 이야기다. 이 일화에서 당시에는 일반 가정에서 명아줏국을 늘 먹었다는 것을 알 수 있다.

명아주는 선비들에게는 검소한 삶과 청렴함의 대명사로 표현되고 서민들에게는 가난의 상징처럼 쓰였다. 이규보는 그의 글에서, "소를 잡아 큰 제사를 모시는 부호도 처음에는 명아줏국을 먹으며 재산을 모았고 천 리를 가는 것도 문 앞에서부터 출발하니 모두가 그 차례를 따라 점차 나아간다"고 적었다.

석북石北 신광수申光洙의 〈긴 여름날長夏〉이라는 시에도 명아주가 나온다.

뽕나무, 삼 찌는 연기 속에 명아주 삶는 곳
느티, 버들 바람 맞으며 보리타작 한 마당
桑麻烟起蒸藜處 槐柳風來打麥場

뽕나무 껍질을 벗기기 위해 큰 가마솥을 걸고 불을 지핀다. 그 옆에는 삼 찌는 솥도 있다. 또 농가의 마당에서는 보리타작이 한창이다. 푹푹 찌는 더위 속에 명아주 나물을 데친다. 아마 미나리, 콩나물을 섞어 비빔밥을 하려는지도 모른다. 이처럼 명아주는 당시 서민들이 즐겨 먹었던 맛있는 나물이었다.

《한서漢書》에는 "한 노인이 지팡이 감으로 쓰기 위해 명아주를 심었다有老人 黃依植青藜杖韋帶"라는 표현이 있다. 또 자하紫霞 신위申緯는 그의 시에서 다음과 같이 썼다.

> 표연히 들길을 가던 늙은이 명아주 지팡이 짚고
> 냇가 다리 위에서 잠시 무엇을 생각하는가
> 飄然野老一藜杖 小立溪橋何所思

지팡이는 예나 지금이나 명아주를 최고로 쳤던 것 같다. 명아주는 일년초지만 잘 자라면 키가 2미터를 넘는 것이 보통이고 줄기 지름이 3센티미터나 되는 것도 있다. 겨울에 마른 줄기를 뽑아 옻칠해 지팡이로 하면 종이처럼 가볍고도 쇠처럼 단단한 청려장青藜杖이 된다. 명아주 지팡이를 짚고 다니면 중풍에 걸리지 않는다고 하여 매우 귀하게 여겼다. 제24회 서울 올림픽 때는 외국 선수단을 위해 100개의 청려장을 만들어 올림픽 조직위원회에 기증한 노인도 있었다.

명아주 잎과 줄기를 말렸다가 뭉근히 달여 식후에 계속 복용하면 동맥경화뿐 아니라 고혈압, 인후통, 설사, 강장 등에 효험이 있다는 것이 임상실험으로 밝혀졌다. 칼슘과 비타민, 무기질, 아미노산을 풍부하게 함유하고 있다. 민간요법에는 종기에 명아주 말린 줄기를 태운 재를 다시마 가루와 섞고 밀가루로 반죽해 붙였다. 치통에는 태운 재를 환부에 대고 물고 있으면 통증이 가신다고 했다. 또 독충에 물렸을 때 잎을 짓찧어 붙이고 목이 부었을 때는 생즙을 내 자주 목을 가시면 낫는다 했다. 한방에서는 줄기 말린 것을 여藜 또는 회채灰菜라 하여 치질, 손발이 마비될 때 쓴다.

인쇄술을 향상시킨 자원식물

상사화

잎과 꽃이 한평생 만나질 못한다. 언제나 그리워하면서 홀로 지낸다고 하여 상사화相思花라 했다. 잎이 말라 죽은 뒤에야 꽃대가 올라와 꽃이 핀다. 꽃이 피긴 하지만 열매를 맺지 못한다. 이별초離別草, 석산石蒜, 환금화換錦花라 부르기도, 홀로 살아야 하는 스님들의 신세라 해 중무릇 또는 중꽃이라고도 한다. 개난초라고도 부른다.

이른 봄 가장 일찍 언 땅을 녹이며 노란 싹이 돋아난다. 그 싹이 무성히 자라다 6월이면 갑자기 시들어 죽는다. 싹이 났던 자리는 언제 무슨 일이 있었냐는 듯 흔적도 없다가 서늘한 바람이 부는 9월이면 꽃대가 솟아오른다. 60센티미터가량 자라면 끝에 연보라색 꽃이 5~8개씩 뭉쳐서 핀다.

큰 절의 군데군데 넓은 공터, 그늘진 곳에 무리지어 핀 상사화 군락을 보면 10년 묵은 체증이 가시는 듯 현란하지만 어딘지 모르게 애잔함을 떨치지 못한다. 절에 많이 심은 것이 중

←… 상사화 *Lycoris squamigera* Maxim.
잎이 없는 늦여름에 꽃줄기가 길게 자라며 그 끝에서 연한 자주색 꽃이 핀다. 잎과 꽃이 만나지 못하고 늘 그리워한다고 하여 상사화라는 이름이 붙었다.

꽃이기 때문도 아니고, 정원을 가꾸기 위한 관상용도 아니다. 실은 상사화 비늘줄기에서 전분을 뽑기 위해서다. 전분을 만들고 이것으로 풀을 쑤어 귀중한 서화류를 배접하는 데 썼다.

예부터 제지 기술과 함께 인쇄술, 표구술表具術이 발달한 곳이 사찰이다. 각종 탱화나 불경, 고승들의 영정을 제작하는 데 상사화는 없어서는 안 될 귀중한 영물이다. 상사화 전분 풀로 표구하면 좀이 슬지 않아 수천 년을 보관할 수 있다. 이렇듯 한 포기의 풀이 문화재 계승에 큰 힘을 발휘했지만 지금은 그 기술이 편리한 화공약품에 밀려 사라져버렸다. 비늘줄기에서 뽑은 전분은 제조 과정에서 물에 많이 우려냈기 때문에 이미 독성이 없어져 이 전분으로 국수나 수제비, 떡, 전을 부쳐 먹었다. 구황식물의 역할도 한 것이었다.

잎이 쓰러져 말라갈 때쯤 비늘줄기를 캐서 잘게 썰어 약재로 쓴다. 독성이 강한 편이며 해열 작용이 있는 것으로 알려졌다. 개를 통한 동물실험 결과 몸무게 1킬로그램당 1.5마이크로그램을 피하주사했을 때 심한 구토를 했으며, 1킬로그램당 0.7마이크로그램을 먹였을 때도 구토가 심했다.

상사화 비늘줄기의 리코린 성분은 기관지 점막의 분비기능 활성화로 거담 작용을 촉진시킨다. 말초혈관을 확장해

열을 내리게 한다. 따라서 급성기관지염, 기관지천식, 기관지확장증, 폐결핵, 심장병 치료에 쓴다. 또 알칼로이드 성분은 항암효과가 높아 최근 중국 의학원에서 암치료제를 개발해냈고, 또 다른 치료제 개발을 서두르고 있다. 잎이나 비늘줄기를 짓찧어 젖앓이에 붙이거나 근육통에 마사지하면 곧 낫는다. 그러나 상사화에 중독되면 처음에는 구토하다가 심하면 중추신경이 마비되니 조심히 사용해야 한다.

같은 리코리스속 식물 중에 붉은 꽃이 피는 석산이 있다. 보통 연한 자주색으로 피는 상사화나 노란색의 개상사화, 주황색 백양꽃, 희뿌연색 흰상사화 따위는 봄에 잎이 돋아나 여름이면 시들고 초가을에 꽃대가 솟아오르는 다년초다. 그러나 석산은 꽃이 진 뒤 11월 잎이 돋아나 상록으로 겨울을 나고 이듬해 6월이면 잎이 시든다. 그리고 초가을에 꽃대가 올라와 새빨간 꽃이 핀다.

산스크리트어, 그리고 발리어로 석산을 만주사카Manjusaka라 하는데, 한자 경전에서는 음사해 만수사화曼殊沙華라 한다. 《법화경》 서품에서는 만수사화를 이렇게 설명했다.

> 그때 부처님은 사대부 중에 둘러싸여 공양을 받으시고 여러 보살들을 위해 무량법과 보살행을 설법하셨다. 부처님은 결가부좌해 무량삼매에 들어가 심신을 동하지 않고 가라앉히셨다. 그

백양꽃 *Lycoris sanguinea* var. koreana (Nakai) T. Koyama

백양산에서 자라는 다년초로 주황색 꽃이 핀다. 상사화는 종류가 많다. 열대 아시아와 온대에 널리 분포한다.

연노랑상사화 *Lycoris chinensis* Traub.

선명한 노란 꽃이 핀다. 상사화 무리는 씨를 잘 맺지 못해 비늘줄기를 나누어 번식시킨다.

때 하늘에서 만다라화, 마하만다라화, 만수사화, 마하만수사화가 비처럼 부처님과 대중들의 머리 위로 쏟아졌다.

이들 네 가지 꽃을 사종천화四種天花라 한다. 여기에 연꽃을 더하면 불교의 오대화五大花가 된다. 만다라화는《법화경》의 여러 품品과,《대반열반경大般涅槃經》,《과거현재인과경過去現在因果經》,《장아함경長阿含經》,《기세경起世經》,《잡아함경雜阿含經》,《대보적경大寶積經》,《관세음보살수기경觀世音菩薩授記經》,《아육왕경阿育王經》등 수많은 경전 속에 등장한다.

《대반열반경》에서는 "하늘나라의 만다라화 꽃들이 허공에서 떨어져서 여래께 예배를 올리기 위해서~"라고 적었고《불설아미타경佛說阿彌陀經》에서는 "밤낮으로 천상의 만다라 꽃비가 내린다"고 했다. 수많은 경전 속에 등장하는 만다라화는 그 꽃을 본 사람들이 기적처럼 여기고 환희하는 꽃의 대명사다. 부처님의 생애와 활동을 찬양한다는 뜻을 담고 있는 전기인《불소행찬佛所行讚》에서도 과거 칠불을 섬기고 존경했던 용왕들이 이 꽃비를 내리는 일을 했다고 전한다.

많은 경전 속에서 기적이나 감동적이고 경이로운 사건이 일어나는 순간마다 꽃비처럼 쏟아져 내린다고 묘사하고 있는 만다라화는 일명 '파리질다수波利質多樹'라고 하며 학명은 *Erythrina indica*이고 산스크리트어로 Mandara라고 부르는 식물이다. 영어명으로는 Indian Coral Tree, Mandara, Sunshine Tree 등으로 부른다. 중국에서는 꽃이 상앗빛이라 하여 상아화象牙花라고도 한다. 어떻게 생긴 꽃이기에 꽃비가 내린다고 표현했을까? 이 꽃나무의 키는 15미터 정도로 잎이 진 후 줄기 끝에서 많은 양의 꽃이 피는데 나무와 가지에는 가시가 있다. 잎이 다 떨어진 커다란 나무에 가득 핀 꽃들은 비가 되어 쏟아질 듯 장관을 이루었을 것이다.

그러나 많은 수의 경전 속 식물이 그러하듯이 우리나라에서 흔히 볼 수 있는 식물은 아니며, 국내의 몇몇 온실 속에서 드물게 발견할 수 있다. 반면 인도에서는 짧은 겨울이 끝나고 나면 봄을 알리듯 제일 먼저 피는 꽃 중의 하나가 이 만다라화다.

이 나무의 식물학적인 성질을 살펴보자. 나무는 관상용으로도 아주 뛰어난 가치가 있으며 생장이 빠른 소위 속성수다. 따라서 목재가 단단하거나 치밀하지는 않으나 가볍고 세공이 쉬워 목조 세공용으로 많이 쓰인다.

특히 이 나무는 약성이 뛰어난 식물이어서 관심을 끌고 있다. 모르핀보다 진통 효과가 오래 지속된다는 연구 결과도 있어 향후 진통제로서의 개발 여부에도 관심을 모으는 식물이다. 꽃이 여름에 이르기까지 여러 달 피어 있기 때문에 동남아에서는 불멸의 상징으로 인식되는데, 이 식물과 유사한 종류인 황금목(정명 닭벼슬나무)은 우루과이의 국화로도 잘 알려져 있다.

한편, 서양에서 이 나무는 발음이 비슷하다는 이유로 예로부터 독초로 유명한 만드라고라와 혼동하는 일도 있다고 한다. 그러나 만다라화가 콩과 식물인데 반해 이 식물은 가짓과 식물로 학명은 *'Atropa mandragora'*이고 영어명은 맨드레이크다. 지중해와 레반트 지방이 원산지인 허브의 한 종류로 우울증, 불안증, 불면증 등에 효과가 있다. 예전에는 수술용 마취제로도 쓰이기도 했다. 흥미롭게도, 이 식물은 조앤 K. 롤링이 쓴 세계적으로 유명한 판타지소설《해리 포터》시리즈에도 나온다.

길섶에서 날아오른 호랑나비

범부채

여름에 피는 우리 꽃으로 범부채만큼 아름다운 꽃도 많지 않다. 합죽선合竹扇처럼 시원하게 펼친 초록색 잎. 주황색 꽃잎에 있는 검붉은 점이 표범 가죽처럼 보인다. 그래서 범부채라는 이름이 붙었나 보다.

꽃 모양이 나비처럼 보인다고 하여 나비꽃, 호접화蝴蝶花, 산포선山蒲扇이라고도 한다. 우리 속담에 '범부채 자라는 곳에는 사마귀가 없다'라는 말이 있다. 꽃이 너무 예뻐서 사마귀가 숨을 만한 공간이 없다는 말이리라. 범부채는 확실히 아름답다. 화려한 꽃은 아니지만 그렇다고 초라한 꽃도 아니다. 잎과 조금은 작은 듯한 꽃이 상당히 매력적이다. 매일 한두 송이의 꽃이 핀 그날로 시들고 다음 날 다른 꽃이 핀다.

범부채는 길가나 밭둑, 냇가 어디든지 자라는 흔한 식물이었다. 그러나 옛날부터 약재로 써온 까닭에 계속 캐기만 했지 누구 하나 심는 사람은 없었다. 그러다 보니 어느새 전국의 자생지에서 여간해서 볼 수 없는 희귀식물이 돼버렸다. 게다가

←… 범부채 *Belamcanda chinensis* (L.) DC.
전국 각지의 풀밭에서 자라는 다년초다. 꽃이 아름다워 정원에 심으며 뿌리를 약으로 쓴다.

꽃이 아름다워 일부 조경업자들이 산지의 자생종을 마구 캐다 심는 바람에 빠르게 사라져가고 있다.

들꽃은 돌보는 이 없어도 스스로 나서 자란다. 우리나라의 산이나 들에 저절로 자라며 번식하는 식물을 자생식물이라 말한다. 따라서 풀과 나무를 포함한 모든 자생식물의 종류는 대단히 많다. 여기서는 사람이 심거나 가꾼 것은 제외된다. 다만 처음에는 인공적으로 심은 것이라 해도 저절로 씨가 떨어져 자라고 스스로 번식하면 자생식물에 넣을 수도 있다.

우리나라는 남북으로 길게 늘어선 까닭에 식물 종이 다양한 편이다. 남쪽의 한라산을 중심으로 한 난대성 상록활엽수림과 중부지방의 온대림, 그리고 북쪽의 아한대림까지 분포한다. 단위 면적당 식물 종이 매우 많은 편이다. 게다가 한라산 정상 부근과 백두산에는 고산식물까지 있으니, 한반도는 갖가지 희귀식물이 자라는 생태계의 보고인 셈이다.

범부채는 여름꽃이다. 여름꽃은 대체로 키가 크다. 한여름이 되면 풀들 중에는 키가 부쩍 자라 1미터가 넘는 것도 있다. 승마, 꿩의다리, 물봉선화, 쥐오줌풀 따위는 여름 숲을 장식하는 대표적인 들꽃들이다. 봄에 피는 꽃들이 대부분 키가 작은 데 비해 여름꽃은 줄기가 자라고 그 끝에서 꽃이 피기 때문에 키가 크다. 또 여름에 피는 꽃들은 흰색이 많다. 승마, 터리풀, 초롱꽃, 범꼬리, 어수리, 궁궁이, 산꿩의다리 같은 꽃들은 대부분 흰색이다.

그에 비해 잔대, 용담, 향유, 도라지, 투구꽃, 배초향, 오리방풀, 쑥부쟁이, 벌개미취 같은 가을꽃들은 보라색으로 핀다. 봄에 피는 풀꽃들 중에 노란색이 많고, 여름에는 흰색 꽃이 많이 핀다지만 모두 그렇다는 것은 아니다. 물론 가을이라고 노란색과 흰색, 붉은색이 없다는 말은 더욱 아니다.

여름꽃은 키가 크기 때문에 쉽게 눈에 띈다. 자라는 기간이 그만큼 길기 때문이다. 키가 크면 날아다니는 곤충을 쉽게 불러들일 수 있다는 장점이 있다. 그러나 바람에 쓰러지기 쉽다. 그만큼 위험 부담이 있지만 여름꽃들은 태풍에 쓰러질 것을 감수하며 무더운 계절을 고집한다.

또 한 가지 특징이라면 여름에 꽃이 피는 식물은 어두운 그늘에서 잘 자란다는 사실이다. 봄꽃이나 가을꽃에 비해 어두운 그늘에서 자라는 식물이 많으므로, 꽃가루를 옮기는 곤충 또한 그늘에서 생활하는 종류거나 야행성인 경우가 많다. 그러므로 어두운 곳에서도 쉽게 눈에 띌 수 있도록 밝은색이거나 꽃이 커야 한다. 꽃이 크면 바람에 꺾일 수 있다. 그래서 여름꽃들은 작은 꽃들을 많이 붙여 바람은 피하면서도 꽃이 크게 보이도록 우산 꽃차례傘形花序를 하거나 두상화서頭狀

※ 범부채 꽃잎에는 짙은 자주색의 점이 무수히 많다. 표범 가죽 같다고 하여 범부채라는 이름을 얻었다.

※ 꼬투리는 3개의 방으로 이루어져 있고 그 속에 까만 씨가 많이 들어 있다.

花序를 하고 있다.

자잘한 꽃들이 오래 계속해서 핀다는 것은 개화기간이 길다는 뜻이다. 여름 장마 무렵에 꽃이 피면 곤충들이 활동 제한을 받기 때문에 꽃가루받이가 어렵다. 잠깐씩 날이 개는 틈을 이용해 꽃가루받이를 해야 하기 때문에 꽃 피는 기간을 길게 한 것이다. 또 짙은 향기까지 있어 향기로운 꿀이 가득하다는 뜻을 더욱 멀리 전한다.

그래서 한두 송이씩 꽃이 피기보다 작은 꽃을 모아 꽃밭처럼 보이게 하는 것이 효과적이다. 나무도 마찬가지로 밤나무나 층층나무, 쉬땅나무, 피나무 등은 자잘한 꽃을 수없이 많이 피워 그 가운데 한두 개만이라도 수정이 되도록 한다. 여름에 꽃 피는 큰까치수염도 수많은 꽃을 피워 꽃다발처럼 보이게 한다. 한 포기의 큰까치수염도 수백 송이의 꽃을 피우고 한 줄기의 터리풀에서 수백 또는 수천 송이의 작은 꽃이 피는 것도 이 때문이다.

범부채의 씨는 새까맣고 반짝반짝 빛이 난다. 너무 단단해 이로 깨물어도 잘 깨어지지 않는다. 시골 어린이들은 범부채 씨에 구멍을 뚫고 실로 꿰어 목걸이를 만든다. 스님들은 까만 씨를 꿴 범부채 염주를 만든다. 이 목걸이를 목에 걸고 다니면 호랑이 같은 맹수가 달려들지 않는다고 믿었다.

이파리 아래쪽을 뜯어내 공기를 들이마시듯 세게 빨면 '삐~' 하는 소리가 난다. 어린이들의 좋은 장난감이다. 그러나 독성이 있어 입술에 두드러기가 나고 몹시 가려운 증세가 올 수 있으므로 주의해야 한다.

땅속줄기가 땅 위를 얕게 기면서 자란다. 이것을 캐서 그늘에서 말린 것을 사간射干이라 하여 약재로 쓴다. 독성이 있고 특이한 향기가 있다. 혀에 대고 맛을 보면 탁 쏘는 듯한 매운맛이 있다.

《본초학本草學》에서는 "열을 내리고 가래를 삭여주며, 통경과 목병에 쓰고 입 냄새를 없앤다"고 했다. 한방에서는 염증 치료제, 기침약, 인후가 붓거나 아플 때, 편도선염 등에 쓴다. 독성이 그리 강한 편은 아니지만 많이 먹으면 매우 위험하다. 목이 붓거나 아플 때 말린 뿌리를 조금씩 떼어 입에 넣고 침으로 녹여 삼키면 좋은 효과를 본다.

민간요법으로 뿌리를 캐 달여서 해열제, 이뇨제, 허리가 아플 때나 류머티즘, 위염, 치통, 상처 치료제로 쓴다. 독충에 물렸거나 뱀에 물렸을 때는 뿌리를 짓찧어 환부에 붙인다.

독성이 있는 풀이지만 예로부터 봄에 돋아나는 싹을 나물로 했다. 어린싹을 뜯어 끓는 물에 데쳤다가 찬물에 오래도록 담가 독을 빼고 나물로 했다. 독이 얼마나 있는지 알 수 없기에 나물로 하는 것은 위험하므로 먹지 않는 것이 좋다.

씨를 심어도 잘 발아하므로 대량 재배해 꽃은 절화용으로 시장에 내고 뿌리는 약재로 하면 좋을 것이다.

우리나라를 비롯해 중국, 일본, 러시아, 인도에 걸쳐 자라고 북아메리카에 귀화해 살아가며 널리 그 용모를 뽐내고 있다.

영토를 지키는 초원의 파수꾼

영경퀴

햇빛이 따가운 벌판에 새빨간 엉겅퀴꽃이 간들간들 손짓한다. 꽃이 아름다워 불쑥 손이 가다가도 톱날 같은 잎과 가시가 있어 멈칫거린다. 그래서 들판의 붉은 꽃, 야홍화野紅花라 이름 붙었는지 모른다. 항강새, 엉구코, 엉거시라고도 부르는 다년초다. 고려엉겅퀴, 큰엉겅퀴, 지느러미엉겅퀴 등 종류도 다양하다. 특히 지느러미엉겅퀴는 잎 지름이 20~30센티미터나 된다. 서리가 내릴 때까지 푸른 잎을 유지한 채 지면에 붙어 있다. 그 위에 낙엽이 쌓이면 그 보온력으로 겨울을 난다.

13세기 스코틀랜드에 바이킹이 쳐들어왔다. 칠흑 같은 밤에 바이킹 병사가 성 안으로 넘어갔다. 주위는 온통 엉겅퀴밭이었는데 그만 가시에 찔리고 말았다. '악' 비명을 듣고 깨어난 스코틀랜드 병사들은 침략군을 물리쳤다. 그 후부터 나라를 구한 꽃이라 하여 신성시했다. 지금은 스

←… 엉겅퀴 *Cirsium japonicum var.* maackii (Maxim.) Matsum.

전국의 산과 들에서 자라는 다년초다. 줄기는 높이 1~1.5미터에 이르고 끝에서 몇 개의 짧은 가지가 갈라져 그 끝에서 자주색 꽃이 핀다.

코틀랜드의 국화로 사랑받고 있다.

엉겅퀴는 성경에도 나온다. 〈히브리서〉 제6장 6절에는 저주받은 땅에 자라는 풀이라고 했다. 그만큼 척박한 땅에서도 자라는 강인한 식물이리라.

> 타락한 자들은 다시 새롭게 하여 회개할 수 없나니 이는 그들이 하나님의 아들을 십자가 못 박아 드러내놓고 욕되게 함이라. 만일 가시와 엉겅퀴를 내면 버림을 당하고 저주함에 가까워 그 마지막은 불사름이 되리라.

타락한 자들은 회개하지 않고 예수를 십자가에 못 박았다. 만일 그들을 엉겅퀴가 자라는 곳으로 내몰면 버리는 것이 되고 끝내 불의 심판을 받는다고 했다. 성경에 따르면 엉겅퀴가 자라는 땅은 척박한 황무지며 저주받은 땅인 셈이다.

우리가 먹는 산채는 800여 종에 이른다. 그중에서도 강원도 주민들에게 인기 있는 산나물이 있다면 바로 고려엉겅퀴일 것이다. 잎이 넓고 부드러워 봄철이면 많은 양을 뜯을 수 있다. 5월이면 경기 이북 산지에서 쉽게 볼 수 있는 고려엉겅퀴는 잎이 손바닥 정도로 넓고 갈라지지 않으며 가장자리에 잔 톱니가 있다.

우리나라에 자생하는 엉겅퀴 무리는 대부분 잎이 깊게 갈라지고 가장자리에 억센 가시가 있다. 그에 비해 고려엉겅퀴는 부드러운 편이다. 엉겅퀴 무리 중에도 엉겅퀴, 큰엉겅퀴, 가시엉겅퀴, 바늘엉겅퀴 따위는 가시가 날카롭다. 그 외 동래엉겅퀴, 버들잎엉겅퀴, 물엉겅퀴는 잎이 넓으며 가시가 가늘고 약하다. 이러한 엉겅퀴 무리는 모두 나물로 먹을 수 있다.

엉겅퀴류의 잎은 모두 먹을 수 있다. 다만 제주도에 자라는 바늘엉겅퀴는 잎 가장자리에 돋아난 가시 때문에 식용으로 적당치 못하다. 바늘엉겅퀴는 그 이름처럼 잎의 가장자리에 바늘같이 억세고 날카로운 가시가 있다. 이 가시는 제주의 초원에서 조랑말이 즐겨 먹는 목초다. 소도 가시가 무서워 가까이하지 않는 것을 영리한 말은 앞발로 가시를 짓이겨 부드럽게 해서 뜯어 먹는다. 소들은 먹으려 들기는커녕 피해 다닌다.

특히 지느러미엉겅퀴는 가을에 뜯을 수 있는 나물이다. 여름에 떨어진 씨가 즉시 싹이 터 지면에 붙어 서리가 내릴 때까지 살아 있다. 굵은 뿌리로 겨울을 나고 이듬해 봄 줄기가 자라 5~6월경 자주색 꽃이 핀다. 가을에 돋아난 싹은 잎이 넓고 부드러워 식용 가능하다. 자생종 엉겅퀴 무리가 다년초인 데 비해 지느러미엉겅퀴는 이년초다. 지느러미엉겅퀴는 가을날 짧은 햇살에도 최대한 광합성을 하기 위해 지면

동래엉겅퀴 *Cirsium toraiense* Nakai ex Kitam.

부산 지역에서 자라는 다년초로 꽃은 분홍색을 띤 밝은 자주색이다.

지느러미엉겅퀴 *Carduus crispus* L.

원산지가 유럽인 이년초 귀화식물이다. 여름에 떨어진 씨가 발아해 넓은 잎을 펼치고 11월까지 지낸다. 이듬해 봄 새싹이 자라면서 줄기가 곧추서고 가지 끝에서 위를 향해 꽃이 핀다.

에 푸른 잎을 펼치고 있다. 이때가 산채로 뜯을 때다.

강원도에서는 고려엉겅퀴를 곤드레나물이라 한다. 고려엉겅퀴는 원줄기가 곧추서지만 가을이면 잔가지가 많이 갈라지고 그 끝에서 짙은 자주색 꽃이 위를 향해 핀다. 총포엽은 가시 모양이고 비늘 상태로 밀집해 붙으며 끝이 날카롭다. 꽃은 꿀이 많아 수많은 벌과 나비가 몰려든다. 꽃이 핀 줄기는 땅속의 뿌리가 비게 되고 이어 말라 죽는다. 옆에서 돋아난 어린싹이 자란다. 꽃이 피지 않은 포기는 2~3년간 다년초로 겨울을 난다.

싱싱한 고려엉겅퀴를 뜯으면 소금물에 데쳐서 찬물에 깨끗이 씻는다. 먹기 좋게 썰어 양념에 무치면 맛깔스런 곤드레나물이 된다. 곤드레나물밥을 지을 때는 밥물이 끓으면 나물을 얹어 뜸을 들인다. 밥이 잘 익었을 때 한데 섞어 푸면 곤드레나물밥이 완성된다. 양념장을 얹어 비벼 먹는다. 그 밖에도 국, 찌개, 떡, 전을 하거나 절임, 장아찌를 만들기도 한다. 우리 식탁에서 두루 쓰이고 있지만 처음 먹는 사람들은 좀 까칠까칠한 느낌을 받을 수 있다. 고려엉겅퀴의 표면에 거친 털이 많기 때문이다.

봄철 돋아나는 엉겅퀴의 어린싹을 나물로 하고 여름철의 억센 잎은 튀김을 하면 좋다. 이년초인 지느러미엉겅퀴는 가을에 뜯어 나물로 하거나 데쳐 말려서 묵나물로 한다. 지느러미엉겅퀴의 어린싹은 찬바람이 부는 9~10월에 뜯어 소금물에 절여 독에 담아두고 필요할 때 조금씩 꺼내 요리하면 좋다.

꽃봉오리를 그늘에서 말려 차를 끓여 마신다. 싱싱한 꽃을 따 냉동실에 보관했다가 뜨거운 물에 띄우면 맛과 향, 빛깔까지 살아 있다. 많은 양을 꽃차로 할 때는 증기로 쪄서 말리는 것이 좋다. 꽃 속에는 진딧물 같은 작은 벌레가 있다. 충분이 털어내고 살균 과정을 거치는 것이 안전하다.

도회인의 수요가 늘어가면서 자생종 고려엉겅퀴는 점차 재배하는 쪽으로 바뀌었다. 이른 봄에는 근생엽을 생산하고 5월에는 연한 줄기를 잘라 생나물로 출하한다. 또 수확량이 많으면 데쳐서 말려 묵나물로 한다. 저온 창고에 저장했다가 겨울에 시장으로 내보낸다.

한방에서는 뿌리를 대계大薊라 하여 약재로 한다. 잎은 해열제, 지혈제, 부종을 가라앉히는 데 쓰고, 각혈, 혈뇨, 고름을 다스릴 때 생즙을 내 마신다. 또 잎을 짓찧어 벌레 물린 데 바르면 잘 낫는다. 지난 1985년, 전북대 백병걸 교수 팀이 엉겅퀴에서 추출한 실리마린 성분이 간 기능 회복에 효과가 있음을 동물실험을 통해 밝혀 엉겅퀴를 원료로 한 간질환 치료제의 개발을 가능케 하기도 했다.

풍요와 다산의 염원을 품은 황금 열매

호박

지금쯤 시골 담벼락이나 언덕바지 초가지붕에는 누런 호박꽃 천지다. 그믐밤 둥근달이라도 휘영청하다면 호박꽃은 월하미인月下美人이 된다. 미련스럽게 못생긴 사람을 보고 호박같이 생겼다거나 호박꽃이라 하지만, 호박만큼 서민적인 것도 없다.

호박꽃을 보고 아름답다거나 향기롭다고 하는 건 어울리지 않지만, 떡고물처럼 뚝뚝 떨어지는 푸짐한 꽃가루며 백합이나 나팔꽃 모양의 큼지막한 황금색 꽃이 어딘지 모르게 마음씨 좋고 구수한 시골 아낙네 같다. 초여름부터 꽃이 피기 시작해 서리 내리는 늦가을까지 농촌 특유의 정서를 듬뿍 담고 있다.

←··· 호박 *Cucurbita moschata* Duchesne
전국에서 재배하는 작물이다. 잎과 줄기에 날카로운 털이 있으며 잎이 넓고 열매도 큰 편이다.

호박은 박과의 한해살이 덩굴식물이다. 원산지는 중앙아메리카와 남아메리카 지역이다. 야생종 호박이 가장 넓게 분포하는 지역은 멕시코와 중남미 열대지방이다. 이 지역의 원종만 해도 10여 종 이상이 확인되고 있다. 덩굴에서부터 키가 작은 것, 잎이 갈라지는 것도 있다. 열매는 둥글고 길쭉한 것, 납작한 것 등 다양하다. 또한 흰색, 노란색, 적색, 청색으로 열매 익는 색깔도 여러 가지다. 해안의 저지대는 물론 1,500미터 이상의 고산지대에 자라는 것도 있다.

호박은 사람이 먹는 열매 가운데 가장 크다. 가꾸면 1톤이 넘는 거대한 자이언트 펌킨 품종도 있다. 기록상 세계에서 가장 큰 호박은 벨기에에서 재배한 것으로 무게가 1,190킬로그램이나 된다.

호박은 볕이 잘 들고 비옥한 토양이라면 어디서든 잘 자란다. 열매가 크기 때문에 그만큼 물과 비옥한 토양을 좋아한다. 남국에서 온 참외란 뜻으로 남과南瓜, 중국 박이라 하여 호박이라 불렀으며, 절에서 스님들이 채소로 먹는다고 하여 해소 승소僧蔬라고도 했다. 영어로 펌킨pumpkin이며 그리스어로는 페폰pepon으로 큰 멜론이라는 뜻이다.

호박은 전 세계에 원종만 해도 30여 종에 이른다. 해마다 수백 종의 신품종이 나와 종류를 헤아릴 수 없다. 크게 동양계, 서양계, 페포계로 나눌 수 있다. 세계에서 가장 크고 무거운 호박은 서양계 품종들이다. 페포계 호박은 형태와 색채가 다양해 관상용으로 많이 가꾼다. 덩굴성이 아니라 재배가 쉬운 주키니 호박도 페포계에 속한다.

가장 널리 재배하고 있는 동양계 호박은 중국이나 우리나라에서 오랜 기간에 걸쳐 적응한 호박이다. 주로 애호박이나 늙은 호박이며 서양종에 비해 당도가 떨어지는 편이다. 서양은 주로 늙은 호박을 이용하며 겨울호박이라고도 부른다. 당도가 높아 수프, 케이크, 파이를 만들어 먹는다.

우리나라에 호박이 들어온 시기는 1600년대 초로 추정하고 있으나 정확한 도입 시기나 경로는 명확하지 않다. 호박은 1505~1609년 사이에 포르투갈 상선을 통해 일본이나 중국에 도입되었을 것이고 우리나라에는 그 후에 전해졌을 것으로 추정한다.

호박 전파에 관한 두 가지 설이 있다. 일본 도입설과 중국 도입설이다. 일본 설은 임진왜란 시기 우리나라에 전해졌다는 것이고, 중국 설은 병자호란 시기에 다른 작물들과 함께 전해졌다는 것이다.

우리나라의 재래 호박은 일본 종과는 매우 다르다. 중국에서 유래한 작물들에 붙이는 '호胡'박이라는 명칭 때문에 중국 도입설이 더욱 유력하다. 1644년, 명나라의 멸망 이후 청에 억류된 사신들을 석방하는 과정에서 그들이 돌아올 때 가져왔을 것으로 추정하고 있다.

17세기경에도 조선에 호박이 널리 퍼지지 않은 것 같다.

설봉雪峰 강백년姜栢年이 쓴《설봉유고雪峰遺稿》에서는 호박을 이렇게 표현했다.

산승이 옷소매에 어떤 물건甚摩物 하나를 가지고 왔다. 모양은 둥글고 색은 청색과 황색이 반씩 섞였다. 박 같은데 박은 아니고 참외 같은데 참외 또한 아니어서 내 눈으로 일찍이 본 적이 없는 것이었다. 이름을 물으니 "자세히는 몰라도 세속에서 호박琥珀이라고 하는데 어떤 뜻으로 그렇게 지었는지 모르겠다"고 했다. 어디에서 가져왔느냐고 묻자 "처음에는 황해도 구월산에서 씨를 가져다 청룡사에 와서 심었는데 이내 덩굴로 자랐다"고 했다. 어디에 쓰느냐고 물었다. "길러서 박으로 만들면 단단하지 않아서 그릇이 되지 못하고 삶아서 음식으로 공양하고 싶어도 맛이 없어서 먹을 만한 것이 못 된다"고 했다. 그러나 중들은 이것을 보배처럼 다루며 부처님 전에 올리니 마니보주摩尼寶珠를 대신하기에 충분하다는 것이다. 아, 나는 박물학자도 아니고 본초학에 조예가 깊은 것도 아니기에 신농씨神農氏가 빠트린 것인지 아니면 기백岐伯의 무리들이 일찍이 설명하지 않은 것인지 잘 모르겠다. 잠시 이를 적어두고 잘 아는 자를 기다릴 뿐이다.

절에서는 귀한 열매를 거두어 불전에 공양했던 것 같다.

그러면서 이 과일은 물러서 바가지로 쓸 수 없고 과육은 맛이 없어 먹기 거북하다고 했다. 무슨 보물처럼 간직한다며 백초를 기록한 신농이 이것을 혹 빠트린 것은 아닌지 모르겠다고 했으며, 한의원岐伯들도 설명하지 않은 것이어서 후일을 위해 적어둔다고도 했다.

호박의 기원과 유래, 재배 역사는 유구하다. 중앙아메리카의 인디언들은 9천 년 전부터 호박을 재배해 식용으로 사용했다. 핼러윈데이를 대표하는 작물이기도 하다. 멕시코에서는 기원전 5천 년, 페루에서는 기원전 3천 년경의 주거지에서 탄화된 호박씨가 발견되었다. 1492년, 콜럼버스가 아메리카 대륙을 발견해 많은 식물종이 유럽에 전해졌다. 1519년, 코르테스가 멕시코 왕국을 정복하고 본격적으로 자원 수탈이 이루어졌다.

대항해시대에는 인도, 동남아시아로 손을 뻗친 유럽의 여러 나라가 다투어 식민지를 건설하고 다양한 경제작물을 재배했다. 이때부터 고무나무, 커피나무, 차나무를 가꾸면서 부를 축적했다. 이 무렵에 동양으로 전파된 중요한 식물은 옥수수와 감자 같은 식용작물에서 해바라기, 달리아, 코스모스, 페튜니아 같은 원예식물과 담배 같은 기호식물도 있었다. 고추, 토마토, 호박이 과채로 들어오게 되었고 식량자원이라 급속도로 퍼져나갔다.

미국의 경우, 1600년대 초 유럽에서 건너간 이주민들이 씨를 전한 것으로 알려져 있다. 초기 이주민들이 추수감사제 때 다양한 호박파이를 만들어 먹으면서부터 추수감사절이면 호박이 빠지지 않았다.

호박은 쓰임새가 많은 과채다. 어린 것을 애호박, 잘 익어 여문 것을 청둥호박이라 하며 흑성黑星, 청피青皮, 만생종, 조생종 등 품종과 성숙도에 따라 영양가도 다르다. 파랗고 연할 때 찌개나 부침, 나물로 해 먹고 누렇게 잘 익었을 땐 범벅이나 떡감으로 사용한다. 호박뿐 아니라 호박잎, 줄기, 꽃, 씨 등 어느 하나 버리는 것이 없다.

예로부터 잘 익은 늙은 호박을 건강과 장수의 상징으로 보았다. 《본초강목》에는 달고 성질이 따스하고 독이 없으며 동짓날 호박죽을 먹으면 중풍에 걸리지 않는다고 했다. 영양학적으로 비타민 A, C가 풍부한 알칼리 식품으로, 추운 겨울을 나는 데 중요한 역할을 하는 영양소로 피부와 혈관을 보호한다. 우리나라에서는 예로부터 호박이 여러 가지 질병을 치료해주는 약재로 사용되어왔다. 저장성까지 좋아 겨울 급사急死의 원인인 고혈압, 동맥경화, 폐렴 방지용으로 자연스럽게 겨울 건강관리의 핵심 식품이 됐다. 특히 호박씨는 혈

* 활짝 피기 전의 수꽃도 찜을 해 먹는다.

* 암꽃과 수꽃이 한 그루에서 따로 핀다. 암꽃은 꽃받침 아래 볼록한 공 모양의 씨방이 있다.

압을 낮춰준다는 연구 보고도 있고, 두뇌 발달에 좋아 수험생의 영양 식품으로 각광받고 있다.

또 이뇨 작용이 탁월해 부종, 특히 산후 부종에 효과가 좋다고 알려져 있다. 늙은 호박에는 비타민 B^{12}가 풍부히 들어 있어 불면증을 완화한다. 게다가 호박의 열량은 쌀의 10분의 1에 지나지 않는다. 다이어트를 하려면 호박이 제일이다. 또 호박 속의 당분은 소화 흡수가 잘된다. 호박이 당뇨병 환자의 혈당을 낮추고 인슐린 분비를 촉진한다는 연구 결과도 있어, 당뇨환자나 장기 입원환자의 회복식으로 좋다.

울릉도는 호박엿으로 유명하다. 엿을 만드는 호박이 울릉도의 특산물처럼 알려져 있다. 전통적인 울릉도 호박엿은 상록활엽수인 후박나무 껍질로 고은 진액으로, 위장병이나 천식을 치료하는 민간 약재였다. 후박나무 껍질을 오래 고아 조청처럼 농축해 약으로 썼다. 오늘날에는 후박나무를 벨 수 없으므로 약을 만들지 않는다. 대신 호박을 오래 삶아 진액을 농축해 호박엿을 만든다.

잘 익은 호박에는 많은 씨가 들어 있다. 오스트리아에서는 호박씨에서 식용유를 추출해 판매한다. 호박씨는 고소하고 건강에 좋은 성분이 풍부하다. 따라서 살짝 볶은 것을 간식으로 먹기도 한다. 중국의 경우 호박씨를 가공한 식품이 많으며 시중에서 인기리에 팔리고 있다.

호박은 과채류면서 엽채라고 할 수 있다. 호박잎을 살짝 쪄서 쌈으로 먹고 거친 잎을 손으로 비벼 숨을 죽인 뒤 된장찌개를 끓인다. 호박잎은 넓어서 요리의 부재료로 쓸 수 있다. 생선을 호박잎에 싸 짚불에 구우면 타지 않아서 좋다. 갓버섯이나 느타리를 호박잎에 얹고 소금을 뿌려서 돌돌 말아 불에 구워 먹으면 색다른 맛이다. 호박의 수꽃을 따 속에 든 촛불 같은 화서를 버리고 찜이나 찌개에 넣어 먹는다. 싱싱한 수꽃을 따 꽃잎을 모아 짓이기면 서로 달라붙는데, 밀가루 반죽에 적셔 기름에 튀겨내면 꽃 튀김이 된다.

애호박이나 늙은 호박으로 할 수 있는 요리는 수없이 많다. 조리 방법에 따라 얼마든지 맛있는 요리가 될 수 있다. 각종 현대병에 이상적이라는 영양 분석이 나오자, 떡, 범벅, 나물, 국수, 술, 스낵, 구이, 파이, 잼, 죽, 주스, 넥타, 드링크 등 가공품이 개발되어 꾸준히 인기를 얻고 있다.

서양의 핼러윈데이에는 호박 악마가 등장한다. 호박 속을 파내고 눈과 입을 뚫어 악마의 얼굴을 만든다. 안에 촛불을 밝히면 악마의 눈처럼 보이게 마련이다. 이 등을 달고 시내를 행진한다. 호박으로 만든 랜턴이다.

세계 각국에서는 호박 수확 철이 되면 호박 축제가 열린다. 미국은 해마다 100개 도시에서 호박 축제가 열린다. 캘리포니아주의 포모나 호박 축제는 규모가 가장 큰데 수많은 관광객이 축제를 즐기려고 찾아든다. 축제 때 그해에 가장 큰 호박을 길러낸 사람에게 상금을 준다.

독일은 호박 축제에서 호박 모양의 배로 경주한다. 그리고 동물 모양으로 호박을 장식하는 전시회가 열린다. 마을을 온통 동화 속 무대처럼 꾸민 이탈리아 벤존의 호박 축제도 있다.

5천 년의 재배 역사를 지닌 주곡

벼

벼를 나락이라 하고 껍질을 벗긴 낟알을 쌀이라 한다. 나락도 꽃이 있냐고 자주 묻는다. 당연히 꽃이 있어야 열매가 있다. 이 세상에 꽃이 피지 않는 식물은 없다. 나락꽃을 벼꽃 또는 도화稻花라 한다.

볍씨를 키워 논으로 옮겨 모내기한다. 한여름 땡볕에서 쑥쑥 자라 벌기가 한풀 꺾이면 꽃이 핀다. 암술 1개에 수술 6개, 밑씨胚珠가 1개 있다. 꽃잎은 없고 꽃술을 싸주는 속껍질과 꽃의 기부에 보통 2개의 비늘잎 영穎이 있다. 이것이 익으면 벼가 된다. 전분 함유량이 많은 것을 찹쌀, 적은 것을 멥쌀이라 하며 도정 방식에 따라 현미, 백미 등으로 구분한다. 도정하고 남은 껍질을 왕겨라 한다. 속껍질은 쌀겨라 하여 좋은 사료가 된다.

인천시 강화군 농업기술센터에서는 벼를 도정할 때 나오는 쌀눈에서 양질의 식용유를 뽑아내는 데 성공했다. 쌀눈 기름은 식용유는 물론 화장품, 비누, 윤활유 등 공업용으로 쓸 수

◂··· 벼 *Oryza sativa* L.
원산지가 열대 아시아인 벼는 재배 역사가 가장 긴 작물이다. 단위 면적당 전분 수확량이 가장 많은 작물이기도 하다.

있다.

찐쌀이 나오면 추석이다. 쫀득쫀득한 감칠맛이 진짜 한가위 맛이다. 보통 추석 때까지는 벼가 여물지 않는다. 덜 여물었더라도 차례상에 새 곡식을 놓고 싶으니 덜 여문 벼를 쪄서 말려 찧으면 노리끼리한 찐쌀이 된다. 입안 가득 넣고 꼭꼭 씹으면 고소한 맛이 돌아 턱이 얼얼해질 때까지 먹고 또 먹었다. 1960년대까지만 해도 서울 도심에서 간식용으로 팔았다.

볏짚은 특수한 한국적 문화를 만들어냈다. 초가지붕, 짚신, 새끼줄, 거적, 짚가리, 터줏가리, 아기를 낳으면 치는 금줄부터 죽으면 입는 굴건제복에 이르기까지 우리 민족은 볏짚과 함께 살아왔다고 해도 지나친 말이 아닐 것이다.

1991년 6월, 경기도 고양시 일산 신석기시대 토탄층에서 탄화 볍씨 4알을 발견, 탄소동위원소법으로 연대를 측정한 결과 4,340여 년 전의 것으로 확인되었다. 기원전 2,400년 전에 벼농사를 지었다는 증거다. 인류의 쌀 재배 시작을 기원전 5천 년으로 추정한다면 이 땅에서도 비교적 일찍 벼농사를 지었던 것 같다.

명조 만력萬曆 연간에 최입신崔粒新이 쓴 《구화산지九華山志》에는 신라 승려 김교각金橋覺이 구화산에 절을 지을 때 신라에서 갖고 간 잣나무와 차나무, 황립도黃粒稻라는 검은 볍씨를 심었다고 했다. "황립도는 옛날부터 전해 내려오는 벼 품종으로 김지장金地藏이 신라에서 올 때 가져온 것이다. 긴 까락이 있고 벼알이 굵다. 보통 벼와는 달리 검붉은색을 띠며 밥을 지으면 검고 부드러우면서도 향기가 난다"고 했다. 오늘날 중국에서 수입되는 흑미黑米는 김교각 스님이 이 땅에서 가져간 것을 다시 들여온 것인지 모른다.

직신稷神인 신농神農 황제는 오곡 중 벼를 제외한 다른 곡물은 황실 가족이나 왕자들에 의해 파종을 허락했으나 벼만은 황제 스스로 파종했다. 삼국시대까지도 쌀은 바로 지배자를 의미했기에 왕족이 아니면 쌀밥은 구경도 못 했다. 쌀이 남아돌고 쌀밥보다는 잡곡밥을 찾는 현대지만, 아직도 많은 가정이 조상 단지에 쌀을 넣어 모시고 있다.

경상도 사람들은 쌀을 '살'이라 한다. 단순한 쌀로 보지 않았다는 의미로, 뼈와 살의 살, 육신을 의미한다. 쌀을 먹어야 혼령이 살 수 있는 살을 만든다고 봤다. 논에 물을 대고 열대성 식물인 벼*Oryza sativa*를 재배하면서 넓은 습지가 경작지로 바뀌고 말았다. 벼 이외의 수초는 모두 잡초로 보고 제초 작업을 해온 관계로 많은 식물종이 서식지를 잃었을 것으로 추정된다. 논에서 실시하는 제초 작업도 과거 수천 년 동

※ 벼는 수생식물이므로 물이 있어야 가꿀 수 있다. 우리 선조들은 이미 삼한시대부터 수리 시설을 만들어 벼를 재배했다.

안 이 땅에서 이루어져온 일이다. 과거에는 주로 김매기를 통해 잡초를 제거해왔으나 석유화학의 발달로 화학 제초제를 쓰면서 상황은 달라지기 시작했다.

재배하는 벼도 수질정화식물이다. 물에 뿌리를 두고 자라는 모든 식물은 수질정화에 이바지한다. 이렇게 볼 때 벼라는 작물을 논에 재배하는 일도 수질을 정화하는 데 도움이 된다고 할 수 있다. 다만 벼는 작물이고 더구나 수천 년의 재배 역사가 있어서 야생식물에 비해 병충해에 약한 편이다. 그러다 보니 계속 강한 농약을 칠 수밖에 없다.

초기에는 독성이 약한 농약을 썼으나 점점 독성이 강한 농약을 쓰게 되었다. 또 농업이 기업화하면서 대규모 농장으로 바뀌게 되었다. 그 결과 작물은 재배를 통해 대량 수확이 가능해졌지만 또 다른 폐해로 연작에 따른 병충해 문제가 여간 심각한 일이 아니다. 그래서 더욱 독성이 강한 농약과 제초제를 뿌리게 되었다. 제초제를 될 수 있으면 적게 뿌려도 되는 품종을 개발하는 일이 시급하다.

그렇다고 농업의 포기는 더욱 안 된다. 벼농사는 수자원 확보라는 또 다른 이익이 있다. 우리나라는 국토의 7할이 산지고 나머지 3할 정도가 평야지대다. 그 평야라고 해도 하천이나 대규모 공단, 도시지역을 빼면 농토는 더욱 좁아진다.

더구나 동쪽의 산악지대는 경사가 급해 대부분의 강우량이 강을 통해 바다로 유입된다.

수자원을 육상에 가둬두는 역할을 볏논이 담당해왔는데 최근의 추세는 경지면적이 계속 줄어들고 있다. 논에 물을 가둬두는 일은 주곡 생산 이상의 경제가치가 있다. 논농사는 수자원 확보 차원에서도 실로 지대한 일이 아닐 수 없다. 따라서 자동차 같은 고부가가치의 공산품을 팔아 농산물을 사온다는 경제 논리로 농업을 포기해서는 안 된다.

특히 벼농사는 수자원을 확보할 수 있는 유일한 한국형 농업이다. 벼농사는 과거 수천 년 동안 이 땅에서 반복돼온 농경문화의 유산이다. 절대 포기해서는 안 된다.

우리에게 쌀은 단순한 곡식보다는 민족의 혼령이 깃든 영물이라는 개념이 지배적이다. 미국 쌀의 국내시장이 열렸다. 쌀 수입에 전 국민이 긴장하는 것도 쌀이 단순히 식량 차원으로 접근할 것이 아니기 때문이다. 우리에게 쌀은 곧 살이다.

밭에서 얻은 부드러운 고기

콩

우리 식탁에서 콩을 빼면 거의 먹을 것이 없게 될지 모른다. 쌀을 주식으로 하는 문화권도 밥에 콩을 섞어 먹는다. 반찬을 살펴봐도 콩자반은 콩이나 땅콩을 조리한 것이고, 두부는 콩을 갈아 만든 것이다. 또 콩기름에 음식물을 볶아 먹고 콩을 발효시켜 간장과 된장을 만든다. 그리고 콩을 시루에서 길러 콩나물이라는 독특한 채소를 가꾸어 먹는다.

콩은 그 모양이 동그랗다고 하여 머리 두豆 자를 쓴다. 또 두荳, 태太, 숙菽이라 한다. 지구 위에 수백 종의 원종이 있으며 지금도 수많은 품종이 개량되고 있어 재배하는 모든 품종을 더한다면 수천 종이나 될 것이다.

중국이나 인도 같은 대륙국가에서는 우리보다 많은 콩을 재배한다. 이들 나라의 재래시장에 가면 콩의 종류가 너무 많다는 것에 우선 놀란다. 콩의 낱알 색깔부터 다르다. 흰색, 검은색, 노란색, 빨간색, 초록색 등 무수히 많다.

크기도 제각각이어서 둥근 것, 납

←··· 콩 *Glycine max* (L.) Merr.

대두는 우리가 흔히 흰콩이라고 말하는 것으로 메주를 쑤어 된장을 담그는 콩이다. 두부를 포함한 여러 가지 가공식품을 만든다.

작한 것, 길쭉한 것, 구부러진 것도 있다. 얼룩무늬가 있는가 하면 눈의 색깔도 제각각이다. 줄기도 위로 서는 것이 있고, 키가 큰 것과 작은 것, 지면을 기는 것이 있는가 하면 덩굴로 자라는 것도 있다. 요리에 따라 쓰이는 콩의 종류도 다양하다. 대두는 간장이나 된장을 담글 때 쓰고 팥은 여러 가지 떡이나 죽을 쑤어 먹는다. 또 녹두로는 빈대떡이나 숙주나물을 길러 먹으며 떡이나 과자의 고물로 한다.

콩은 쌀, 보리, 조, 수수와 함께 오곡의 하나로, 흔히 '밭에서 나는 고기'라고 한다. 그만큼 단백질이 풍부한 우수 식품이라는 뜻이리라. 특히 사찰에서는 육식을 금하고 있다. 이러한 식습관 때문에 스님들은 동물성단백질을 섭취할 수 없다. 그래서 전통 사찰 요리에서는 콩으로 조리한 것이 많다.

단백질 식품인 콩에서 싹이 나면 비타민이 풍부한 채소가 된다. 식물학자들은 러일전쟁을 '콩나물 전쟁'이라 부른다. 일본은 동토의 시베리아에서 콩나물을 길러 먹었으므로 충분한 비타민을 섭취할 수 있었다. 그러나 러시아는 싱싱한 채소를 시베리아까지 수송할 수 없었으므로 동토에서 괴혈병과 각기병을 앓았다. 혹독한 추위 속에서 채소가 없었기 때문에 러시아 병사들은 제대로 한번 싸워보지도 못하고 쓰러져갔다. 그러나 일본군은 진중에 흔한 콩으로 단백질 흡수는 물론 콩나물에서 충분한 비타민을 섭취할 수 있었다.

콩은 다 익은 씨만 먹을 수 있는 것이 아니다. 잎이나 싹은 나물로 먹고 덜 익은 콩꼬투리는 여러 가지 반찬으로 조리해 먹는다. 콩에서 식물성기름을 짜 식용유로 하고 콩즙은 식물성 우유가 되며 의약품으로 가공한다. 이처럼 콩은 우리 생활과 밀접한 연관을 맺고 있다.

콩이 우리 몸에 좋다는 것은 이미 다 알려진 사실이다. 콩에는 식물성 에스트로겐이 들어 있어 골다공증을 예방할 수 있다. 더구나 콩에 들어 있는 식물성 에스트로겐은 고혈압, 당뇨병 등 성인병 예방에도 도움이 된다. 일본의 연구 결과에 따르면 콩이나 두부를 자주 먹으면 직장암에 걸릴 위험이 80퍼센트 이상 감소하고, 결장암 위험률이 40퍼센트 정도 감소한다고 한다. 그리고 콩 속의 식이섬유는 위와 장에서 포도당 흡수 속도를 낮추어 비만을 억제하고 당뇨병을 완화하는 것으로 나타났다.

식물성 단백질인 콩을 자주 먹으면 혈압을 낮추고, 혈압 상승률을 억제할 수 있다. 특히 악성 콜레스테롤 수치를 크게 낮추는 효과가 있다. 하루 25그램 이상의 콩 단백질을 섭취하면 심장질환에도 좋다.

특히 콩 속의 제니스테인은 암을 비롯한 각종 성인병 예방에 탁월한 효능이 있다고 알려져 있다. 그중에서도 콩으로 만든 두부에는 제니스테인이 풍부하게 들어 있다. 따라서 일주일에 서너 번 정도 두부 요리를 먹으면 유방암을 예방할 수 있다고 한다.

검정콩은 신장 기능이 약한 사람과 어린아이들에게 특히 좋다고 알려져 있다. 또 각종 식품의 해독 작용과 소염 작용도 뛰어나 한의학에서는 열을 다스리고 상처를 치료하는 데 쓴다. 서리태는 겉모양이 검정콩과 같지만 껍질을 벗기면 속이 초록색이다. 밥에 넣어 먹으면 잘 익고 맛도 고소하다.

청태는 껍질 색깔이 초록색이어서 쉽게 구분된다. 필수 아미노산인 리신이 풍부해 조림이나 장조림에 많이 쓰인다. 산스크리트어로는 차니카chanika 또는 치나카chinaka라 하며 삶거나 볶아 먹는다. 또 빻아서 가루로 만들어 먼 길을 갈 때 휴대하기도 하고 날로 먹기도 한다.

불교 경전에도 여러 가지 콩 종류가 나온다. 《미란다왕문경彌蘭陀王問經》에는 네 가지 콩이 기술되어 있다. 바리카varika, 무가mugga, 마사masa, 쿨라타kulattha가 그것이다. 또 인도 경전 《마지마니카야》에는 무가, 쿨라타, 칼라야kalaya, 하레누카harenuka 같은 네 종류의 콩이 기술되어 있다.

법문인 《입능가경》에는 13종의 규정 식물을 기록했는데 그 가운데 무드카mudga, 마샤masa, 마수라masura 같은 세 종류의 콩이 들어 있다. 그 외에도 《수타니파타》에는 치나카cinaka 콩이 나온다.

인도인은 카레를 좋아한다. 그들은 다알dal이라는 카레를 특히 좋아하는데 이것 또한 삶은 콩이 들어 있다. 카레의 주성분은 울금鬱金이다. 밀가루 즙에 울금 가루를 넣고 기름에 볶다가 여러 가지 채소, 고기를 넣고 걸쭉하게 끓인 요리다. 이때 카레의 구수하고 깊은 맛을 내기 위해서는 반드시 콩이 들어가야 한다.

우리가 된장국을 즐겨 먹듯이 인도인들은 요구르트와 함께 걸쭉한 다알을 마시기도 한다. 다알은 껍질을 깐 콩의 총칭인데, 인도 요리에서 가장 많이 쓰이는 것이 투르 다알이다. 단백질이 많은 식재료로 우리의 대두와 같은 콩이라 할 수 있다.

남인도 지방에서는 쌀과 콩(다알), 코코넛, 우유, 채소 같은 다섯 가지 식품을 요리의 기본 재료로 꼽는다. 그러나 콩밥은 너무 기름져 수행자가 꺼리는 음식이었던 것 같다. 《청정도론清淨道論》에는 콩에 관한 법문이 들어 있다. 그 내용을 보면 다음과 같다.

> 무덤 근처에 살면서 부정관不淨觀을 하며 묘지를 지키는 어느 스님이 있었다. 그는 악귀惡鬼나 야차夜叉들이 즐겨 먹는 참깨, 콩

밥, 생선, 고기, 우유, 설탕 등을 먹지 않았다. 그리고 재가 신자의 집에도 절대 탁발하러 가지 않았다. 그 스님에게서는 늘 시체 냄새가 나기 때문에 악귀가 따라다녔다.

콩을 먹고 신자들의 마을로 가면 악귀나 야차들이 뒤따라가 마을에 큰 피해가 따르기 때문이었다. 스님에게서는 시체 냄새가 배어 있어 늘 악귀들이 따라다녔으므로 기름진 고기나 콩밥을 먹어서는 안 되었다. 말하자면 콩이나 우유, 고기 같은 식품은 기름진 음식이므로 수행자는 삼가는 것이 좋다는 뜻이리라. 또 《계품界品》에는 출설목出鱈目을 설명하면서 콩 수프에 비유해 이렇게 적었다.

출설목이란 콩으로 만든 수프 같은 것이다. 콩을 삶지 않았다고 하자. 크기가 서로 다른 콩은 어떤 것은 잘 익고 어떤 것은 덜 익을 것이다. 이처럼 불완전한 사람의 말은 어떤 부분은 진실이지만 어떤 부분은 거짓일 수도 있다. 그런 사람을 콩 수프 같은 사람이라고 한다. 그 상태가 바로 출설목이다.

콩의 나라 인도다운 비유법이라 할 수 있다. 우리 속담에도 콩에 관한 내용이 많다. '콩 심은 데 콩 난다'는 말은 무엇이든 원인에 따라 결과가 나타난다는 뜻이리라. 또 '콩 한쪽도

작두콩 *Canavalia ensiformis* DC.

덩굴성이고 여름에 연분홍 꽃이 핀다. 내한성이 약해서 일찍 심지 않으면 익지 않는다.

땅콩 *Arachis hypogaea* L.

반덩굴성 일년초로 줄기에서 노란 꽃이 피었다가 시들면 콩 꼬투리가 땅속으로 들어가 굵어진다. 한 꼬투리에 3개의 콩알이 들어 있다.

나누어 먹는다'는 말은 이웃끼리 서로 도와가며 살라는 교훈을 담고 있다. 그 외에도 '콩으로 메주를 쑨다 해도 믿지 말라'거나 '남의 일에 콩 놔라 팥 놔라 하지 마라'는 거짓말을 자주 하면 신용이 없게 된다는 뜻이고, 남의 일에 지나치게 참견하지 말라는 뜻이다. 이러한 이야기들은 콩을 심고 가꾸며 콩을 이용하는 민족에게서 나타나는 공통적인 속담이라고 할 수 있다.

인도인이 즐겨 먹는 콩의 종류를 열거해보면 우리와 별반 다르지 않다. 먼저 완두콩은 탄수화물이 강낭콩보다 많고 단백질도 많은 편이다. 데칠 때 뜨거운 물에 소금을 약간 넣으면 껍질이 연해지고 빛깔도 고와진다. 인도의 채식주의자들이 즐겨 먹는다. 강낭콩은 탄수화물 함량이 많아서 맛이 부드럽고 독특한 향기가 있다. 껍질이 두꺼운 편이나 그 대신 부드러워 과자나 떡에 응용해 먹기도 한다. 5~6월이 제철이어서 이때는 풋콩을 이용하지만 가을에 한 번 더 재배하기도 한다. 제철이 아닐 때는 마른 것을 구입해 하루 정도 불린 후 밥에 넣어 먹을 수 있다. 호박 떡, 범벅, 과자 등의 요리를 만들면 좋다.

흰콩은 무드카라고 하는 것으로 우리의 된장이나 간장을 만드는 콩이다. 콩가루를 전병 모양으로 얇게 만든 파파르papar를 밥상에 올리거나 바리bari라고 하여 동그랗게 빚어 카레에 넣어 먹는다. 우리가 두부, 떡, 콩국수를 만드는 바로 그 콩이다.

수천 년을 이어온 구황식물

마

마는 전국 각지의 산과 들에서 자생하는 다년초 덩굴식물이다. 자생하는 마의 뿌리는 길이 40~60센티미터나 깊이 들어 있어서 여간해서 캐기 어렵다. 그래서 최근에는 마의 뿌리를 짧게 개량해내는 데 성공했다. 시장에서 팔리는 마 중에서 뿌리가 짧고 아래쪽 끝이 뭉툭한 것이 있다면 이것이 바로 개량된 마다. 최근에는 재배하기 쉽고 수확하기도 쉬운 짧은 뿌리의 마를 널리 재배한다. 물론 마의 약효나 영양 면에서도 차이는 없다.

마는 옛날부터 강장제로 유명하며 중국의 《신농본초경》에는 "몸을 이롭게 하며 상약 중의 상약"이라고 적었다. 송宋대 왕규王珪는 그의 시 중에서 마를 다음과 같이 칭송했다.

봄날의 푸른 저녁, 봉황연못에 연기가 피어오르는데 키 높은 마 덩굴이 연못 위에 떠 있네. 토사兔絲와 함께 작은 나무합에 넣어 지니고 다니니, 군자의 풍모가 풍기는 것이 댓잎이 따를쏘냐.

←… 마 *Dioscorea batatas* Decne.
산지에서 자라며 농가에서 재배하기도 하는 덩굴성 다년초다. 잎겨드랑이에 달리는 주아를 심으면 굵은 뿌리를 거둘 수 있다.

마는 《신농본초경》에도 기록되어 있다. 원명은 마이며, 후에 당대에는 서약薯藥이라고도 불렸다. 송대에 와서 진종眞宗이 이를 조서趙曙라 불렀고, 그 후에 다시 산약이라고 개명했다. 마는 마과의 다년생 덩굴식물의 뿌리로서 원주형이다. 마의 잎은 여러 가지인데 삼각형, 계란형, 혹은 3개로 갈라진 모양이며 색은 갈색을 띤다. 또한 잎과 줄기 사이에 동그란 싹이 돋는데 이것을 마알 또는 영여자零余子라고 부른다. 비장과 신장을 보호하는 작용이 있어 중의학에서는 중요한 약으로 쓴다. 여름에는 흰 꽃이 핀다.

마의 주요 산지는 중국의 하남 지방과 소주, 계림, 그리고 호남 지방이다. 하남의 신향新鄕 지역에서 생산하는 산약이 가장 효과가 뛰어나며 이는 마, 지황, 우슬, 감국과 함께 '회경의 4대 약' 중 하나다. 이곳의 약재가 유명해진 것은 약효가 뛰어나기 때문이다. 이는 산지의 자연환경과 큰 관계가 있다. 옛날 회경은 태행산太行山 동남쪽 산자락에 위치했었다. 이곳은 남쪽으로 바로 황하와 인접해 있고 황하 건너에는 망산邙山이 마주 보고 있다. 예로부터 이곳의 토지가 비옥하고 기후가 온화해 약초가 자라기에 매우 좋은 조건이었다. 그래서 회경의 약초는 회삼懷蔘이라고 불렸다.

오늘날 연구를 통해서 마가 사포닌과 점액질, 콜린, 전분, 디아스타아제, 아미노산 등을 함유하고 있으며, 몸을 보양하고 소화를 돕는 작용을 한다는 것이 입증되었다.

마는 단맛이 있으며, 약성이 평온하다. 비위를 튼튼히 하고 음기를 보충해주는 작용이 있다. 따라서 비위 허약증을 치료하는 데 쓴다. 식욕부진과 피로, 묽은 대변, 설사, 소아의 영양불량, 그리고 여성의 경우에 비위가 허해질 때 인삼(혹은 당삼), 백출, 복령 등과 함께 처방하는데, 이것이 삼령백출산蔘苓白朮散이라는 유명한 처방이다.

마는 폐와 신장을 튼튼하게 하므로 폐와 신장이 약해지는 병에 사용한다. 폐가 허해 오랫동안 기침에 시달리거나 폐와 신장이 모두 허해 기침과 천식이 나타날 때는 맥동과 오미자와 함께 쓴다. 마는 신장이 허하고 유정, 빈뇨증 등에 숙지황, 산유육, 토사자 등과 함께 처방한다.

마는 소갈증(당뇨병)을 치료하므로, 산약만을 대량으로 물에 달여 차 대신 마시거나 지모, 천화분, 지황 등과 함께 처방한다. 생마를 찧어 붙이면 종기를 치료한다.

백출과 마는 모두 비장을 튼튼히 한다. 하지만 백출은 건조한 성격이고 마는 수분이 많다. 따라서 중초中焦(비장, 위장, 간장 등을 중심으로 하는 복부)가 습할 때는 백출이 가장 좋고, 폐와 신장에 음기가 허한 사람에게는 마가 적합하다.

마의 일반적인 사용량은 10~30그램이며, 마만 처방하기 위해 양을 조금 많이 쓸 때는 60~250그램까지도 가능하다. 분말로 갈아서 복용할 때는 6~10그램 정도다. 음기를 북돋을 때는 진액을 만들어 비장을 튼튼히 하고, 설사를 멎게 할 때는 볶아서 사용한다. 다음은 마의 약성을 칭송하는 노래다.

> 비장을 튼튼히 하고 설사를 멎게 하는 데는 산약이 좋고
> 사정을 연장시키고 대하를 멎게 하네
> 살에 붙이면 종기를 고치고
> 몸이 허하고 피로할 때 마시면 몸이 편안해지네

마는 미용, 해열 등의 작용이 있으며 근육과 골격, 심장, 뇌 등을 튼튼하게 하는 것으로 알려져 있다. 건망증을 고치며 신경쇠약증을 다스린다. 주요 성분을 분석해보면 전분, 당분(포도당, 과당), 점액질(뮤신이라는 단백질), 글루코사민, 타이로신, 로이신, 프루타민산, 아르기닌 등 아미노산과 소화효소인 디아스타아제 등이 들어 있다.

뮤신이라는 성분은 위액이 위를 부식시키지 못하도록 보호하는 역할을 하는데, 마를 복용하면 뮤신을 섭취하게 되므로 위벽을 보호하고 소화성 궤양을 예방할 수 있다. 고혈압이나 당뇨병이 있는 사람의 영양식으로 좋으며, 과도한 스트레

단풍마 *Dioscorea quinqueloba* Thunb.

잎은 크게 세 갈래로 갈라지고 중앙 열편이 가장 길다. 옆으로 뻗어 나가는 굵은 뿌리를 식용, 약용으로 한다.

❀ 마의 굵은 뿌리에는 전분이 많다. 여러 가지 요리를 해 먹고 약으로 쓴다.

스, 노이로제 증세가 있는 사람에게 아주 좋은 건강식이다.

어린이의 두뇌 발달을 촉진하며, 폐와 기관지 강화에 탁월한 효과가 있다. 마를 썰어 넣고 죽을 끓이거나 마와 구기자를 함께 끓여서 수프를 만들어 먹으면 좋다. 흡연으로 목이 답답하거나 술을 마시고 속이 불편할 때 마를 복용하면 효과가 있다.

생활에 활력이 없을 때 원기 회복에 아주 좋다. 특히 남성들의 정력 증강에 탁월한 효과가 있다. 《동의보감》에는 "마 죽은 능히 폐를 튼튼하게 하며 기운을 돋운다. 생마의 껍질을 벗겨 돌 또는 깨끗한 기왓장 위에서 찧는다. 죽처럼 만든 것 두 홉에 꿀 두 숟가락, 우유 한 종지를 섞어 약한 불 위에서 끓여 푹 익힌 것을 흰 쌀 한 사발에 넣고 잘 섞어서 먹는다"고 기록되어 있다.

마로 차를 끓여 마시기 위해서는 몇 가지 가공 과정을 거쳐야 한다. 마 뿌리는 굵은 것일수록 전분 함량이 높아서 좋다. 실뿌리를 잘 다듬고 물에 깨끗이 씻는다. 생것은 얇게 썰어 말려야 한다. 약재상에서 마른 것을 구입하면 말리는 과정에서 변질된다거나 하는 수고를 덜 수 있다.

완전히 말린 것은 프라이팬에 볶아낸다. 이것을 뜨거운 약탕기나 유리그릇에서 끓여 찌꺼기를 건져내고 고운 채로 걸러 그 물을 찻잔에 따른다. 차의 색이 연한 다갈색이므로 찻잔은 밝은색이 좋다. 향과 색이 연해서 처음 마실 때는 구미에 맞지 않을 수도 있다. 이럴 때는 기호에 따라 계피나 생강 같은 향신료를 조금 넣어 함께 끓여도 좋다.

시중에서 포로 가공해 팔고 있는 마차라는 것은 마 분말에 여러 가지 곡식 가루를 첨가한 것이다. 차라기보다 하나의 죽이라고 해야 옳다. 마를 끓여낸 걸쭉한 죽이어서 두어 잔이면 한 끼의 간식이 될 정도로 끈기가 있다.

마 가공 분말을 끓일 때는 잣이나 찹쌀가루를 약간 첨가해도 맛과 영양 면에서 좋다. 또 깨와 참기름을 한두 방울 떨어뜨려 섞어 먹으면 더욱 맛있는 마 죽이 된다.

사람을 살리는 신선의 명약

인삼

우리나라를 비롯한 동양 삼국에서는 인삼과 관련된 전설이 많다. 여러 문학작품과 민간 이야기에도 인삼에 대한 이야기가 자주 출현한다. 《서유기》에서 저팔계는 인삼 씨를 매우 좋아했고, 《홍루몽紅樓夢》에서 주인공 왕 부인이 산삼을 찾아다녔다는 것도 잘 알려진 이야기다. 인삼은 오갈피나무과 식물의 뿌리며 한 줄기만 자라고 키가 큰 편이다. 줄기에 7~8개의 콩알만 한 자홍색의 씨가 달린다.

옛사람들은 인삼이 신비한 효능이 있다고 믿었고, '사람의 형상을 했으며, 그 효능이 천지에 닿을 만하다'고 할 정도였다. 《신농본초경》에서는 인삼이 "오장을 튼튼히 하고 정신을 안정시키며, 나쁜 기운을 내보내고 눈을 밝게 해주며, 머리를 좋게 한다"고 했다.

민간에서는 인삼을 신초神草라고 불렀고, 일본인들은 인삼을 장수 약으로 썼다. 근대에 와서는 인삼에 대한 지식이 점차 풍부해졌으며, 인삼의 효능이 세계적으로 인정받기 시작했

←··· 인삼 *Panax ginseng* C.A.Mey.

예로부터 진기한 약재로 알려져 왔다. 불치병도 인삼이 있으면 치유가 가능하고 산삼만 있으면 기적이 일어난다고 믿었다.

다. 영국의 《브리태니커 백과사전》에서는 한 때 인삼의 효능을 부정한 적이 있었다. 인삼의 작용은 허구며 모두 심리적인 것이라고 기록했다. 하지만 거의 30년간 인삼에 대한 실험이 진행되면서 인삼의 효능이 과학적으로 입증되었고, 세계적으로도 명성을 떨치게 되자 이제는 인삼의 효능을 인정하게 되었다.

인삼의 원산지는 한반도와 중국 동북지방이다. 따라서 이 지역에서는 인삼과 관련한 신화와 전설이 매우 많고 책으로 출판된 자료도 많다. 이들 이야기 속에서 인삼은 항상 정의와 선의 화신으로 등장한다. 어떤 이야기에서는 붉은 옷을 입은 동자로 표현되기도 하고, 또 어떤 이야기 속에서는 백발을 나부끼는 신선 같은 노인으로 표현되기도 한다. 심지어 어떤 때는 상서로운 빛을 비추는 북극성이 되기도 한다. 이러한 이야기가 얼마나 오래되었는지는 알 수 없지만 아주 흥미롭고 재미있는 것은 사실이다.

인삼은 예로부터 신초, 왕정王精, 지정地精, 토정土精, 혈삼血蔘 등 많은 이름으로 불렸다. 백초지왕百草之王이라는 칭호는 만주어에서 유래된 이름이다. 인삼은 모든 풀의 왕이라는 뜻으로 '아오얼후다'라 발음한다.

《삼국사기》에는 신라 성덕왕이 중국에 인삼 200근을 공물로 보냈다는 기록이 있다. 고려 이후 궁궐에 인삼을 진상하기 위해 많은 백성이 피땀을 흘려야 했다. 남한에서는 충남 금산과 강화에 인삼을 재배했다는 시배지始培地 유적이 있다.

고려시대 이후 우리나라에서는 산삼을 귀한 것으로 쳤고, 재배 기술이 발달하면서 인삼은 중국과의 중요한 교역품이 되었다. 중국에서는 인삼이 나지 않으므로 고려에서 백삼, 홍삼 등으로 가공해 수출했다. 그러나 수요에 비해 공급이 달렸으므로 인삼의 가격은 내려가지 않았다.

원元 이전에는 개인이 백두산 지역의 산삼을 채집해 자유롭게 사고팔 수 있었다. 그리고 요遼대에는 영강주寧江州, 지금의 길림吉林성 부여扶餘현 석두성자石頭城子에 큰 인삼 시장이 있었으며, 명대 이후에는 인삼 가격이 나날이 올라 채집과 매매를 중국 조정에서 관장했다.

조선시대 때는 품질이 매우 좋은 오래된 산삼 한 뿌리면 같은 무게의 황금보다 가격이 훨씬 비쌌다. 산삼이 귀한 것은 오늘날에도 마찬가지다. 굵은 산삼 한 뿌리의 가격은 같은 무게의 황금보다도 더 비싸고, 산삼의 가격이 수백만 원에서 수천만 원을 호가하기도 한다. 생김새가 사람을 닮았고 굵은 산삼은 현재 그 가치를 따질 수 없을 정도로 귀한 것이 되었다. 물론 인공 재배한 인삼의 가치도 상당히 높은 수준이다.

청 건륭 연간에 쓴 〈영인삼詠人蔘〉에서는 인삼 한 뿌리의 가치가 신비의 영약인 천축단天竺丹과 맞먹는다고 칭송했다. 한의학에서는 인삼을 양질의 약재로 치고 있다. 한나라 때의 명의 장중경張仲景은 《상한론傷寒論》에서 인삼의 처방법을 스물한 가지나 소개했다. 명대의 대의학자인 이시진李時珍의 부친 이언문李言聞은 《인삼전人蔘傳》이라는 책을 써 인삼의 효능을 칭송하기도 했다.

관부에서 매년 채집할 수 있는 인삼의 수를 정하고 조정의 윤허를 받은 후에 붉은 표와 허리에 차는 패를 나누어주었는데, 이것을 가진 사람들만이 산삼을 채집할 수 있었다. 하지만 이들이 캐낸 인삼은 가장 먼저 관부에서 선별해 가져갔다.

산삼을 채집하는 것은 매우 힘든 일이다. 산삼을 캐러 다니는 심마니들은 항상 여러 명씩 짝을 지어 먹을 것을 준비해 가지고 다녔고, 맹수들이 출몰하는 깊은 산속에서 먹고 자면서 일을 했으므로 목숨을 걸고 다녀야 했다. 그리고 산삼을 발견하면 조심스레 캐내어 뿌리 하나라도 다치지 않도록 했다.

인삼이 처음 기록된 문헌은 《신농본초경》으로 모든 약재 중에서 상품上品으로 분류했다. 고서에 기록된 산삼의 원산지는 중국 산서山西 지방 상당上黨이며, 후에 역대 통치자들이

❀ 인삼을 밭에서 대량 재배하는 기술은 이미 고려 때부터 시작되었다고 한다. 인삼은 그늘에서 자라는 식물이므로 볕가림을 해주어야 잘 자란다.

산삼을 마구잡이로 캐내면서 점차 멸종되었다. 백두산 산삼은 약효가 뛰어나 모든 산삼 가운데 최고급으로 친다.

야생의 삼을 산삼 또는 야산삼野山蔘이라고 부르고, 재배된 삼을 인삼 또는 원삼園蔘이라고 부른다. 어린 산삼을 밭에 옮겨 심어 재배하거나 원삼을 야산에 옮겨 심어 키운 것은 이산삼移山蔘이라고 부른다. 또 산삼 씨를 받아 산에 인공으로 재배한 것을 장뇌삼이라 하여 구분하기도 한다.

인삼과 산삼은 식물분류학적으로는 같은 종이므로 구분하는 것이 의미가 없다. 다만 인삼은 산삼을 오래도록 재배해오는 동안 개량된 것일 뿐, 종이 다른 것은 아니기 때문이다. 인삼과 산삼을 구분하는 일은 대단히 어렵다. 가장 확실한 구분법으로는 산삼은 잎에 털이 있다는 사실이다. 그러나 산지에서 직접 캔 산삼이라 해도 털이 없는 것이 대부분이다. 이런 것을 산삼이 아니라고 부정할 수는 없다.

그리고 산삼은 실뿌리가 가늘고 길다. 그만큼 뿌리를 멀리 뻗어 영양을 섭취하기 때문이다. 재배하는 인삼보다 약통이 작고 가늘며 노두 또한 가늘고 긴 것이 특징이다. 노두에 마디가 있어 그 수를 세면 나이를 측정할 수 있으나 오래 묵은 것은 셀 수 없다.

인삼은 가공 방법이 다양하다. 쪄서 말리면 붉은빛을 띠는데, 이를 홍삼紅蔘이라고 하며 생삼을 직접 말린 것은 백삼白蔘, 백건삼白乾蔘이라고 한다. 생삼을 설탕에 절여 말린 것은 백당삼白糖蔘이라고 한다.

우리나라에서 나는 인삼은 약효가 뛰어나고 비교적 더운 성질이 있어, 고려삼高麗蔘, 또는 조선삼朝鮮蔘이라 하고 다른 말로 별직삼別直蔘이라고도 부른다. 근래에 백두산에서 신개하삼新開河蔘이라는 것이 생산되는데, 품질이 좋아 세계적으로도 매우 유명하다. 줄기와 노두가 비교적 긴 인삼은 변조삼邊條蔘이라고 부르고, 뿌리의 수염을 쓴 것은 인삼 수염이라고 한다.

근래에 연구된 바에 의하면 인삼의 줄기와 잎에도 인삼의 사포닌 성분이 함유되어 있다. 따라서 줄기와 잎을 약에 사용하거나 사포닌 성분을 추출해 인삼 로열젤리나 인삼 진액을 만들기도 한다.

인삼을 차로 끓이는 일은 너무 간단해 여기서 구구하게 기록할 필요를 느끼지 않는다. 그만큼 인삼이 우리 곁에 가까이 와 있기도 하지만 인삼의 정보를 너무 쉽게 얻을 수 있는 시대에 우리가 살고 있기 때문이다. 우선 수삼을 시장에서 사 오면 먼저 깨끗이 씻는다. 부드러운 솔로 겉에 묻은 흙을 씻어낸 뒤, 큰 것은 반으로 자르고 작은 것은 그대로 맑은 물에 끓인다. 그 물을 찻잔에 부어 마신다.

또 잘게 썰어 설탕에 절인 것은 조금씩 덜어내 뜨거운 물에 우려내 마시기도 하고 홍삼 진액을 물에 타 마실 수도 있다. 또 백삼을 곱게 갈아 분말로 만든 것을 물에 풀어 마시는 인삼 말차도 좋다. 인삼차에 잣을 띄우기도 하고 차를 끓일 때 생강, 계피, 대추를 함께 넣어도 좋다. 기호에 따라 입맛을 살려보는 것도 좋으리라.

인삼은 부위별로 다양한 차를 즐길 수 있는 약재다. 줄기와 잎을 끓여 차 대신 마시면 해독 작용을 하고 피부를 맑고 깨끗하게 해준다. 그늘에서 말린 인삼꽃도 차로 할 수 있다. 인삼꽃은 혈압을 낮추고, 피로 회복에 좋다. 또 인삼 씨는 백혈구와 혈소판 수를 늘리고 면역 작용을 강화한다. 최근의 연구 결과에 따르면 인삼의 붉은 열매와 속에 든 씨에 세포 활성물질이 들어 있다는 것이 밝혀졌다.

미삼은 인삼의 실뿌리를 말한다. 미삼차를 마시면 체력이 강해지고 신경쇠약에 좋다. 또 가래를 없애고 오래된 기침을 다스린다. 예로부터 구취제거제로 사용했으며, 요즘은 임상실험을 통해 그 효과가 입증되었다.

날씨가 쌀쌀해져 점점 옷깃을 여미게 하는 날, 뜨거운 인삼차 한잔으로 쓸쓸한 마음을 달래보는 것도 좋으리라.

사자 발을 닮은 향기로운 이파리

쑥

쑥은 전국의 길가나 밭둑에서 자라는 다년초다. 다북쑥, 약쑥, 모기태쑥, 사재발쑥, 봉애蓬艾, 봉호蓬蒿, 애초艾草라고도 한다. 뿌리가 옆으로 퍼져나가고 무리를 지어 자란다. 줄기는 곧추서서 자라고 능선이 있으며 많은 가지가 갈라지는데 전체에 거미줄 같은 털이 돋아나 있다.

근생엽은 잎자루가 길지만 경생엽은 위로 가면서 점차 짧아진다. 줄기 아래쪽 잎은 꽃이 필 때 시든다. 잎 앞면은 푸르며 뒷면에 흰 솜털이 촘촘히 나 있다. 가장자리는 밋밋하거나 깊이 패어 들어가 있으며 끝은 둔하거나 뾰족하다.

7~9월에 분홍빛 두상화가 줄기 끝과 가지 끝에서 한쪽으로 치우쳐 달린다. 두상화 중심부에 양성화가 촘촘하게 붙고 둘레에는 암꽃이 배열한다. 씨는 검거나 짙은 갈색이며 길쭉하다.

쑥은 독특한 향기를 품고 있다. 우리나라에 자생하는 쑥 종류만 해도 20여 종에 이른다. 모두 식용으로 할 수 있으나 물쑥이나 더위지기처럼

←··· 쑥 *Artemisia princeps* Pamp.

우리 겨레가 아주 오랜 옛날부터 식용, 약용으로 이용해온 식물이다. 봄철 춘궁기를 이겨내게 한 유익한 자원이다.

지독하게 쓴 것도 있다. 옛날에는 쑥을 제사에 썼다. 《시경》〈소남召南〉 편에는 쑥 뜯는 노래가 나온다.

> 뜯었지요 흰 쑥을 연못 물가에서
> 어디 쓰냐고요 공후의 제사에
> 뜯었지요 흰쑥을 산골 시내에서
> 어디 쓰냐고요 공후의 사당에
> 于以采蘩 于沼于沚
> 于以用之 公侯用之
> 于以采蘩 于澗之中
> 于以用之 公侯之宮

예나 지금이나 조상님께 올리는 제사는 대단히 중요한 일이다. 이 글에서는 군주의 가족이 정성 들여 제사 음식을 차리기 위해 쑥 뜯는 일을 노래하고 있다. 한의학에서는 쑥을 애엽艾葉이라고 한다. 애艾란 뜻은 '다스린다' '자른다'는 뜻이다. 사람에게 발생하는 온갖 질병을 다스리고 잘라버린다는 뜻을 담고 있다. 쑥을 지칭하는 한자는 애, 봉蓬, 루蔞, 호蒿 등이 있다.

쑥은 단군사에도 등장할 정도로 먼 옛날부터 식용으로

이용해온 식물이다. 《삼국유사》에는 환웅이 신시神市를 열었을 때, 곰과 호랑이가 찾아와 인간이 되고 싶다고 하자 쑥과 마늘을 주면서 그것을 먹으면 사람이 될 수 있다고 했다. 곰은 시키는 대로 하여 여자로 변했다고 했다. 이처럼 쑥은 주술적인 힘도 있다고 보았다. 또 오래 참고 견디는 힘의 원천이었다. 그래서 예로부터 쑥 연기를 쐬는 쑥뜸이 발달했다.

쑥은 무기질과 비타민 함량이 많으며 특히 비타민 A와 C가 많이 들어 있다. 어린잎으로는 국을 끓이거나 떡에 넣어 먹는데, 단옷날 쑥 잎과 멥쌀가루를 반죽해 절편을 만들어 먹는 풍습이 있다. 약재로 쓰는 쑥은 예로부터 5월 단오에 채취해 말린 것이 가장 효과가 크다고 했다. 약으로 쓸 때는 탕으로 하거나 생즙을 내어 사용하며 술을 담가 마신다. 다만 시력이 약한 경우에는 사용하지 않는 것이 좋다.

강화 지방에서는 쑥을 사재발쑥이라 하여 최고의 약효라고 자랑한다. 사재발쑥은 이파리가 사자의 발처럼 생겼다는 말이다. 사재발쑥을 처음 기록한 문헌은 1530년에 편찬한 《신증동국여지승람東國輿地勝覽》이다. 강화 토산품 조에 '사자족애獅子足艾'라고 기록되어 있다. 그리고 1610년에 펴낸 《동의보감》 본초 부분에 한글로 기재했다. 또 1884년에 펴낸 《방약합편方藥合編》에는 현대적 한글 표기 방법에 따라 '사재발쑥'이라고 기재했다.

떡쑥 *Gnaphalium affine* D. Don

길가나 묵밭에서 자라는 이년초다. 봄에 돋아나는 어린싹을 뜯어 찰쌀과 함께 찧으면 쑥떡이 된다. 팥고물의 넣은 찹쌀떡을 만드는 고급 식재료다.

제비쑥 *Artemisia japonica* Thunb.

전국의 볕이 잘 드는 냇둑이나 길가에서 자라는 다년초다. 어린잎을 나물로 한다.

강화군 길상면에는 애전艾田 부락이 있다. 이 지역 해변에서 나는 사재발쑥을 채취해 궁중에 진상했다고 하여 쑥밭달이 마을이다. 사자는 우리나라에 살지 않는 동물인데 그 시대에 선조들이 어떻게 사자 발의 모양을 알 수 있었는지 의문이 든다.

강화도는 바닷가에 있어 강렬한 햇빛과 염분이 있는 해풍이 사철 불어온다. 그래서 쑥에 특이한 약성이 농축될 수밖에 없다. 내륙에 자생하는 쑥은 향기가 약하고 잘 부스러진다. 그러나 강화 쑥은 향기가 강하고 비벼도 잘 부서지지 않는다. 특히 뜸쑥으로 하면 염분 때문에 화기火氣가 오래가서 강화 쑥은 전국 제일의 특산품으로 인정받게 되었다.

말려서 시루에 찐 쑥은 감기를 예방하고 위장을 따뜻하게 하며 토사곽란吐瀉癨亂을 다스린다. 심한 복통을 치료하고 혈액순환을 돕는다. 그 외에도 솥에 볶아서 다른 약과 배합해 부인병의 자궁출혈이나 대하帶下, 임신 중 유산기가 있을 때 복부를 따뜻하게 하여 태아를 보호한다.

뜸쑥으로 쓸 때는 잘 마른 쑥 잎을 찹쌀이나 복령가루와 같이 절구에 넣고 찧는다. 이렇게 하면 분쇄하기가 쉽다. 복령가루와 함께 찧은 것을 채로 쳐서 가루는 버리고 부드러운 섬유질만 골라낸다. 그리고 약간의 유황을 섞어 쑥막대艾炷를 만들어 뜸쑥으로 쓴다. 현재는 분쇄기에 넣고 빻아 걸러서 쓰고 있다.

피부병이나 무좀에 쓸 때는 어린잎보다는 늦여름 꽃이 핀 줄기와 잎을 말려서 쓴다. 이것을 물에 끓이고 그 물로 자주 목욕을 하거나 발을 씻으면 살갗이 매끄러워지고 살균 작용을 한다. 쑥도 약이기 때문에 6월 이후에 딴 잎은 한의사의 처방에 따라 써야 한다. 좋은 약이라고 해도 장기간 사용하면 독기가 상충上衝되어 눈이 충혈되고 두통과 열이 날 수 있다. 특히 알레르기 체질이나, 열이 있는 경우 조심해야 한다. 간염 환자는 절대로 복용해서는 안 된다. 쑥에는 모노테르펜 Monoterpine과 같은 휘발성 독성이 있다. 꽃봉오리에는 유독 성분이 많으므로 꽃이 핀 줄기를 끓여 먹어서는 안 된다.

만약 부작용이 있을 경우 녹두즙이나 감초, 검은콩을 삶은 감두탕甘豆湯을 복용해 해독해야 한다. 적기에 채취해 1~2년 공기 중에 방치한 오래된 쑥을 약으로 하는 것이 좋다. 특히 불에 볶을 때 주의해야 한다. 새까맣게 태워서 적당한 시기에 꺼내 완전히 냉각시켜 보관하지 않으면 안 된다. 뜨거운 것을 통에 넣으면 솜 같은 쑥의 발화점이 높아져 화재가 일어날 수 있다.

여름철에는 다 자란 쑥으로 불을 피워 모기를 쫓는 데 이용하며 쑥의 섬유를 모아 인주印朱의 재료로 쓰기도 한다.

지면을 뒤덮은 초록빛 카펫

맥문동

맥문동은 산과 들에서 자라는 다년초다. 봄에 새잎이 돋아나 길이 20~30센티미터로 자라고 여름에 잎 사이에서 꽃줄기가 자라 흰색 또는 연한 보라색의 작은 꽃이 다닥다닥 붙는다. 잎은 겨울에도 죽지 않는다. 뿌리는 실뿌리와 덩이뿌리로 이루어져 있다. 옆으로 뻗어나가는 땅속줄기 끝에서 싹이 돋아나기 때문에 자생지에서는 넓은 군락을 이룬다.

주변 녹지에서 흔히 보는 맥문동은 크게 두 가지로 나눌 수 있다. 한반도 자생종과 중국산이다. 우리 자생종은 키가 작고 잎도 좁은 편이다. 잎은 옆으로 비스듬히 휘어지고 땅속줄기가 발달해 잔디처럼 옆을 기면서 벋어나가기 때문에 금세 넓은 녹지를 이룬다. 꽃은 흰색 또는 연한 자주색이고 화서가 짧아 잎 사이에 숨어 있거나 조금 높다. 중국산에 비해 키가 작고 온통 지면을 뒤덮기 때문에 지피地被 효과는 뛰어난 편이다.

한번 심으면 잔디처럼 밀집해 자

←··· 맥문동 *Liriope platyphylla* F.T.Wang & T.Tang
우리나라에서 재배하는 맥문동은 크게 두 가지다. 자생종은 잎이 가늘고 작으며 땅속줄기가 길게 옆으로 뻗어나가기 때문에 잔디처럼 엉킨다. 꽃은 흰색 또는 연한 자주색이다.

라고 나무 그늘에서도 잘 견디므로 잔디가 살지 않는 큰 나무 아래 심으면 좋다. 겨울에도 푸른 잎을 유지하고 있어 녹색 정원을 만드는 데 최적의 원예 소재가 아닐 수 없다.

잎이 난초와 비슷해 최근에는 도로나 공원에 많이 심는다. 또 들꽃이라 가냘프지만 오히려 원예종 식물에서는 느낄 수 없는 아름다움이 있다. 화분에 심으면 들꽃의 정취를 느낄 수 있다.

도심 녹지에서 가꾸는 맥문동의 원산지는 대부분 중국이다. 중국산 맥문동은 잎이 길고 넓으며 곧추선다. 땅속줄기가 옆으로 길게 번지 않고 한곳에서 모여 자란다. 심을 때 포기를 모아 심으면 몇 년이 지나도 그 자리에서 덩치만 굵어질 뿐이다. 꽃대가 잎 위로 길게 솟아올라 짙은 보라색 꽃이 핀다.

중국산 맥문동은 뿌리가 거의 없다. 식재한 곳에서 몇 년이 지나도 모내기를 한 벼 포기처럼 그 자리에 서 있다. 최근 경북 지방에서 약초를 재배하면서 가을에 맥문동을 캐 영양근만 따고 포기를 나누어 다시 심는다. 여기서 심고 남은 것을 조경용으로 화단에 심으면서 도시 조경에 널리 쓰이게 되었다. 잎보다 꽃줄기가 높이 자라면 자잘한 꽃이 다닥다닥 붙는다. 맥문동은 약용식물이지만 최근에는 원예적 가치를 높이 평가해 정원에 널리 심고 있다.

맥문동은 문 앞 계단의 돌 틈에서 흔히 보이는 풀인 까닭에 이름에 '문門'이라는 말이 들어 있다. 잎이 부추나 보리처럼 생겼고, 겨울에도 시들지 않으니 '보리麥'와 '겨울冬'이라는 말을 지니고 있는 것이다.

지면을 녹화하기 위한 지피식물은 많다. 그중의 하나가 바로 맥문동이다. 그만큼 널리 쓰이는 소재가 되었다. 그러나 가꾸는 사람들의 무지로 아파트 화단에 식재한 맥문동을 보면 안타깝기 그지없다. 맥문동은 상록성 초본이니 가을에 마른 잎을 정리할 때도 당연히 잎을 자르면 안 된다. 그런데도 아파트 관리인들은 해마다 봄이면 무성한 맥문동 잎을 무참하게 잘라버린다. 물론 잘라도 새싹이 돋아난다. 그렇지만 자르지 않았을 때는 광합성을 통해 더 많은 양분을 합성해내므로 왕성한 생육을 할 수 있다. 반대로 묵은 잎을 잘라내면 스트레스를 받게 되고 광합성을 할 수 없으므로 생육은 불량할 수밖에 없다.

상록성 잎을 잘라버린다고 화단이 더 깨끗해지지도 않는다. 아무것도 없는 화단을 만들려면 왜 꽃을 심는가. 풀이든 나무든 자르기 전에 한번 더 생각해보는 지혜가 필요할 때다.

송나라 때의 학자 범성대范成大는 그의 시에서 다음과 같이 표현했다.

맥문동이 훌륭한 하인처럼 오랫동안 계단을 지키네
아이를 낳는 것도 마치 유리구슬이 떨어지는 것과 같아라

또 소동파는 맥문동의 약효를 좋아해서 많이 달여두고 늘 마셨다고 한다.

맥문동이 처음 기록된 문헌은《신농본초경》이다. 이 책에 따르면 "맥문동은 백합과의 다년생 식물 뿌리인데, 잎은 무성하게 자라고 길쭉한 모양이다. 초여름에 옅은 자주색의 작은 꽃이 피고, 열매는 검은색이다. 뿌리는 타원형이다. 큰 잎과 작은 잎이 있는데 보통 작은 잎을 약에 쓴다"고 기록했다.

현대 의학의 연구에 따르면, 맥문동은 심장근육을 튼튼하게 하고 산소가 부족할 때 오래 참아내는 힘을 기른다. 또 몸이 허약할 때 기운을 북돋우기 위해 인삼, 맥문동, 오미자를 넣은 생맥음生脈飮을 끓여 마신다고 했다. 심장과 폐, 뇌에 기운이 부족해 병이 났을 때 이 생맥음을 쓰면 효과가 매우 좋다.

맥문동은 폐를 튼튼하게 하고 기운을 보충하며 건조증과 마른기침, 목구멍과 코가 마를 때 치료제로 쓴다. 뽕나무

개맥문동 *Liriope spicata* (Thunb.) Lour.

남부 도서지방에서 자라는 상록 다년초다. 잎은 넓고 길며 긴 화서가 자라 흰 꽃이 핀다. 꽃줄기가 너무 커 비스듬히 쓰러지며 열매는 짙은 푸른빛이다.

잎桑葉, 살구씨杏仁, 아교와 함께 처방하는 청조구폐탕淸燥救肺湯의 재료다. 폐가 허약하고 기침과 피를 토할 때는 백합百合과 더덕沙蔘, 지황과 함께 처방한다.

또 맥문동은 위를 튼튼하게 하고 기운이 나게 하는 효능이 있다. 열이 나거나 기운이 상했을 때 처방하며, 위가 약해 목이 마르고 입이 건조할 때는 둥굴레, 더덕과 함께 쓰는 익위탕益胃湯이 좋다. 심장을 튼튼하게 하며 잠이 안 오고 초조할 때는 보통 지황, 복숭아씨桃仁 등과 함께 쓰는 천왕보심단天王補心丹이 좋다. 또 몸에 열이 많아서 뜨겁고 나쁜 기운이 심장에 들어와 초조하며 혀가 건조할 때는 맥문동에 황련黃蓮, 생지황, 대나무 잎竹葉을 함께 쓰는 청영탕淸營湯이 좋다. 마른 맥문동의 한 번 사용량은 10~15그램이다.

맥문동은 들풀이기 때문에 가꾸기가 쉽다. 씨를 뿌리거나 포기나누기로 번식한다. 가을에 까맣게 익은 씨를 따 겉껍질을 으깨어 물에 잘 씻어낸다. 동그란 씨를 모래와 섞어 땅에 묻었다가 이듬해 봄에 뿌리면 싹이 잘 돋아난다.

화분이 가득 차도록 포기가 늘어나면 이른 봄 새싹이 돋아나기 전에 화분갈이를 해야 한다. 서너 포기씩 갈라 작은 화분에 심고 잘 가꾸면 그해 여름꽃을 볼 수 있다. 포기나누기를 할 때 얻게 되는 알뿌리는 잘 갈무리했다가 차나 약으로 쓸 수 있다. 물이 잘 빠지는 기름진 흙이 좋고 가끔 덩이 거름을 화분에 올려놓아도 좋다.

가을

秋

시인 묵객들의 작품 소재가 된 가을꽃

국화

서리가 내려 대부분의 초목들이 깊은 잠에 빠져 있을 때 국화는 홀로 금빛으로 피어나 맑은 향기를 퍼뜨린다. 인내와 끈기가 있는 국화의 성정이 군자의 덕목과 같다고 하여 길조의 상징으로 생각했다. 그래서 예로부터 시인 묵객들의 작품 소재가 돼왔다.

진의 연명淵明 도잠陶潛은 일찍이 팽택령彭澤令 벼슬을 그만두고 향리로 돌아가 〈귀거래사歸去來辭〉를 지었다. 그는 "친구와 쏘다녔던 세 갈래 길은 거칠어졌어도 소나무와 국화는 그대로 있구나"라고 적었다. 나무의 대표 격인 소나무와 초본류 중에서 국화를 예로 들어 자연이 예와 다름없음을 노래했다. 도연명이 얼마나 국화를 사랑했는지, 송의 주돈이가 쓴 〈애련설愛蓮設〉에 따르면 "초목의 꽃 중에는 사랑스러운 것이 많다. 진의 도연명은 유난히 국화를 사랑했다 草木之花 可愛者甚蕃 晉陶淵明獨愛菊"고 적고 있다.

국화를 노래한 시로, 도연명의 시

←… 국화 *Chrysanthemum morifolium* Ramat.
원산지가 중국으로 재배 역사가 긴 만큼 수많은 원예품종으로 개량되었다. 꽃송이가 작은 소국은 주로 화분 재배나 화단에서 가꾼다.

를 들지 않을 수 없다. "동쪽 담 밑에서 국화를 꺾어 들고 쓸쓸히 남산을 바라보네採菊東籬下 悠然見南山"가 그렇다. 국화는 동쪽 울타리 밑에 심어야 한다. 아침 해를 가리는 동쪽은 봄이 늦게 오지만 대신 저녁볕이 늦게까지 든다. 따라서 가장 늦은 때 꽃을 보기 위해서는 가을의 저녁 햇살 사양斜陽이 드는 동쪽 울타리 밑에 심어야 한다.

국화꽃 한 송이 꺾어 든 시인이 한 해가 저무는 아쉬움을 안고 유연悠然히 먼 산을 바라본다. 한 떨기 국화를 통해 인생무상을 절묘하게 표현한 명구다. 국화를 가꾸면서 욕심 없이 사는 그 고절한 선비의 모습에서 일반인은 높은 절개를 보았고 차츰 길조의 꽃으로 인식하게 되었다.

도연명 외에도 국화를 칭송한 시화집은 셀 수 없을 만큼 많다. 황소黃巢, 두보, 육유陸游, 정판교鄭板橋에서 제백석齊白石에 이르기까지 국화를 소재로 한 무수한 시와 그림이 남아 있다.

우리나라에서도 삼국시대 이후 벽화나 도자기, 의복 등에 국화문이 들어가고 고려 이후에는 상감청자, 나전칠기 같은 공예품에 국화문이 다양하게 나타난다. 조선시대 민화에서 보이는 국화가 핀 뜰에 새 떼가 날아드는 장면은 집안에 기쁨과 행운을 가져다주는 것으로 풀이했다.

재배종 국화가 우리나라에 들어온 시기는 '고려의 충선왕이 원에서 돌아올 때'라고 한다. 그러나 송의 범성대가 쓴 《범촌국보范村菊譜》에 따르면 "신라와 고려에서는 국화를 널리 심는다"고 했다. 그렇다면 충선왕이 가져온 국화는 우리나라 국화가 원에서 개량되어 다시 들어온 것이 되는 셈이다.

백제 때 왕인王仁 박사는 청황적백흑青黃赤白黑 즉 다섯 가지 색깔의 국화를 일본에 전했다는 기록이 있다. 국화 중에 16장의 노란 꽃잎이 크고 넓은 품종 기쿠きく·菊는 일본 왕실 문장이 되면서 권위의 상징이 되었다. 16장의 꽃잎이 있는 황국은 왕실의 문장이므로 일반 백성은 함부로 심지 못하도록 했다. 이 땅의 국화가 일본 왕실을 대변하는 꽃의 자리에 앉아 그들의 정신세계를 점령하고 있다.

국화는 재배 역사가 긴 관상식물이다. 시대를 달리하면서 은군자隱君子, 은일화隱逸花, 옹초翁草, 천대견초千代見草 등으로 불린다. 외국에서 들어온 거의 모든 식물에 우리 이름이 따로 있는데, 국화만은 순수한 우리말이 아니고 한자어를 그대로 쓰고 있는 것도 특이한 일이다.

옛 기록을 보면 염제炎帝 신농씨가 국화를 장생불사약長生不死藥으로 하면서 널리 재배했었다는 설이 있다. 지금도 장생불로하는 신비한 풀로 보는 사람이 많다. 《예기》〈월령月

令〉 편에는 "가을의 끝 달인 9월은 국화가 피는 때季秋之月 鞠有黃華"라고 했다. 여기서 황화黃華는 누런 꽃이니 바로 국화를 말한다. 국鞠은 국菊의 옛 글자다. 오색 중에서 황색은 중앙을 뜻하는 말이니 계절 가운데 오곡백과五穀百果를 수확하는 가장 고귀한 달이라는 뜻이다.

다음은 위문제魏文帝가 종요鍾搖에게 보낸 편지다. "건곤乾坤이 순화하는 이때(음력 9월 9일 전후) 국화의 아름다운 숙기淑氣는 연중 어느 때와도 비교할 수 없다. 몸을 보하고 수명을 연장하는 것으로 국화만 한 것이 없다. 여기 국화 한 다발을 보내니 팽조彭祖 신선처럼 도를 이루는 데 도움이 되기를 바라네"라는 글이다. 왕이 늙은 신하를 아끼는 마음이 절절히 녹아 있다. 국화 한 다발이 뭐 그리 보약이 될까마는 군왕의 어진 마음을 느낄 수 있어 천세에 길이 남을 만한 명문장으로 꼽는다.

국화의 원종은 감국이나 산국처럼 황색이지만 당대에 이미 여러 가지 색깔의 국화를 개량했다. 백거이白居易의 시 중에도 흰 국화白菊가 보이고, 이상은李商隱은 그의 시에서 보라색 국화紫菊를 노래했다. 또 두보는 당시에 이미 많은 국화 품종을 가꾸었다고 전한다.

송대에는 노지재배뿐만 아니라 실내에서 화분에 심어

❀ 중간 크기의 자주색 국화. 화단에 심는 품종으로 알맞다.

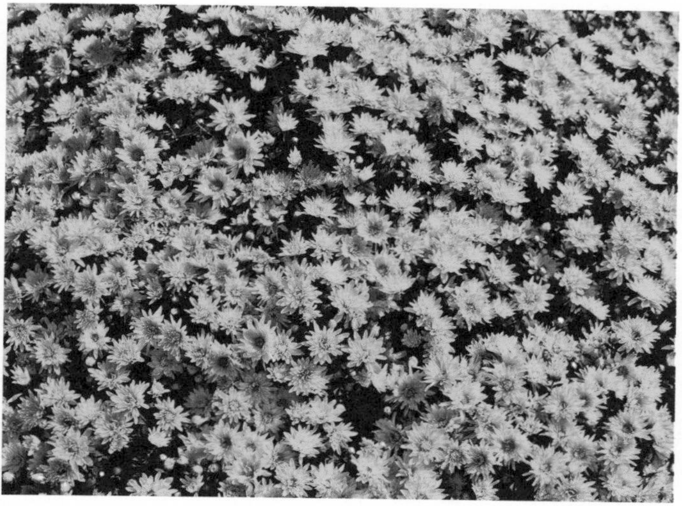

❀ 노란색 소국이다. 향기가 뛰어나 차를 끓여 마시고 약용으로 널리 쓰인다.

가꾸는 원예 기술이 상당히 발전했다. 따라서 국화의 신품종 육종에 힘을 쏟은 결과 수많은 원예품종이 만들어졌다. 유몽전劉蒙筌은 1175년에 펴낸《국보菊譜》에서 황색 17품종, 백색 15품종, 자색과 붉은색 4품종을 합해 모두 36종을 기재했다. 이 책에서 "신라 국화는 옥매 또는 육국이라 한다 新羅菊 一名玉梅 一名陸菊"고 적었다. 당시 신라에서 재배하던 국화 품종이 중국에 전해졌다는 것을 알 수 있다.

그보다 10여 년 늦은 1186년, 범성대는《범촌국보》에 진귀한 국화 58품종을 기재했다. 그리고 원대의 양유정楊維貞은《황화전黃華傳》에서 당시에 이미 국화가 136품종이나 된다고 적었다.

명대는 본초학의 발달로 국화를 재배하는 원예 기술도 급속한 발전을 가져왔다. 황성증黃省曾은 그의《국보菊譜》에 270품종을 기재했는데 5월에 피는 것五月菊, 7월국七月菊, 5월부터 7월까지 피는 것五七菊 등 개화 시기별로 품종을 나누었다.

옛날에는 검은색 국화도 있었던 것 같다. 중국 산시성 서안西安 근교의 종남산終南山 오로동비五老洞碑에 "영수永壽는 한나라 때의 좋은 먹인데 그 지방에 묵국墨菊이 있어 먹빛처럼 검다. 옛날에는 즙으로 글씨를 썼다"고 적혀 있다.

초楚의 굴원屈原은 국화를 성인군자에 비유해 찬양했다.

회왕懷王의 조정에서 쫓겨나 택반澤畔에서 노닐면서《이소경離騷經》을 지었는데, 그 글에서 "아침에는 목련꽃에 떨어진 이슬을 마시고 저녁에는 떨어진 국화 꽃잎을 먹는다朝飯木蘭之墜露兮 夕餐秋菊之落英"며 궁핍한 생활을 읊었다. 먹을 것이 없어 봄이면 목련꽃에 맺힌 이슬로 목을 축이고 가을에는 국화꽃을 먹으며 연명했다는 것이다. 가난하지만 시류에 물들지 않고 국화처럼 고고한 삶을 살아가겠다는 굳은 의지를 엿볼 수 있다.

한옥의 희뿌연 창호지에 붙어 있는 국화 잎과 꽃은 생각만 해도 그윽한 멋으로 다가온다. 국화가 없다면 우리의 창호가 너무 넓게 보이고 단조로웠을 것이다. 주택 구조가 양옥으로 바뀌고 보니 한지에 은근슬쩍 비춰 보이는 국화꽃 그림자가 그립다. 바로 우리의 멋스러운 미감이 아니겠는가.

가을을 아쉬워하는 보랏빛 들꽃

쑥부쟁이

사람들은 가을의 정취를 가장 쉽게 느낄 수 있는 대상으로 단풍을 손꼽는다. 그리고 능선을 하얗게 뒤덮는 억새, 갖가지 가을꽃들을 통해서도 계절의 감각을 느낄 수 있다고 말한다. 쑥부쟁이도 가을 서정을 느끼게 하는 고운 꽃이다. 속명 ***Aster***는 라틴어로 '별star'이라는 의미다. 밤하늘의 별처럼 선명한 아름다움을 품고 피어난다는 뜻이리라.

가을 산야에서 아무 데나 쉽게 눈에 띄는 것이 바로 쑥부쟁이다. 흔히 들국화라고 하지만 학술적으로 들국화라는 이름의 식물은 없다. 문필가들이 쓴 글에 들국화라는 이름의 쑥부쟁이꽃이 자주 등장하지만 이름이 따로 있다는 사실을 알지 못해서 저지르는 오류다.

쑥부쟁이 무리 중 벌개미취는 한국 특산식물이다. 최근에는 벌개미취의 원예학적 가치가 인정되면서 공원이나 도로 조경용으로 널리 쓰이고 있다.

쑥부쟁이는 길가나 밭둑, 개울가, 고산지대, 바닷가 모래땅 같은 곳도

←··· 까실쑥부쟁이 *Aster ageratoides* Turcz.
전국의 산지나 길가에서 자라는 다년초다. 화서 아래 줄기를 만지면 까슬까슬하다.

가리지 않는 흔한 식물이다. 짙은 보라색 또는 연보라색 꽃은 가느다란 줄기 끝에서 바람에 하늘거린다. 쑥부쟁이꽃은 어딘지 모르게 애처로운 느낌을 주는 들꽃이다. 언제나 가련한 모습으로 비탈에 서서 가을 햇살을 쬔다. 다른 풀들이 모두 쓰러져간 들녘에서 한 가닥 미련을 버리지 못해 허공을 향한 도리 짓을 계속한다. 찬 서리를 맞으면서 피는 쑥부쟁이기에 더욱 애처롭게 보이는지 모른다.

쑥부쟁이의 꽃 빛깔은 결코 화려한 색채가 아니다. 어딘지 모르게 차분한 느낌으로 다가와 사람들의 마음속에 자리 잡는다. 퇴락한 산사의 칠성각 옆에 피어 있는 쑥부쟁이를 보면 더욱 가련한 느낌을 받는다. 찾는 이 없는 구석에서 소박한 모습으로 저물어가는 가을을 아쉬워한다. 어린 시절 양지바른 담 밑에서 횟배 앓던 누이의 파리한 모습 같다.

누가 봐주지 않아도 제 할 일을 하는 쑥부쟁이꽃. 화창한 봄날 싱그러운 여름, 좋은 시절 다 보내고 마지막 안간힘을 다해 자잘한 꽃 몇 송이를 피웠다. 작은 승리지만 최선을 다했을 때 보람도 큰 법이다.

객지에서 젊음을 헛되이 보내고 반백이 되어 돌아온 사람이 마지막 힘으로 고향 땅을 일구어 첫 수확물 앞에 서 있으면, 그 사람이 자랑스럽게 보인다. 쑥부쟁이를 보면 수확

쑥부쟁이 *Aster yomena* (Kitam.) Honda

산과 들에서 자라는 다년초다. 땅속줄기가 지면을 기면서 뻗어나가기 때문에 넓은 군락을 이룬다.

의 기쁨을 맛보는 것 같다.

쑥부쟁이는 종류가 많아서 전부 기술하기는 어렵다. 대략 아스타속Aster 식물을 통틀어 쑥부쟁이류라 한다. 크게 나누어 다년초와 일년초가 있고, 바닷가에서 자라는 갯쑥부쟁이가 있는가 하면 한라산 꼭대기에서도 자라는 눈개쑥부쟁이도 있다. 전국 어디서나 볼 수 있다.

이외에도 개쑥부쟁이, 까실쑥부쟁이, 가새쑥부쟁이, 개미취, 좀개미취, 섬쑥부쟁이 등 몇 종이 있다. 대부분 꽃색과 잎의 모양이 비슷해 구분하기 힘들다. 그러나 개미취는 조금만 눈여겨보면 쉽게 알 수 있다.

먼저 개미취는 아래쪽 근생엽이 줄기에 붙은 잎보다 훨씬 커서 거의 손바닥만큼이나 넓다. 꽃이 아름답고 땅속줄기로 잘 뻗어나가기 때문에 정원에 심기도 한다. 봄철에 돋아나는 싹은 나물로 하며 잎이 다른 쑥부쟁이류에 비해 크고 넓어서 밭에 재배하는 곳도 있다. 8~9월경 줄기 끝에 달린 꽃은 한데 뭉쳐서 위를 보고 핀다. 밑에서는 가지를 치지 않고 꽃이 피기 직전 꼭대기에서 짧은 가지가 갈라져 그 끝에서 한 송이씩 핀다.

개미취의 뿌리를 자원紫苑이라 하여 그늘에서 말려 약재

로 쓴다. 주로 가래를 삭여주고 기침을 멈추게 하며, 폐결핵에 걸려 피를 토할 때 효과가 좋다고 알려져 있다. 또 오줌이 잘 나오지 않을 때 뿌리를 달여 마시고 감기 치료에도 효과가 있다. 민간요법으로는 줄기와 꽃, 뿌리를 함께 달여 설사 및 신경쇠약의 완화제, 어린이들의 기침약으로 쓴다.

개미취의 뿌리는 보통 약재와는 달라서 독성이 거의 없다. 따라서 몸이 허약한 노인이나 어린이도 마음 놓고 먹을 수 있는 약재다. 뿌리를 캐 그늘에서 잘 말려 비를 맞지 않는 곳에 걸어두고 필요할 때 조금씩 달여 마시면 된다. 겨울철 감기가 심할 때는 개미취 뿌리를 끓여 묽게 한 것을 차 대신 어느 때고 마시면 좋다. 개미취가 없을 때는 대신 쑥부쟁이 뿌리를 쓰기도 한다.

봄철에 돋아나는 부드러운 싹은 뜯어서 나물로 무쳐 먹고, 많을 때는 데쳐서 말려두고 겨울에 먹는다. 조금 억센 것이라면 데쳤다가 참기름이나 들기름에 볶아 먹는다. 질겨서 그냥 먹을 수 없다면 밀가루나 찹쌀가루를 입혀 기름에 튀겨낸다. 바삭바삭하여 씹는 감촉이 좋고, 맛도 향기롭다.

시골에서는 쑥부쟁이 싹을 취나물이라는 이름으로 부른다. 특히 울릉도의 울릉미역취나 섬쑥부쟁이가 대량 재배돼 '울릉도 취나물'이라는 이름으로 전국 각지로 팔려나간다.

봄철 시장에서 인기를 끄는 울릉도 취나물이 바로 쑥부쟁이싹이다. 이처럼 울릉도 취나물의 명성이 높아지자 이제는 육지에서도 울릉미역취나 섬쑥부쟁이를 재배하는 농가가 늘어가고 있다.

가을이 다 가기 전에 들로 나가 쑥부쟁이꽃의 아름다움을 감상해보는 것은 어떨지.

찬 서리를 이겨내는 향기로운 약초

구절초

폭염의 여름을 보냈는가 싶더니 어느새 옷깃을 여미게 하는 가을이다. 풀벌레들의 마지막 합창을 듣게 되는 때도 이즈음이다. 시골길을 걷다 보면 산비탈에서 가장 먼저 눈에 띄는 것이 구절초며 쑥부쟁이다. 누가 가꾸지 않아도 우리의 산하를 곱게 장식하는 들꽃이기에 더욱 정답다. 구절초야말로 우리의 꽃이다.

오대산을 찾으면 두 종류의 구절초를 볼 수 있다. 능선을 따라 난 등산로 주변에서 자라는 것은 산구절초다. 잎이 가늘고 땅에 바짝 붙어 자라며 10~20센티미터 정도로 키가 작다. 그러나 꽃은 보통 구절초와 다름없고 오히려 큰 것도 많다. 정상에서 노인봉으로 가는 능선에는 우리나라에서 유일한 겹꽃의 산구절초가 자란다.

월정사 계곡의 길가나 볕이 잘 드는 풀밭에서 자라는 것은 구절초다. 키가 30~50센티미터나 되고 꽃이 필 때쯤이면 너무 웃자라 쓰러지기도 한다. 흰색 꽃이 보통이지만 가끔 연

←… 구절초 *Dendranthema zawadskii* var. *latilobum* (Maxim.) Kitam.

산과 들의 개활지에서 자라는 다년초다. 한자리에서 여러 개체가 넓은 군락을 지어 자란다. 향기가 나는 잎과 줄기를 약으로 한다.

한 보라색 또는 분홍색 꽃이 피는 것도 있다. 전국의 산과 들에서 흔히 보게 되는 바로 그 구절초다.

구절초는 늦은 가을 찬 서리를 맞으면서 꽃이 피기 때문에 더욱 애잔하게 보인다. 온갖 꽃들이 저마다 아름다운 자태를 과시하는 봄날의 축제에도 등을 돌렸지만, 은빛 레이스가 달린 드레스는 보는 것만으로도 호사스럽다. 하늘타리가 무대의상처럼 정교한 꽃잎을 펼치고 여름 밤하늘을 향해 발돋움할 때도 구절초는 눈길 한번 주지 않았다.

위대한 여름도 기력이 떨어질 때가 있는 법. 울안에서 가장 풍성했던 달리아도 빛을 잃고 쓰러진 지 오래다. 담 위로 고개를 뽑아 올린 당당한 모습의 해바라기도 빛을 잃었다. 영광의 황금빛은 초라한 베옷처럼 바래고 구겨졌다. 여름이 키운 온갖 꽃들은 그렇게 무대 저편으로 하나씩 사라져 갔다.

구절초는 축제가 끝난 텅 빈 들녘에서 피어난다. 가설무대도 철거되었고 구경꾼도 모두 돌아간 빈터에서 홀로 꽃을 피운다. 아무도 찾지 않는 외진 곳이니 화려한 무대의상인들 무슨 소용이 있겠는가. 색깔이 없는 흰빛이지만 깨끗하다. 품위가 있다. 지극히 단순한 듯하면서도 고결하고 순결한 맛이 더할 나위 없다.

구절초는 생육기간이 긴 꽃이다. 그러면서도 고작 20~30센티미터밖에 자라지 않는다. 같은 초본류인 어수리나 궁궁이가 사람의 키를 넘고, 물에서 자라는 갈대가 2~3미터까지 자라는 데 비해 땅딸보인 셈이다. 다른 풀들에 비해 잎도 그리 탐스러운 편이 못 된다. 몇 장의 잎이 붙어 있지만 작고 그것마저 깊이 갈라져 있다. 더구나 고산지대에서 자라는 산구절초나 바위구절초, 한라구절초 같은 것은 잎이 실처럼 잘게 찢어져 있다. 구절초의 잎은 초라한 듯 보이지만 고결한 향기를 품고 있다. 마치 덕망 있는 선비가 두루마기 차림으로 서상 앞에서 책을 읽는 느낌이라고나 할까.

꽃도 풀 먹여 곱게 다듬이질한 무명 두루마기 색이다. 흰색만 있는 것이 아니다. 연한 보라색도 있고 분홍색도 있다. 이 분홍색 꽃을 재배하는 동안 붉은 꽃이 피는 것도 개량해냈다. 용인 한택식물원의 이택주 원장은 10여 년 전부터 구절초의 품종 개량을 서둘러왔다. 그 결과 최근에는 핏빛의 완전히 붉은색 꽃이 피는 구절초를 세계 최초로 작출해내는데 성공했다. 앞으로 우리의 붉은색 구절초가 세계시장으로 팔려나가 지구촌 곳곳의 화단을 장식할 날도 머지않았다.

구절초는 원예적 가치 외에도 쓰임새가 많은 꽃이다. 봄철에 돋아나는 어린싹은 나물로 한다. 구절초 싹을 뜯으면

※ 연분홍 구절초를 선발하면 이처럼 화려한 꽃이 핀다.

우선 데쳐야 한다. 물이 끓으면 소금을 한 숟갈 정도 넣고 잘 저어서 소금물을 만든다. 끓는 소금물에 구절초 싹을 데쳐내면 잎이 파랗게 살아나고 향기도 그대로 배어 있다. 초고추장에 찍어 먹거나 갖은양념에 무쳐 먹는다.

여름철에 딴 센 잎은 튀김을 해 먹으면 좋다. 바삭바삭하게 튀기면 어린이 간식으로 좋고 맥주 안주로도 그만이다. 고소하면서도 쌉쌀한 향기가 입안을 가득 채운다.

구절초는 꽃도 먹을 수 있다. 찐 쌀가루와 물에 불린 쑥잎을 넣고 함께 찧으면 파르스름한 쑥떡이 된다. 그 위 하얀색 구절초 꽃잎과 붉은 맨드라미꽃, 그리고 푸른 구절초 잎을 얹으면 고운 꽃떡이 된다. 먹기가 아까울 정도로 맛과 향, 멋이 어우러진 기막힌 요리가 된다.

베개 속을 채울 때 메밀껍질과 함께 구절초꽃을 섞으면 머리카락이 세지 않고 탈모 방지에도 효과가 있다고 한다. 또 만성 편두통이나 머리가 어지러울 때 구절초꽃을 쪄서 뜨거운 채로 수건에 감아 머리띠처럼 하고 있으면 잘 듣는다.

구절초는 부인병과 관계있는 약재다. 아랫배가 냉한 사람이나 생리불순인 사람, 손발이 찬 사람에게 좋은 약재로 알려져 있다. 《본초강목》에서는 "구절초는 건위, 보익, 신경통, 정혈, 식욕부진에 좋다"고 했다.

구절초는 꽃이 핀 것을 뿌리째 캐서 그늘에서 말려 약재로 한다. 그 때문에 계속 캐기만 했지 다시 자랄 틈이 없어 점차 사라지게 되었다. 이 땅 어디서나 그토록 흔했던 구절초가 근교에서는 좀처럼 볼 수 없게 되었다.

그 대신 대구 약령시장이나 서울의 경동시장은 물론이고 시골 장터에서 구절초를 쉽게 볼 수 있다. 오늘날에도 구절초는 민간 생약재로 중요한 자리를 차지하고 있다는 것을 알 수 있다.

구절초로 환약을 빚는 옛 방식을 소개한다. 구절초를 뽑아 흙을 깨끗이 씻어내고 그늘에서 물기를 말린다. 이것을 솥에 넣고 오래도록 삶아 약효 성분을 우려낸다. 그다음 줄기를 건져내고 삶은 물을 체에 내려 불순물을 걸러낸다. 갈색이 도는 국물을 계속 졸이면 나중에는 끈적끈적한 물엿같이 된다. 밑에서 타지 않도록 불을 약하게 하여 더욱 졸이면 조청같이 되는데, 이를 찬 곳에서 식히면 고체가 된다.

팥알 정도의 작은 환을 지어 말리면 구절초 환약이 된다. 옛 사찰에서 비전되어 내려오던 불가의 상비약이었으나, 지금은 만드는 곳도 찾기 어렵고 환약을 구하기도 쉽지 않다. 구절초 환약은 더러운 물을 마셔 생기는 배앓이에 좋고, 특히 풍토병에 약효가 탁월해 옛날 조선의 사신들이 중국에

갈 때 반드시 이 환약을 몸에 지녔다고 한다.

구절초는 독성은 없으나 약간의 알칼로이드 반응을 나타낸다. 예로부터 국화와 함께 불로장수 약으로 써왔으나 약효 면에서는 구절초를 한 수 위로 친다.

구절초 술 담그는 법은 의외로 간단하다. 마른 구절초를 1센티미터 정도로 잘게 썰어 병의 5분의 1 정도만 채운다. 나머지는 25도의 소주를 붓고 6개월간 익혀서 마신다. 싱싱한 구절초를 쓸 때는 원료의 3배 정도 소주를 부어 3개월간 익히면 다갈색의 구절초 술이 우러난다. 약용으로 쓸 때는 되도록 설탕을 가미하지 않는 것이 좋다. 마실 때는 기호에 따라 약간의 설탕이나 꿀을 탈 수도 있다.

요즈음에는 도시 조경에도 구절초가 등장해 향기를 퍼뜨리고 있어 그나마 다행이다. 구절초가 자라던 자리에 원산지가 남미인 코스모스가 극성을 부리더니 이제 우리 꽃이 차츰 자리를 되찾아가고 있다. 학자들은 현재 재배하고 있는 국화가 야생의 산국이나 감국과 구절초의 자연 교잡종이라고 추정하고 있다.

구절초는 보호할 가치가 충분한 꽃이다. 우리의 생명 자원인 구절초가 전국 방방곡곡에서 무성하게 자라도록 해야 한다. 그리고 하나 덧붙이자면 야생하는 구절초를 채취할 것이 아니라 반드시 재배해 약용 또는 식용으로 해야 한다는 사실이다. 이 가을 구절초 향기가 서린 산으로 가 감미로운 추억을 만들기 위하여.

바람을 잠재우는 부드러운 손길

갈대

갈대밭에 서면 아무리 감정이 무딘 사람이라도 시인이 된 것 같은 착각에 빠져든다. 예로부터 수많은 예술 작품의 소재가 되기도 했다. 동양에서 갈대를 노래한 대표적인 시로 《시경》의 〈갈대蒹葭〉가 있다. 이 작품은 강가의 갈대밭에서 사랑하는 사람을 보면서도 가까이 갈 수 없는 마음을 노래하고 있다.

> 푸른 갈대는 빽빽하고 흰 이슬이 서리로 바뀌었네
> 그리운 님이 물 건너 저쪽에 있지만
> 거슬러 오르는 험난한 물길 멀기도 해라
> 물길 따라 내려오는데 님은 아직 섬에 있네
>
> 蒹葭蒼蒼 白蘆爲霜 所謂伊人 在水一方
> 遡游從之 道阻且長 遡遊之 宛在水中央

자하紫霞 신위申緯는 갈꽃을 보고 가을이 오는 것을 알았다.

←··· 갈대 *Phragmites communis* Trin.
민물과 바닷물이 교차하는 기수에서 자라는 다년초다. 높이 1~2미터까지 자라며 가을에 연한 잿빛을 띤 갈색 까락이 바람에 나부낀다.

오두막은 작은 배처럼 초라하고

갈잎 갈꽃에 가을이 찾아드네

첫서리가 내리자 강가의 어부가 사는 작은 집은 더욱 초라하게 보이고 갈대는 누런색으로 물들기 시작한다. 갈꽃이 바람에 나부끼고 기러기는 북쪽의 찬바람을 몰고 온다. 갈꽃은 어딘지 모르게 쓸쓸함을 느끼게 하는 가을꽃이다.

갈대 이삭은 솜털처럼 부드럽다. 새들이 집을 지을 때 부드러운 이삭을 따 둥지의 안쪽에 깔았다. 옛글에 부엉이의 말을 빌려 "내 발과 부리 다 닳도록 갈꽃을 물어 날랐건만 아직 둥지를 다 짓지 못했네"라는 기록이 있다. 박해받는 서민의 애환을 부엉이로 비유해 한탄조로 읊조리고 있다.

갈대는 키가 크다. 초본류면서 다른 어떤 풀보다 높이 자란다. 그것은 갈대가 물이 풍부하고 비옥한 진흙에서 자라기 때문이다. 《시경》에는 "연못가에 키를 넘는 갈대가 무성하네有漼者淵 萑葦淠淠"라고 노래한 대목이 있다. 갈대가 다른 어떤 풀보다 높이 자란다는 사실을 두고 '키를 넘는 갈대'라고 표현한 것 같다.

셰익스피어는 "여자의 마음은 갈대와 같다"고 썼다. 갈대가 바람에 나부끼는 현상을 두고 변덕스러운 여자의 마음에 비유한 것이리라. 갈대가 바람에 잘 흔들리기는 해도 절대 쓰러지지는 않는다. 오히려 다른 어떤 풀보다 강인한 면이 있다. 폭풍이 지나가도 부러지지 않는 점에서 대나무와 너무나 닮았다.

갈대 줄기는 여느 풀보다 굵고 단단하다. 그래서 대나무 줄기로 만드는 것이라면 웬만한 것은 갈대 줄리로도 다 만든다. 피리를 만들어 곡을 연주하고 발을 엮거나 돗자리를 짠다. 통발을 만들어 물고기를 잡고 엮어서 세우면 닭을 치는 우리가 된다. 수렵시대에는 갈대밭이 중요한 사냥터였을 것이다. 《시경》에는 또 "저 무성한 갈대밭에서 화살 하나로 암퇘지 다섯 마리를 잡았네彼茁者葭 壹發五豝"라 기록되어 있다. 갈대의 뿌리줄기는 전분이 많아서 동물들의 좋은 먹잇감이었다.

수천 년 전부터 갈대는 갖가지 생활 도구를 만드는 좋은 재료였다. 《예기》〈월령〉 편에, "호수를 관리하는 벼슬아치에게 갈대를 납품하도록 한다 命澤人 納材葦"고 적혀 있다. 관청에서 1년 동안 쓸 갈대를 가을에 미리 비축해두었다는 것을 알 수 있다. 갈대는 인삼밭을 덮어주는 삼포발, 국수사리를 얹어놓는 국수발, 김을 뜨는 김발, 삿갓인 노립蘆笠을 만들 때 없어서는 안 될 자원이었다.

인도에서는 갈대만으로 집을 짓는다. 여러 대를 묶어 기둥으로 쓰고 벽도 갈대를 엮어 세운다. 지붕은 물론 바닥까지 갈대로 엮어서 깔면 훌륭한 주택이 된다. 강 하구에 사는 사람들이 목재를 구하기는 어려웠을 것이다. 그 때문에 갈대로 엮은 큰 배를 건조해 바다로 나가 고기를 잡았다. 지금도 갠지스강 하류에는 갈대로 엮은 큰 배가 짐을 싣고 다닌다. 갈대배는 부력이 좋다. 많은 짐을 싣고도 힘을 들이지 않고 운반할 수 있어 고대부터 조선 재료로 쓰였다. 이 갈대배를 타고 멀리 아프리카 희망봉을 돌아 무역을 했다.

달마가 동쪽으로 올 때 갈대 줄기를 타고 물을 건넜다고 하여 지금도 달마도하도達摩渡河圖에서는 발밑에 갈대 한 줄기를 그린다. 사실은 갈대배를 타고 대양을 항해해 중국으로 왔던 것이다. 갈대는 성경 속에도 나온다. 〈요한복음〉 11장 7절에는 다음과 같은 문장이 있다.

> 그들이 떠나가자 예수님께서 요한을 두고 군중에게 말씀하기 시작하셨다. "너희는 무엇을 구경하러 광야에 나갔느냐? 바람에 흔들리는 갈대냐, 아니면 무엇을 보러 나갔더냐?"

예수께서 제자들에게 묻고 있다. 흔들리는 갈대를 보았냐고. 갈대는 헐벗은 군상을 상징한다. 그들의 아픔을 보았으면 도와야 하지 않겠느냐고 묻고 있다. 바로 박애 정신이

무늬물대 *Arundo donax* var. *versicolor* (Mill.) Stokes

잎에 무늬가 들어간 것은 관상 가치가 뛰어나 정원에 심기도 한다.

달뿌리풀 *Phragmites japonica* Steud.

갈대와 가장 비슷하지만 주로 냇가나 산지의 계곡 물가에서 자란다. 긴 줄기가 지면을 기면서 뻗어나가며 마디에서 뿌리를 내리고 이어 싹이 돋아난다.

아닌가.

파나마의 쿠나족은 강가에 터전을 잡아 살아간다. 그들은 강에서 갈대를 베어 갈대만으로 집을 짓고 그 안에서 살림하는 것은 물론 가축도 기른다고 알려졌지만 사실은 갈대가 아니다. 우리말로 하면 골풀이라는 사초류가 맞다. 이집트의 파피루스가 갈대가 아니고 방동사니류인 것과 같다.

갈꽃은 맑고 부드럽다. 빛에 따라 흰색인 것 같으면서 갈색이 돌고 때로는 누런빛으로도 보인다. 하얗고 보송보송한 갈대밭 전체의 정취는 어떤 자연과도 비교할 수 없이 아름답다. 파스칼은 인간을 '생각하는 갈대'라고 표현하기도 했다. 갈대는 바라보는 사람을 생각에 젖도록 하기 때문이리라.

'갈대의 순정'이니 '갈대처럼 지조가 없다'라느니 하지만 갈대는 바람에 몸을 맡길 뿐 함부로 움직이는 법이 없다. 갈대는 밀집해 자란다. 마른 갈잎이 서로 몸을 비벼대는 소리가 멀리서 군중이 소곤거리는 것 같다. 임금님의 이발사가 갈대밭에서 "임금님 귀는 당나귀 귀"라고 외치자 수많은 갈대 사이에서 "당나귀 귀, 당나귀 귀~"라는 메아리가 들려왔고, 그리하여 임금님의 비밀은 깨어지고 말았다는 유명한 설화도 전해진다.

옛 선비들은 갈대가 지조 있는 풀이라 하여 귀하게 여겼다. 들풀로 엮은 야초라野草蘿에 갈꽃을 넣은 솜이불을 덮고 자는 검소한 생활로 절의를 지켰다. 중국의 문호 동파東坡 소식蘇軾은 갈대를 유난히 좋아했다. 특히 동정호의 갈대를 좋아해 수반 위에 얹어놓고 맑은 물을 부어 기르면서 갈대의 성정을 사랑했다.

뿌리를 다듬고 수석과 함께 수반에 얹어 가꾸면 싹이 돋는다. 대나무를 연상시키는 아취가 있어 예로부터 시인 묵객이 널리 재배했다. 돌에 이끼가 돋고 갈꽃이 피면 드넓은 동정호의 정취가 한껏 오르는 듯해 그 속에 마음을 담아 자신이 거대한 자연 속에 있는 것으로 생각했다.

갈대는 자원으로서 높은 가치가 있다. 여름의 부드러운 싹은 훌륭한 목초다. '갈대 먹은 소 중에 살 안 찌는 소 없다' 할 정도로 가축이 좋아하고 영양가도 높다. 가을에 갈꽃이 피기 직전에 줄기 전체를 베어 잘 말려서 담근먹이를 만들어 겨울 가축 사료로 쓴다.

싹은 나물로 먹는다. 굵은 뿌리를 생으로 씹으면 달콤하여 어린이 군것질감이 된 때도 있었다. 전분이 풍부해 춘궁기를 이겨내는 구휼식이 되기도 했다. 봄철 뿌리를 캐면 잘 갈아서 그 물을 가라앉힌다. 충분히 우려낸 뒤 앙금을 말리면 흰 가루를 얻을 수 있는데, 이것으로 국수나 떡 같은 요리를 한다.

한방에서는 뿌리를 노근蘆根이라 하여 이뇨, 해열, 소염, 갈증 치료에 쓴다. 특히 당뇨병에 특효가 있다고 알려져 최근 중국 의학계에서는 이 분야의 연구가 활발하다. 《명의별록》에는, "갈대는 습지에서 자라는데 잎과 줄기가 대나무와 같다. 까락을 적화荻花라 한다. 2월과 8월에 뿌리를 캐 볕에 말려 약으로 쓴다"고 했다.

세시歲時에 돋아난 향기로운 새싹

참당귀

참당귀當歸의 뿌리가 바로 당귀다. 당귀를 다시 움에서 길러 틔운 싹은 승검초라고 하는데, 옛말에 '그 깨끗하기가 은비녀 다리 같다'며 꿀에 찍어 먹으면 향기롭다고 했다. 옛 양반들에게 승검초는 설날의 별미였던 모양이다.

밀양 지방 모내기 노래에 "찹쌀 닷 말 멥쌀 닷 말 돌 인다고 늦었소 / 미나리라 숭금채라 맛본다고 늦었어라" 라며 들로 내오는 점심을 기다리는 마음을 표현했다. 이 농요에도 승검초(숭금채)는 미나리와 함께 가장 맛있는 나물로 나오며 작업장에서 여럿이 둘러앉아 비빔밥을 해 먹었던 것 같다.

또 섣달그믐 밤에 당귀 뿌리를 삶은 물에 목욕을 했다. 몸에서 미묘한 향기가 나서 깨끗한 몸으로 설날 아침 차례를 올리기 위함이었다.

←… 참당귀 *Angelica gigas* Nakai
전국의 산지 비옥한 땅에서 자라는 다년초다. 높이 1.5~2미터에 이르고 꽃이 피면 줄기는 말라 죽는다.

승검초 뿌리를 말려 강정이나 떡, 단자, 편도 만들었다. 말린 밤 가루黃栗粉, 콩가루, 밀가루, 승검초 가루를 섞어 꿀에 갠 뒤 다식을 찍어 제상에 올렸다. 뿌리를 엷게 끓여 차로 마셔도 묵은 몸 냄새가 없어지고 향기가 난다고 했다. 뿌리를 차로 마셨지만 승검초 순을 꿀물에 섞어 마시기로 했다.

당귀가 처음 문헌에 등장한 것은《신농본초경》이다. "당귀는 뿌리를 약으로 쓰는데, 뿌리가 굵고 잎은 깃털꼴겹잎이다. 5월에 새로 자란 줄기 끝에서 흰색 꽃이 핀다"고 했다.

당귀는 두 종류가 있다. 잎이 넓고 뿌리가 굵은 우리나라 자생종인 참당귀가 있고, 잎이 좁고 많이 갈라졌으며 일본과 중국 자생종인 일당귀가 있는데 두 종류 모두 재배하며 약으로 쓴다.

참당귀는 일당귀보다 줄기가 크다. 높이 1.5~2미터까지 자라며 8월에 짙은 보라색 줄기가 자라 끝에서 3~5개의 짧은 가지가 갈라져 그 끝에서 짙은 자주색 꽃이 우산꽃차례를 이룬다. 꽃은 향기가 있고 많은 꿀이 있어 좋은 밀원식물로 친다. 참당귀꽃에서 채밀한 꿀은 톡 쏘는 맛이 있고 향기가 진하다.

주요 산지는 우리나라를 비롯해 중국과 일본이며 약용식물로 재배한다. 중국에서는 서북 지방과 서남 지방에서 잘 자란다. 간쑤성에서 생산된 것이 유명하며 진귀秦歸라고도 부른다. 그중에도 민현岷縣에서 나는 것이 가장 유명하며 생산량도 중국 제일이다. 민현에서 나는 당귀를 '민귀岷歸'라 하여 중국에서는 명약으로 친다. 민현의 자연조건은 매우 특이하다. 이곳은 해발 2,500~3,000미터나 되는 고지대며, 기후가 서늘하고 음기가 강하며 습도가 높다. 연평균 강우량이 635밀리미터, 연평균 기온은 5.5도다. 또 산속은 1년 내내 그늘이 들고 습해 당귀가 자라기에 아주 좋은 조건을 갖추고 있다.

당귀를 글자대로 풀이해보면 당연히當 돌아온다歸는 뜻이다. 그 유래는 멀리 변방에 병정 나간 남편이 살아 돌아와 아이를 갖게 되기를 기다린다는 뜻이다. 예로부터 중국에서는 이별할 때 작약을 쓰고, 서로 만날 때는 문무文無를 썼다고 하는데 이 문무가 바로 당귀다. 작약을 장리將離라고 부르는 것도 그 때문이다.

또한 옛말에 따르면 당귀는 임부가 아기를 낳은 후 기혈氣血이 혼란할 때 복용하면 기혈이 제자리를 찾아 들어간다고 했다. 그리하여 이름을 당귀라고 한다고 했다. 당귀를 칭송하는 시에서는 "3년 동안 남편이 돌아오지 않자 신비한 약초로 상사병을 고쳤는데, 이 이야기가 훗날까지 전해졌다"고 언급한다.

당귀는 부인과 질병에 탁월한 효능이 있다. 통경과 월경 중단, 산후 복통, 하혈 등에 당귀를 쓴다. 기가 적체되어 어

왜당귀 *Ligusticum acutilobum* S. et Z.

일본산의 다년초로 약용으로 재배한다. 높이 50~100센티미터이고 잎을 만지면 강한 향기가 묻어난다. 뿌리를 약재로 하고 잎을 나물로 먹는다.

혈이 있을 때는 향부와 복숭아씨, 잇꽃紅花과 함께 처방한다. 추울 때는 육계, 쑥과 사용하고 더울 때는 단피, 적작약과 함께 사용한다. 임신해 산달이 되었을 때 당귀와 천궁을 처방하면 태아에게 좋고, 태동이 불안하고 요통이 심할 경우에는 당귀, 총백을 함께 쓰면 태아를 안정시킨다.

당귀 뿌리는 휘발성 정유 성분인 당귀소가 있어 자궁의 활동을 진정시키고 조절하는 효능이 있다. 또 당귀의 수용성 성분은 진통 작용이 뛰어난 편이다. 또한 비타민 E의 결핍을 예방해 자궁 속의 태아를 안정시키는 역할을 한다. 당귀에 함유된 B^{12}와 엽산류 물질은 악성빈혈을 치료하는 효과도 있다. 여성의 피와 기를 조절해 주는, 여성을 위한 약재다.

당귀나 복방당귀復方當歸 천궁, 홍화는 관상동맥의 혈류량을 증가시킨다. 당귀는 실험을 통해 여러 가지 세균에 대해 항균 작용을 하는 것이 발견되었다. 그 밖에도 간을 보호하고, 간세포의 단백질 합성 작용을 촉진한다. 당귀에 함유된 휘발성 정유 중에서 분리해낸 리구스틸라이드ligustilide로 만든 약이 당귀정유환當歸精油丸이다. 기관지천식 개선에 90퍼센트 이상의 놀라운 효과가 있으며 기를 원활하게 하고 산소결핍을 개선한다.

당귀는 진통 작용이 있어 두통, 흉통, 복통, 풍습 마비통 등 각종 원인의 통증에 모두 사용할 수 있다. 두통에는 천궁, 백작약과 사용하고, 흉통에는 천궁, 울금을, 복통이 있고 한기가 들 때는 계피와 백작약을 사용한다. 이질성 복통에는 황금, 목향 등을, 풍습 마비통으로 사지가 저릴 때는 강활, 계피, 진교와 함께 사용하며, 적취에는 삼릉과 함께 사용한다. 타박상에는 유향, 몰약 등과 처방한다. 요즘 만들어진 5~10퍼센트의 당귀는 주사액이며, 경락이 순환하는 길을 따라 혈과 통증점에 주사하며, 1회에 1~4혈, 각 혈마다 1~5밀리리터를 주사하면 근육과 관절, 신경통 등에 효과가 있다. 또 고혈압, 대상포진, 각종 비염에도 탁월한 효과가 있는 것으로 알려져 있다.

《동의보감》에도 "당귀는 본래 장소로 되돌아가게 한다는 뜻이다. 사지가 저리는 증상에 좋다"고 했다. 또《일화자본초日華子本草》에서는 "당귀가 모든 풍과 피로를 치료하고 악혈을 풀며, 새로운 피를 만드는 효능이 있다"고 했다. 하지만 당귀의 주요 효능에 따른 임상 치료 방법은 다음의 몇 가지에 국한된다.

당귀가 보혈 작용이 있어 심장과 비장의 피가 부족하고, 머리가 어지럽고, 눈이 침침하고, 가슴이 두근거리며, 건망증과 불면증이 있을 때는 숙지황과 백작약, 천궁과 함께 사용하는 사물탕四物湯을 쓴다. 기혈이 허할 때는 황기와 인삼 등을 넣은 당귀양혈탕當歸養血湯이 좋다. 또 인삼양영탕人蔘養榮湯, 팔진탕八珍湯 등은 모두 당귀를 주재료로 하여 처방하는 탕제다.

기氣를 보하는 것이 인삼이라면 혈血을 보하는 것은 당귀다. 한방에서는 감초 다음이다. 그래서 승검초라는 이름이 붙어 있다. 한약방의 독특한 냄새가 바로 당귀 냄새다. 생약 중 녹용과 함께 보혈제로 가장 많이 사용하는 대표적인 약제다.

산형과에 속한 다년생으로 참당귀, 승검초, 숭엄초, 신감채, 당구라고도 부른다. 꽃대가 나오면 수당귀, 나오지 않으면 암당귀, 실뿌리가 많은 것은 채당귀라 했다.

8월이면 자색의 꽃이 핀다. 전초에서 향기가 나지만 특히 뿌리의 향이 강하다. 어린싹을 채취해 나물로 기름에 볶거나 튀김을 해 먹었다. 줄기를 뜯어 잎자루를 씹으면 달고 맑은 향이 일품이다. 이내 물을 마셔보면 물맛까지 달다.

대량 재배한다면 건강 녹즙으로 당귀 이상의 약용식물은 없을 것이다. 이처럼 좋은 우리 자생 자원식물을 두고 왜 일본산의 명일엽明日葉·神仙草에만 매달리는지 모르겠다.

말발굽을 닮은 산나물의 제왕

곰취

곰취를 산나물의 제왕으로 친다. 곰취만큼 맛과 향이 뛰어난 산채도 드물다. 생으로 쌈을 싸면 약간 쌉쌀한 뒷맛과 함께 향이 오래도록 입안에 감돈다. 어린싹이 가장 맛나고 너무 센 것은 살짝 데쳐 초고추장에 찍어 먹는다. 넓은 잎을 데쳐 쌈 싸 먹는 맛도 일품이다. 무엇보다 다른 나물에 비해 잎이 커서 탐스럽다. 나물 캐는 사람들이 곰취를 만나면 입이 떡 벌어진다. 맛도 좋은 데다 제값을 받기 때문이다.

곰취와 맛을 겨루는 것이 곤달비다. 생긴 것이 비슷하지만 곰취의 잎은 둥근 심장형을 하고 있는데 비해 곤달비는 삼각형에 가까운 긴 심장형이다. 곤달비가 더 맛있다고 눈에 힘을 주는 사람도 많다.

잎의 모양이 말발굽 같아 마제엽馬蹄葉이라고 한다. 잎의 모양에 따라 큰왕곰취, 약간 길쭉한 긴잎곰취가 있다. 일반인이 곰취와 곤달비를 구분하기는 어렵겠으나 꽃을 보면 쉽게 구분할 수 있다. 곰취는 가장자리에 노란 꽃잎이 6~12장 정

←… 곰취 *Ligularia fischeri* (Ledeb.) Turcz.
깊은 산의 숲에서 자라는 다년초다. 짧은 뿌리줄기에서 많은 잎이 돋아난다. 어린싹을 나물로 한다.

도 돌려난다. 그러나 곤달비는 3~4장의 꽃잎이 있다. 곰취는 쓴맛이 강한 데 비해 곤달비는 쓴맛이 적고 날것으로 쌈을 싸면 오히려 단맛이 난다.

백두산 아래 내두촌奶頭村을 지나면 끝없는 평지가 계속된다. 지름 1미터가 넘는 거대한 침엽수가 자라는 숲에 군데군데에 공터가 있다. 이런 곳은 물이 질척이는 습지기 때문에 나무가 자라지 못한다. 물론 가장자리는 자작나무, 황철나무 같은 낙엽수가 자라기도 한다. 더 가운데로 가면 중앙에는 물웅덩이가 있게 마련이다.

지형이 독특하다 보니 초본류 또한 매우 다양하다. 습지 가까이에는 꽃창포, 부채붓꽃, 제비붓꽃과 원추리 따위가 자란다. 물론 얕은 물에는 북통발, 산부채, 독미나리, 조름나물 같은 식물이 자란다. 이끼가 많은 곳에는 사초류와 함께 월귤 같은 식물도 볼 수 있다.

비옥한 초원에는 곰취며 곤달비 또한 큰 잎을 펼치고 제 세상인 양 햇볕을 쬔다. 곰취는 우리가 상상할 수 없을 만큼 잎이 넓다. 한 아름이나 되는 것도 있다. 이파리 한 장으로 온 가족이 찢어서 쌈을 싸도 될 것 같다.

우리는 백두산이 몹시 추운 땅일 것이라고 생각한다. 하지만 여름에는 백두산 온도도 30도를 넘는다. 게다가 땅이 비옥해 몇 자를 파도 유기질이 풍부한 거름흙이다. 물기까지 풍부하니 얼마나 빨리 자라는지 모른다. 누가 백두산 지역의 식물 생육기간을 짧다고 하는가. 5월 중순에 봄이 시작되어 7월까지 생육한다고 하면 채 3개월이 되지 않는다. 그렇지만 이 기간 동안 곰취는 충분히 자라 키가 2미터를 넘는다. 놀라울 지경이다.

함께 자라는 곤달비와 어리곤달비도 마찬가지다. 길쭉한 잎이 한 자를 넘는 것도 있다. 이렇게 큰 잎이 무더기무더기 군락을 이루고 꽃이 핀 줄기가 초원 곳곳에 서 있다. 크기에 비해 노란 꽃잎이 2~3장씩 붙어 엉성하게 보이지만 대신 키가 커 우람하다.

곰취나 곤달비 사진을 찍기 위해서는 습지로 들어가야 한다. 사초 무더기를 징검다리 삼아 접근하면 된다. 실수로 사초 그루터기에서 미끄러지면 그대로 물웅덩이에 빠지고 만다. 허리까지 차오르는 늪이라 혼자서는 빠져나오기 어렵다. 이런 곳에는 군데군데 작은 자작나무며 버드나무가 서 있다. 자세히 보면 땅에 뿌리를 내린 것이 아니다. 사초 더미의 작은 섬에 서 있는 셈이다. 나무줄기를 잡고 서 있으면 지면이 흔들흔들 움직인다. 이탄과 이끼 사초들이 습지의 진흙 위에 떠 있고 여기에 어린나무가 자란다. 물론 그루터기 아

곤달비 *Ligularia stenocephala* (Maxim.) Matsum. & Koidz.

곰취와 비슷하지만 잎이 조금 길쭉하고 꽃잎의 수가 4장 미만이다. 잎은 쓴맛이 적고 달콤하다.

❀ 곰취는 잎이 넓어 잘 자라면 지름 30센티미터에 이른다.

래에는 월귤, 린네풀과 여러 가지 사초, 황새풀, 양치류도 자란다. 대형 곰취가 자라는 땅, 풍요로운 생태계의 보고인 셈이다.

곰취는 옛사람들도 귀한 나물로 여겼던 것 같다. 《열양세시기》 정월보름 풍습에, "김과 곰취나물로 밥을 싸 먹는데 많이 먹을수록 좋다. 이것을 복쌈縛苫이라 한다. 풍년을 바라는 뜻이다"라고 했다. 〈전원사시가〉에서 곰취와 고사리 뜯는 일을 노래했다.

> 어젯밤 내린 비로 산채가 돋았겠네
> 광주리 옆에 끼고 산중에 들어가니
> 주먹 쥔 것 같은 고사리요 향기로운 곰취로다

고사리의 꼬부라진 모습이 아기의 주먹 쥔 손가락 같다고 노래했다. 우리나라에서 자생하는 국화과 식물 중 식용하는 것은 거의 '취'라는 이름이 붙는다. 미역취, 참취, 개미취, 서들취, 나물취, 각시취, 우산취, 수리취 등 예부터 귀중한 식용식물로 사랑받은 것들이다.

이 중에서도 곰취와 곤달비는 가장 인기가 많았으나 지금은 일부 고산지대에서만 볼 수 있는 희귀품이 됐다. 최근 강원도 평창 일대에서 대량 재배해 서울 등지의 슈퍼마켓과

백화점으로 출하하고 있다. 일반 농가에서까지 재배되면서 자생지에서 뿌리를 캐 옮겨 심고 있어 절멸 속도가 가속화되고 있다.

주로 5월께 돋아나는 어린잎은 날로 먹거나 데쳐서 나물로 하고 6~7월에 뜯은 것은 묵나물로 해두고 겨우내 먹는다. 곰취, 곤달비는 9~10월이면 노란색 꽃이 핀다. 높이 70~150센티미터까지 자라고 백두산의 비옥한 토양에서는 2미터 이상 높이 자란다. 뿌리는 육질의 실뿌리로 이뤄져 있는데 이것을 그늘에서 말린 것이 자원紫菀이다. 한방에서는 폐를 튼튼히 하고 가래를 삭이며 기침, 천식, 감기, 치료제로 쓴다.

자연물 중에서 가장 완벽한 독초

투구꽃

옛 병사들이 쓴 투구와 같다고 하여 투구꽃이라 부른다. 투박한 투구보다는 진보라색 남바위를 쓴 고귀한 부인처럼 귀티가 있다. 영어로는 수도승들이 쓰는 외출용 모자, Monks hood라 하고 한자로는 부자附子, 오두烏頭라 하여 까마귀 머리로 보았다. 9월에 피는 하늘빛을 띤 보라색 꽃은 왠지 서늘한 느낌을 지울 수 없다. 투구꽃 무리는 서식지를 옮겨가면서 자라는 식물이다. 투구꽃은 뿌리가 매년 같은 방향으로 뻗는다. 첫해 내린 뿌리의 지름이 1센티미터라면 10년이면 10센티미터, 100년이면 100센티미터, 즉 1센티미터씩 옮겨간 셈이다.

←… 투구꽃 *Aconitum jaluense* Kom.
산지의 숲에서 자라는 다년초다. 뿌리는 납작하고 마늘쪽 같으며 강한 독성이 있다. 8~9월에 짙은 보라색 꽃이 줄기 끝에서 여러 송이씩 핀다.

투구꽃은 지상에서 가장 완벽한 독성이 있는 식물로 알려져 있다. 한방서는 초오草烏, 초오두草烏頭라 하여 몸을 덥게 하는 데 주로 쓴다. 투구꽃 뿌리는 수치하는 방법과 용도에 따라 처방이 달라진다. 일반적으로 캐는 즉시 석회에 탈수 건조한 것을 생부자生

附子라 하고 소금물에 담가 독성을 뺀 것을 염부자鹽附子라고 한다. 섭씨 120도로 쪄서 독성을 많이 없앤 것을 포부자泡附子라 한다. 이것은 썩는 것을 방지하는 것은 물론, 제독除毒하기 위한 처리 방법의 하나라고 볼 수 있다. 그 외에도 경포부자京炮附子, 포부자炮附子, 외부자煨附子, 백부편白附片, 흑부편黑附片 등 여러 가지가 있고 용도도 서로 다르다. 이렇게 수치한 부자를 다른 약물과 배합해 쓰면 그 효능은 배가 된다.

옛날 왕이 내린 사약이 바로 투구꽃의 뿌리를 달인 것이라는 설이 있다. 아메리카 인디언들의 고대 벽화에도 투구꽃이 등장한다. 인디언들은 사냥에 나가기 전 투구꽃의 뿌리를 캐 독을 묻힌 독화살을 준비했던 것이다. 또 아마존 밀림에 사는 원주민들은 독 개구리의 피부에서 나오는 독을 화살촉에 발라 사냥했다. 화살을 맞은 짐승은 맹독으로 백발백중 죽는다. 투구꽃의 독을 직접 먹으면 중독되지만 혈액을 통과해 몇 시간 지난 뒤에는 독성이 없어진다. 투구꽃의 독으로 죽은 짐승의 고기는 먹어도 탈이 없다. 독사에게 물리면 독 때문에 죽지만 독사를 잡아먹으면 오히려 보신이 된다는 논리다.

고대 로마에서는 정치권력 때문에 후궁이 왕자를 암살하는 일이 많았다. 그때 쓰인 독이 바로 투구꽃 독약이다. 그

이삭바꽃 *Aconitum kusnezoffii* Rchb.

산지의 숲 그늘에서 자라는 다년초다. 뿌리는 둥글고 뾰족하다. 줄기는 비스듬히 서며 높이 50~100센티미터에 이른다.

놋젓가락나물 *Aconitum ciliare* DC.

고산지대의 숲에서 자라는 다년초다. 줄기가 자라다가 꽃이 필 무렵이면 끝이 다른 나무를 감는다.

래서 투구꽃 독약을 '계모의 독'이라 불렀다. 독일에서는 '악마의 풀'이라 하여 두려워했다. 투구꽃의 독성은 아코니틴이라는 알칼로이드계로 치사량이 2~3밀리그램이다. 귀이개 하나 정도면 어른도 간단히 죽일 수 있는 양이다. 물론 이는 정제된 양을 기준으로 할 때다. 독성은 꽃잎이나 잎에도 있지만 가장 위험한 부분은 역시 뿌리다. 뿌리 1~2그램으로 치명적일 수 있다. 지름 1센티미터 정도의 투구꽃 뿌리 하나면 충분하다.

부자는 강심, 진통, 이뇨와 중풍, 신경통, 관절염, 찬 손발, 냉증, 여름철 속이 냉해서 오는 배앓이에 특효라 했다. 좋은 약재라 하더라도 맹독성이므로 의사의 처방 없이는 절대 쓰지 말아야 한다. 부자가 처음 문헌상으로 기록된 것은 1406년(태종 6년), 조연내사朝延內使 한첩목아韓帖木兒 양녕楊寧 등이 조정에서 명나라에 동불銅佛을 보낸 답례품으로 열여덟 가지 약재를 갖고 왔는데 그중에 부자가 들어 있었다. 그 후 1423년(세종 5년)에 일본 구주다주 덕웅九州多主 德雄이 여러 가지 물건을 조정에 진상했는데 그중 부자 3근이 들어 있었다. 이런 기록으로 보아 조선 초기에는 궁중이나 상류계급에만 일부 공급되어 사용했던 것으로 이해된다.

1433년(세종 15년)에 편집된《향약집성방》본초 편에는 부자에 대한 기록이 없다. 그러나 명과의 인사 교류와 교역이 활발해지면서 다른 약재들과 같이 부자의 수급이 활발하게 공급되었던 것 같다. 그 결과 1610년 출간된《동의보감》본초 편에는 부자에 대한 기록은 물론 임상 응용에 사용한 처방이 많이 기록되어 있다. 사극에서는 당파 싸움에 휘말린 중죄인이나 대역죄를 지은 죄인들에게 임금이 사약을 내려 그 약을 먹고 각혈하면서 죽는 장면을 충격적으로 부각시킨다. 사회적으로 인식이 매우 좋지 않게 묘사되어 있다.

그러나 실제《조선왕조실록朝鮮王朝實錄》이나《한국의학문화대연표韓國醫學文化大年表》기록에는 부자를 사약으로 쓴 내용이 전혀 없다. 어떤 학자가 사약에 대한 호기심이 발동해 규장각 고서를 다 뒤져봐도 발견하지 못했다고 한다. 내의원에서 사약을 만들 때 구전으로 내려오는 방법을 전수받아 밀조해 사용하기 때문에 기록상으로는 전혀 전해지지 않는다고 한다.

조선시대 왕족이나 사대부는 그들의 유교적 사회적 신분을 고려해 교살絞殺이나 참살斬殺을 시키지 않았다. 사약을 마시게 하여 신체를 보존케 한다는 배려에서 금부도사 등을 시켜 사약을 받게 했다고 한다. 이때 사약을 받는 자는 의관을 차려입고 임금이 있는 궁궐을 향해 사배四拜를 한 후 사약을 마시고 죽음에 이르게 된다. 이 사약의 내용은 비석砒石을 태워 승화시켜 얻은 비상砒霜과 정련精練하지 않은 생금生金, 생꿀生淸, 부자와 초오의 구근, 독이 있는 게알蟹卵 등을 배합해 조제했다는 설이 전해진다.

극약 중에서 사람을 독살하는 첫째 약은 비상이고, 그 다음은 부자나 초오라고 이해할 수 있다. 부자가 사약으로 이용된 이유는 수치하지 않은 부자나 초오는 독성이 매우 강하기 때문이다. 부자를 쓰면 기운이 떨어지고 땀이 나며 사지가 마비된다. 그리고 침을 흘리다가 중증이 되면 가슴이 뛰고 부정맥이 나타나며 혈압이 떨어지고 경련과 마비, 의식장애를 일으켜 결국 사망하게 된다.

특히 부자는 위험한 독약으로 알려졌기 때문에 부자를 약으로 쓰기 위해서는 정확한 수치 방법을 익히고 환자를 진찰해 체질과 증상, 병인病因이 부자를 쓸 수 있는 조건인지 확인해야 한다. 그렇지 않을 때는 절대 사용해서는 안 된다. 또한 부자에 대한 두려움이나 공포심이 있는 환자에게는 사용하지 않는 것이 좋다.

생채로 할 수 있는 맛있는 산나물

왕고들빼기

가을은 고들빼기김치를 담그는 계절이다. 햇볕이 쨍쨍 내리쬐는 7~9월이면 줄기 끝에 노란색을 띤 직경 2센티미터 가량의 흰 꽃이 많이 달린다.

고들빼기라면 역시 그 쌉쌀한 잎과 뿌리의 맛이다. 전통적인 우리의 맛이다. 재미있는 것은 가을에 떨어진 씨는 즉시 발아해 도톰한 뿌리 상태로 겨울을 지내고 이듬해 싹이 돋는 이년초가 된다. 그러나 여름에 일찍 떨어진 씨에서 돋아난 싹은 그해에 꽃이 피고 죽어 일년초에 속한다.

고들빼기류는 대부분 이년초다. 완전한 솜털이 되기 전에 총포 전체를 따 종이봉투에 넣어 말리면 하얀 솜털로 부풀어 오르면서 씨를 거둘 수 있다. 솜털을 손으로 비비면 자잘한 씨가 남는다. 이 씨를 빈 봉투에 담아 보관한다.

이년초는 씨를 받는 즉시 뿌려야 한다. 봄에 씨를 심으면 뿌리가 비대해지지 않고 바로 꽃줄기가 자란다. 많은 모종을 효율적으로 관리하기 위

←··· 왕고들빼기 *Lactuca indica* L.
산과 들에서 자라는 이년초다. 원산지가 유럽인 귀화식물로 가을에 자란 뿌리는 손가락 정도로 굵으며 겨울을 넘기고 봄이 오면 싹이 자란다.

해서는 상자에 씨를 뿌리는 것이 좋다. 본잎이 3~5장 정도 나왔을 때 밭에 옮겨 심는다. 11월까지 자라면 왕고들빼기의 경우 뿌리가 손가락 굵기로 굵어지고 영양이 좋으면 2~3개의 알뿌리가 달린다. 잎과 함께 뿌리를 캐 고들빼기짠지를 담는다.

수확은 가을이나 이른 봄에 한다. 싹이 돋으면 뿌리를 캘 수 있다. 줄기가 자라기 시작하면 이미 뿌리는 딱딱해져 먹을 수 없다. 이때부터는 잎을 따 나물로 먹는다. 가을에 서리가 내리면 잎이 시들고 비대해진 뿌리로 겨울을 난다.

왕고들빼기는 키가 1.5~2미터까지 자란다. 워낙 생장력이 좋아 집 안에 한두 그루만 심어도 매일 잎을 따 먹을 수 있다. 줄기에 붙은 잎은 길이가 30~40센티미터나 된다. 한때는 초식동물의 사료용으로 밭에서 재배하기도 했다. 특히 토끼가 씀바귀류를 좋아한다. 그래서 사료용으로 재배한 것을 말려두면 겨울철 가축의 영양 공급원이 된다. 염소나 양들도 왕고들빼기를 좋아해 유럽에서는 중요한 사료작물로 취급할 정도다. 우리나라에서는 전국의 풀밭이나 길가의 잡초가 된 지 오래다. 지금은 왕고들빼기가 자라지 않는 곳이 없을 정도로 흔한 잡초가 되었다.

봄부터 초여름까지 잎을 따 쌈을 싸면 쌉쌀한 맛과 함

께 부드러워 먹기에 좋다. 대체로 여름에 뜯은 산채는 질겨서 생으로 먹을 수 없는 데 반해 왕고들빼기는 연한 편이다. 잎으로 겉절이를 해 먹거나 녹즙을 짜 마셔도 좋다. 상추 줄기에 돋아난 것과 비슷한 정도의 쓴맛이 있어 어린이도 먹을 수 있다. 여름에 산채로 할 수 있는 씀바귀류에는 왕씀배, 산씀바귀, 이고들빼기, 두메고들빼기 따위가 있다.

그중 왕고들빼기가 가장 탐스럽고 맛도 쓰지 않아 좋다. 씀바귀류는 쓴맛을 없애기 위해 물에 충분히 우려내고 요리해야 한다. 여름에는 부드러운 잎을 먹거나 위쪽 순을 잘라 나물로 한다. 순을 꺾으면 흰 즙액이 나오는데 세균 번식 억제 성분이 있어 상처를 낫게 한다.

순을 잘라도 아래쪽 남은 부위에서 새싹이 돋아나 가을에 꽃이 피고 이어 씨를 멀리 날려 보낸다. 워낙 번식력이 좋아 정원에 한 포기만 있어도 이듬해에는 전체가 왕고들빼기 밭으로 바뀌고 만다. 보는 즉시 뽑아서 나물로 하는 것이 밭을 지키는 방법이다.

고들빼기김치를 담글 때는 고들빼기나 씀바귀 잎을 하루 동안 소금물에 절이고 다시 맑은 물에 하루 정도 담가 쓴맛을 우려낸다. 그다음 간장과 소금, 물엿을 섞은 국물을 달여 여기에 다진 마늘, 고춧가루, 참깨, 잣과 실고추 등 양념을 섞어 버무린다. 고들빼기김치는 약간 쌉쌀하면서도 물엿

용설채 龍舌菜 *Lactuca indica* var. *dracoglossa* Kitam.

왕고들빼기와 같지만 잎이 전혀 갈라지지 않는다.

까치고들빼기 *Crepidiastrum chelidoniifolium* (Makino) Pak & Kawano

산지의 돌이 많이 깔린 지역에서 잘 자란다. 잎이 잘게 갈라져 있다.

의 달콤한 맛, 그리고 매운맛이 어우러져 밑반찬으로 그만이다. 또 잎을 양념에 버무려 겉절이를 해도 좋다.

씀바귀의 잎은 고기와 함께 먹으면 소화를 돕는다. 흰 즙액은 육질을 부드럽게 하고 식품의 변질을 막는다. 구운 고기나 돼지고기 수육과도 잘 어울린다. 싱싱한 잎을 고기와 함께 쌈으로 하면 더욱 좋다. 쓴맛이 부담스러울 때는 살짝 데쳐서 찬물에 헹궈내면 쓴맛이 덜하다. 기호에 따라 먹는 방법은 얼마든지 바꿀 수 있다.

왕고들빼기를 나물로 뜯을 때는 자동차가 다니지 않는 풀밭에서 채취해야 한다. 최소한 도로에서 100미터 정도 떨어진 곳에서 채취한 것만 식용으로 할 수 있다. 각종 중금속에 오염된 산나물은 건강식이 아니라 오히려 건강을 해칠 수도 있다.

봄여름 사이 뿌리를 달여 마시면 감기, 해열, 편도선염, 인후염, 유선염, 자궁염, 산후출혈, 종기 따위의 치료에 효험이 있다. 동의학에서는 고들빼기를 건위제, 소화제, 해열제로 쓴다. 변비가 있는 사람은 고들빼기 생즙을 마시면 탁월한 효과를 본다. 다만 상처로 생긴 종기나 뾰루지가 난 사람은 삼가는 것이 좋다. 이 고들빼기는 초기 상처를 곪게 하는 약용 성분이 있다. 그러나 반대로 종기가 있는 사람에게 빨리 곪아 터지게 하는 좋은 약재가 될 수 있다.

또 생즙은 진정 작용과 마취 작용도 한다. 불면증에 시달리는 사람은 고들빼기 생즙을 한 컵 마시면 편안하게 잠을 잘 수 있다. 갖가지 질환에 효용이 있다는 것은 그만큼 풍부한 영양 성분이 있다는 증거다.

왕고들빼기는 꽃과 잎을 말려 차로 할 수 있다. 먼저 가을에 피는 꽃을 따 건조기에 말린다. 건조기가 없으면 증기로 쪄서 말리면 쉽다. 말린 꽃은 종이봉투에 담아 실온에 두고 필요할 때마다 한두 송이씩 끓는 물을 부어 우려내 마신다. 많은 양은 병에 담고 제습포를 함께 넣어 보관한다.

잎을 말린 것도 마찬가지다. 잘 마른 잎을 1센티미터로 잘게 썰어 뜨거운 물을 부어 우려내면 쌉쌀한 맛이 개운하다. 연한 다갈색 차가 우러나므로 찻잔은 백자 잔이 잘 어울린다. 겨울철 눈이 내릴 때 씀바귀차를 마시면 맛과 향, 운치가 배가 된다. 입맛을 돋우고 머리를 산뜻하게 해주는 기분 좋은 차다.

한국을 대표하는 하늘빛 초롱

금강초롱꽃

가을 하면 먼저 단풍이 생각한다. 그보다도 수많은 들꽃이 피어 향기를 퍼뜨리는 들판에서 가을을 느낄 수도 있다. 쑥부쟁이는 가련한 꽃을 피우기 위해 봄날의 허기진 가뭄을 견뎌냈고 여름의 뜨거운 햇살과 폭우도 이겨냈다. 얼마나 대견한 우리의 들꽃들인가.

우리나라 기후는 겨울이 긴 편이다. 4월부터 10월까지를 식물 생육기간으로 잡으면 거의 한 해의 반이 겨울인 셈이다. 우리의 자연환경에서는 대체로 4월에 나무의 싹이 트고 8월까지 생육한 뒤, 9~10월이면 이미 단풍이 들기 시작한다. 물론 3월이라고 해서 꽃이 피지 않는다는 것은 아니다. 그리고 10월에도 일부 초본류는 고운 꽃을 피운다.

←··· 금강초롱꽃 *Hanabusaya asiatica* (Nakai) Nakai

경기 이북 심산에서 자라는 다년초로 높이 30~40센티미터에 이른다. 줄기 중간에 돌려난 것처럼 보이는 잎이 밀집해 붙어 있다.

가을 가장 늦은 때 꽃이 피는 식물은 무엇이 있을까? 강원도 산간지방에서는 9월에도 서리가 내리고 10월이면 중부지방까지 서리가 내린다. 그래서 몇 종의 식물만 남고 대부분 말라 죽는다. 그중 하나가 바로 금강초롱꽃이다. 가는 계절을 아쉬워하는 듯 가을 산 들꽃들의 속삭임이 들리는 것 같다. 들꽃들이 향기로 속삭이고 산새들은 노래로 화답한다.

한해살이풀은 식물체 내에 영양분을 저장할 기관이 없으므로 씨를 맺고 그 씨를 남긴 채 말라 죽는다. 씨가 땅에 떨어져 겨울을 넘기고 이듬해 봄싹이 트고 줄기가 자라 꽃이 핀다. 새콩, 자귀풀, 강아지풀, 방동사니 같은 풀들이 여기에 속한다.

한해살이풀과 여러해살이풀 사이에 두해살이풀이 있다. 여름에 떨어진 씨가 즉시 발아해 잎을 활짝 펴서 지면에 엎드린 채 겨울을 이겨낸다. 이런 종류는 뿌리가 굵어 여기에 영양분을 저장한다. 이듬해 봄이면 꽃줄기가 자라 다시 씨를 맺게 된다. 냉이, 망초, 개망초, 달맞이꽃, 방가지똥 따위가 여기에 속한다.

여러해살이풀은 땅속에 굵은 뿌리나 옆으로 뻗는 줄기가 있어 여기에 양분을 저장해 겨울을 난다. 뿌리에 양분을 저장하는 것으로는 잔대, 더덕, 달리아, 고구마, 도라지 등이 있다. 땅속줄기에 양분을 저장하는 것으로는 칸나, 메꽃, 갈대, 둥굴레 따위가 있다. 땅속의 비늘줄기에 저장하는 것으로는 나리류와 무릇, 상사화, 얼레지 등이 있다.

한국 특산식물인 금강초롱꽃의 학명은 하나부사야 아시아티카Hanabusaya asiatica Nakai다. 우리나라 식물을 집중적으로 조사한 나카이 타케노신中井猛之進이 금강산에서 이 꽃을 처음 발견했다. 그는 이렇게 아름다운 꽃에 당시의 일본 초대 공사였던 하나부사 요시타나花房義質의 이름을 붙여주었다.

하나부사는 한일합병을 주도한 사람으로 조선의 자원에 많은 관심이 있었다. 하나부사는 식물학자 나카이가 조선 식물에 관심이 많다는 것을 알고 그를 경성의 조선 호텔로 초대해 조선에도 일본만큼 다양한 식물이 있다고 말했다. 후에 나카이를 조선총독부 촉탁 교수로 임명해 조선의 식물상植物相을 연구하도록 대대적으로 지원했다.

나카이는 일본군 소대 병력의 호위를 받으며 백두산을 여러 차례 올랐고 전국의 산림자원을 조사해 《조선삼림식물편朝鮮森林植物編》 전 10권을 펴내기도 했다. 그는 1909년에 〈조선식물상Korean Flora〉으로 동경 대학에서 석사학위를, 1911년에는 역시 조선 식물을 연구해 박사학위를 받았다. 당시의 식물 채집을 도와주고 안내 겸 조수로 활약한 정태현鄭台鉉 선생은 후에 《한국식물도감》 초본과 목본 편 2권을 펴내기도 했다.

나카이는 신종 식물에 학명을 붙이고 자신을 지원한 하나부사 공사에게 고마운 마음을 전했다. 우리말 이름은 '금강산에서 자라는 초롱꽃'이라는 뜻으로 금강초롱꽃이 되었음은 물론이다. 그러나 꼭 금강산에만 자라는 것은 아니고 경기 이북에서부터 강원도, 함경도에서 자라는 것으로 알려져 있다.

하나부사야속에는 비슷한 검산초롱꽃도 있다. 금강초롱꽃과 거의 같지만 꽃받침이 넓고 가장자리에 톱니가 있는 점이 다르다. 북한에서는 금강초롱꽃의 학명에 침략자의 이름이 붙어 있는 것을 못마땅하게 생각해 금강사니아 아시아티카*Kumkangsania asiatica*로 쓰고 있다. 《국제식물명명규약》에는 먼저 발표한 이름을 쓰는 것이 원칙이어서 국제적으로는 통용되지 않는다.

보라색 꽃이 피는 금강초롱꽃이나 용담에서도 흰금강초롱꽃과 흰용담이 있게 마련이다. 원종이 노란색이 아닌 흰색, 빨강, 보라색일 때는 반드시 변이가 일어나 꽃색이 달라질 수 있다. 용담은 한낮이면 꽃잎을 활짝 펴고 저녁 해가 기울거나 날씨가 흐리면 꽃잎을 오므린다. 용담은 통꽃이지만 꽃잎 끝은 밖으로 벌어진다. 흐린 날에는 꽃잎을 오므려서 밤의 추위에서 꽃술을 보호한다. 저녁에는 온도가 떨어져 곤충이 활동할 수 없기 때문이다.

대체로 곤충은 기온이 섭씨 15도 이상일 때 활동한다. 늦은 가을에는 그 이하로 온도가 떨어지므로 한낮에만 활동하고 밤에는 조용히 휴면에 들어간다. 식물도 곤충의 활동 사이클에 맞추어 한낮에만 꽃을 활짝 피우고 손님을 기다리다가, 날씨가 흐리거나 밤이면 꽃잎을 닫아 향기가 날아가지 않도록 하고 속에 든 꽃술도 보호한다.

마치 봄철에 피는 민들레, 복수초, 할미꽃, 바람꽃 따위가 밤낮에 따라 꽃을 열고 닫는 것과 같다. 봄에 꽃가루받이를 해주는 곤충은 성충成蟲으로 겨울을 나는 것들이다. 애호랑나비, 네발나비류, 표범나비류, 흰나비와 노랑나비가 그것이다. 용담은 통꽃이면서 세로로 주름이 있어 벌어졌다가 줄어드는 구조다. 낮이면 벌어져 곤충을 불러들이고 저녁이면 꽃이 줄어들면서 꽃잎도 오므린다. 늦은 가을에 식물의 꽃가루받이를 시켜주는 곤충 역시 성충으로 겨울을 나는 것들이다. 표범나비류, 네발나비류, 박각시나방류와 벌들이 가장 늦은 때 꽃에서 꿀을 빨다가 동굴이나 속이 빈 나뭇등걸에서 겨울잠을 잔다.

금강초롱꽃은 굵은 뿌리에 양분을 저장하는 다년초다. 꽃이 지고 나면 씨 꼬투리가 여물고 자잘한 씨가 떨어져 이듬해 싹이 돋아난다. 씨에서 돋아난 싹은 뿌리가 굵어질 때까지 2~3년이 걸리고 이후에 꽃줄기가 자란다. 한 가지 중요한 것은 식물은 뿌리나 줄기, 잎이나 열매 어느 한 부위에만 양분을 저장한다는 사실이다.

이와 관련해 인간들이 하는 '접붙이기'가 생각난다. 이론적으로는 감자 줄기에 토마토를 접붙이면 땅속에는 감자가 달리고 줄기에는 열매인 토마토가 달리는 것으로 돼 있다. 그러나 실제 결과는 그렇지 않다. 뿌리에 달린 감자는 작고 기형이어서 먹을 수 없고, 열매인 토마토 또한 기형이 되고 알도 작아 이용할 수 없다. 두 가지를 먹겠다는 사람들의 어리석은 욕심에 식물체는 한 가지도 먹을 수 없다는 답을 주고 있다.

같은 방법으로 무에 배추를 접붙이면 뿌리에는 무가 비대해지지 않고 배추는 결구가 되지 못해 결국 시래기만 먹을 수밖에 없다. 식물은 사람이 바라는 대로 자라주지 않기 때문에 육종에 어려움이 따른다. 텔레비전에서 가끔 무 배추라는 것을 보여주고 있지만 굵은 무와 알찬 배추가 있던가. 만약 식물이 말을 한다면 "나를 갖고 장난 좀 그만 쳐!"라고 화를 낼지 모른다.

우리나라 가을 기후에서 가장 늦을 때 꽃 피는 것으로 국화과 식물을 뺄 수 없다. 대표적인 가을꽃으로는 금강초롱꽃을 비롯해 앞서 언급한 산국과 구절초가 있고 개미취, 벌개미취, 개쑥부쟁이, 가새쑥부쟁이 따위가 있다. 그중에서도 구절

검산초롱꽃 *Hanabusaya latisepala* Nakai

꽃받침이 넓고 가장자리에 톱니가 있다. 처음 함경도 검산에서 총독부에 있던 이시도야가 이 꽃을 발견했는데 표본을 본 나카이가 명명했다.

초와 산국, 해국이 가장 늦게 꽃이 피는 초본류다. 산국은 노란색 꽃이 피고 구절초는 흰색 또는 연분홍이다. 쑥부쟁이 무리는 연한 보라색으로 띤다. 가을 숲 가장자리에 연보라색 꽃이 있다면 바로 쑥부쟁이 무리다. 이러한 쑥부쟁이류는 모두 어린싹을 나물로 먹을 수 있고 약으로 쓴다. 그리고 작은 해바라기 모양의 노란 꽃이 피는 것으로 뚱딴지가 있다. 최근에는 당뇨병 치료에 효과가 있다고 하여 재배하기도 한다.

노란색으로 꽃 피는 식물 중에서는 다른 색 꽃을 보기 어렵다. 노란 개나리나 해바라기에는 빨간색 또는 보라색 꽃이 없다는 뜻이다. 노란색은 진화상 완성된 식물이기 때문에 변이가 잘 일어나지 않는다. 그러나 금강초롱꽃 씨를 받아 뿌리면 흰색 꽃도 나올 수 있다. 그리고 아주 짙은 남색 금강초롱꽃을 얻을 수도 있다.

자생지에서는 8~9월에 금강초롱꽃이 연한 보라색 또는 짙은 보라색으로 피며 간혹 흰색도 눈에 띈다. 줄기는 가지를 치지 않으나 꽃이 필 때쯤 짧은 꽃자루가 갈라져 한두 송이씩 피기도 한다. 줄기 중간에 돌려난 것처럼 잎이 촘촘하게 붙기 때문에 모시대와 쉽게 구분할 수 있다. 종 모양의 통꽃이 밑으로 달린다. 꽃의 길이는 4.5~4.8센티미터, 지름이 2센티미터로 비교적 큰 편이다. 높은 산의 개활지나 바위에 붙어 자라는 성질이 있다. 볕이 잘 들면서도 바람이 잘 통하는 곳을 좋아하는 습성 때문에 정원에 심으면 잘 견디지 못한다. 따라서 재배는 아주 까다로운 편이다.

몇 해 전 식물학자 2천 명에게 한국을 대표하는 식물을 물었더니 가장 많은 사람이 나무는 구상나무를 꼽았고 초본류로는 금강초롱꽃을 들었다. 금강초롱꽃이 한국의 꽃임이 틀림없는지 한국식물연구회와 한택식물원에서는 심볼마크로 쓰고 있다. 금강초롱꽃은 자랑스러운 우리 국산 식물이지만 널리 재배할 수 없는 점이 아쉬울 따름이다.

금강초롱꽃에 가까이 다가가 '너를 사랑해'라고 속삭이면 '나도'라고 향기로 대답한다. 볼 때마다 슬프도록 아름답고 가련한 꽃이 금강초롱이 아니던가.

자연을 극복하는 강인한 의지

억새

대중가요 속에서 "으악새 슬피 울어 가을인가요"라고 노래할 때 으악새는 새鳥가 아니고 억새라는 것은 잘 알려진 사실이다. 또 "찔레꽃 붉게 피는 남쪽 나라 내 고향"에서 찔레는 흰색으로 꽃이 피는 장미과 식물의 오기인 듯하다. 바닷가에 피는 붉은색 꽃이라면 해당화일 가능성이 높다. 찔레가 붉은색으로 피는 것이 있다면 장미 육종가들에게겐 노다지를 얻은 것이나 다름없다. 앞으로 획기적인 신품종을 만들 수 있기 때문이다.

"해 저문 소양강에 슬피 우는 두견새야……"라는 노래에도 오류가 있다. 두견새는 저녁에 우는 새가 아니다. 더구나 봄에 우리나라를 찾아와 5월에 짝짓기하고 새끼를 기르는 여름철새다. 새가 노래하는 것은 짝짓기를 위해 암컷을 부르는 신호라 할 수 있다. 번식 철이 아닐 때는 애끓는 목소리로 노래하지 않는다. 더구나 산의 숲에 사는 두견이 강가의 갈대밭을 서성거릴 이유가 없다. 새란 시적

←… 억새 *Miscanthus sinensis var. purpurascens* (Andersson) Rendle

전국의 산지 메마른 땅에서 자라는 다년초다. 볕이 잘 들고 척박한 산성토양에서도 거뜬히 견디는 강인한 식물이다.

대상을 그저 관념적으로만 보기 때문에 벌어진 실수겠다.

지구 위에서 억새를 비롯한 볏과식물이 자라지 않는 땅은 없을 것이다. 그만큼 서식지가 넓고 종류도 다양한 것이 볏과식물이다. 볏과식물은 환경에 적응하는 능력이 뛰어나다. 사하라사막이나 고비사막 같은 혹독한 환경에서도 자란다. 그 거친 땅에서 살아가는 사막 영양과 낙타들이 억새풀을 먹기 위해 가시밭을 헤맨다.

인도의 여름은 참으로 혹독하다. 40도를 오르내리는 무더위 속에서 지내야 하는 인도인들에게 시원한 그늘은 바로 그들이 염원하는 이상향인지 모른다. 그래서 인도인들은 물이 있는 곳을 즐겨 찾고 나무 그늘을 좋아한다. 이런 환경에서도 억새는 자란다.

우리는 햇볕이 잘 드는 남향을 가장 좋은 집터로 여기며, 남향집은 삼대가 적선을 해야 살 수 있다고 말한다. 겨울이 긴 우리나라에서는 따뜻한 온기가 그만큼 중요하다. 그러나 인도와 같은 더운 나라에서는 가치관도 달라질 수밖에 없다. 시원한 곳을 찾는 일이 곧 극락정토로 가는 길이라고 생각한다.

인도의 여름은 더위만큼 열병 또한 심각하다. 말라리아나 풍토병에 적응하지 못한 여행객들은 여름이면 큰 곤욕을 치른다. 북반구에서 살아온 우리는 인도의 혹독한 더위에 잘 적응하지 못해 두 손을 들고 만다.

실제 많은 수행자가 인도라는 성지를 찾아가지만 더위를 이기지 못해 되돌아오거나, 여름이면 히말라야 고산지대로 피했다가 날씨가 다소 서늘해지면 수행처로 돌아간다고 한다. 고행에 익숙한 수행자도 참을 수 없을 만큼 혹독한 무더위 속에서도 현지인들은 일상생활을 익숙하게 해내고 있다. 그들이 바라는 것이 있다면 시원한 나무 그늘이고 물이 있는 연못이다. 불경에서도 극락은 '물이 불을 끄는 곳'이라고 했다. 열기야말로 인간이 어찌할 수 없는 자연의 힘일 것이다.

인도의 혹독한 더위는 열병이라는 풍토병을 불러온다. '모든 질병의 왕'이라 할 만큼 무서운 열병은 고열에 시달리다가 그 열을 식히지 못해 죽음에 이르는 무서운 병이다. 인도에서는 그 열병을 다스리는 약초로 우시라優尸羅를 들고 있다. 산스크리트어로는 '우씨라usira'라 하는데 볏과의 다년초로 우리나라의 억새, 갈대와 비슷한 식물이다. 다년초인 억새는 한곳에서 여러 포기씩 뭉쳐서 돋아난다. 우시라 또한 많은 포기가 모여 큰 덩어리를 이룬다.

우시라 또는 비라나virana라고도 하고 힌디어로는 카스khas, 벵골어로는 카스카스khaskhas라 한다. 100~150센티미터까지 자라며, 히말라야 산기슭을 포함한 인도 전역에서 자란다. 또 미얀마, 스리랑카, 파키스탄 등지에도 분포한다. 주로 호수나 강가의 습지에 무리를 지어 자라는데 원산지에서는 대초원을 이루는 것이 보통이다. 여름 동안 초원을 이루다가 늦가을 흰 이삭이 나오면 일대 장관이 펼쳐진다. 마치 우리나라의 제주도 초원을 보는 것 같다.

산촌에서는 억새 줄기를 엮어 발을 만들고, 이것을 문에 걸어놓고 물을 뿌린다. 발이 마르면서 기화열이 공기를 시원하게 해주는 냉방장치인 셈이다.

억새는 잎이 좁고 길며 볏과식물 특유의 중앙 엽맥은 뚜렷한 흰색이다. 소들이 좋아하는 먹잇감이다. 억새의 잎은 거칠고 가장자리에 잔 톱니가 있어 손을 베기 쉽다. 엽맥은 규산질이어서 아주 딱딱하다. 사람은 손을 스치기만 해도 살을 베는데 소들은 큰 혀로 휘감아 우적우적 베어 먹는다.

억새는 전통적으로 민간 의약품으로 써왔다. 서양의학의 경우 여러 가지 향료식물을 치료제로 써왔는데 이러한 식물들을 알다시피 '허브'라 부른다. 인도의 약재가 영국을 통해 서양 각국으로 전해지면서 이 허브가 약재는 물론 차, 건강식으로 발전하기에 이르렀다. 현재 우리나라에서도 약 300여 종에 이르는 허브를 수입해 재배 또는 판매하고 있으

가는잎억새 *Miscanthus sinensis* for. *gracillimus* (Hitchc.) Ohwi

잎이 아주 가늘다. 잎 가장자리에 거친 가시 같은 털이 있어 손으로 만지면 피부를 베일 정도로 억세다. 그 때문에 억새란 이름이 붙었는지 모른다.

나 우리 자생종 향료식물은 연구 대상에서 소외당하고 있다. 우리 자생식물에 대한 이용과 재배법을 연구해야 할 때가 되었다.

우시라의 뿌리는 중요한 약재로서《율경律經》같은 경전에도 자세히 기록돼 있다. 또 인도의 고대 의학서인《스수루타본집》에도 열병 치료제로 적혀 있는 것으로 보아 약효는 옛사람들도 잘 알고 있었던 듯하다. 인도의 시인 칼리다사가 쓴 희곡《샤쿤탈라 처녀》는 영화로도 제작돼 큰 인기를 얻었다. 그 희곡 속에도 우시라에서 뽑아낸 향유에 대해 소개하고 있다.

> "푸리얀바타여! 누구를 위해 우시라 향유와 연잎을 가져오란 말인가?"
> "뭐라고요. 무더위에 샤쿤탈라가 중병에 걸렸나요. 그녀의 몸을 식혀야 하나요?"

여기에서도 열병에 걸린 샤쿤탈라를 치료하기 위해 우시라 뿌리를 찾고 있다. 또《십왕자 이야기》에도 그리움이라는 마음의 병을 열병의 하나로 보고 있다. 누구를 애타게 그리워하는 열병에 걸렸을 때 우시라 뿌리만이 치료 약이라 했다. 우시라로 상사병을 치료하는 내용이 자세히 적혀 있다.

> 친구들은 사랑의 불꽃이 옮겨붙은 왕녀를 보고 마음이 편치 않았다. 그래서 황금 물동이에 물을 가득 채우고 단향과 우시라, 장뇌를 섞은 뒤 그 물을 그녀의 몸에 뿌렸다. 연잎 섬유로 만든 얇은 옷을 입히고 연잎 부채로 그녀의 몸을 식혔다.

우시라를 섞은 물로 사랑의 열병을 앓는 왕녀의 몸을 식혔다니, 참으로 아름다운 표현이 아닌가. 또 커다란 연잎을 흔들어 부채로 했다거나 연잎의 섬유질만으로 된 그물 같은 옷을 입혔다니 놀라울 따름이다.

《장로의 시》라는 경전 속에서는 우시라가 중요한 비유로 나타난다. 수행자가 근심을 끊기 위해서는 무성하게 자라는 우시라 같은 애욕과 집착에서 벗어나야 한다고 적었다.

> 애욕과 집착에서 벗어나지 못하면 근심덩어리가 커진다. 마치 비라나 풀이 무성해지는 것과 같다. 누구라도 애착을 극복하면 근심 걱정은 멀어진다. 마치 연꽃에서 물방울이 떨어지는 것처럼. 그대들은 애착의 뿌리를 캐내어라. 향기로운 우시라 뿌리를 구하는 자가 비라나 풀을 캐내는 것과 같이.

《법구경》에서도 비라나 풀을 캐내는 목적은 우시라 뿌

리를 얻기 위해서라고 했다. 해로운 근심을 끊으려면 원인이 되는 아집의 뿌리를 파내야 한다고 설명하고 있다. 향기로운 우시라가 몸을 치료하는 약초기도 하지만 마음의 병을 다스리는 약재기 때문에 더욱 가치 있는 비유인 셈이다.

최근에는 세계 각국에서 우시라의 치료 효과를 연구해 고산증 치료제나 잠수병 치료제를 개발해내기도 했다. 가장 빼어난 효과는 아무래도 해열과 두통 치료일 것이다. 남인도에서 생산되는 우시라가 가장 질이 좋고 향기가 뛰어나며 약효가 높은 것으로 알려져 있다.

제주도 같은 따뜻한 섬으로 가, 대형 프레임을 짓고 우시라 같은 약초라도 재배하며 지내고 싶다.

참고 문헌

강무학 저, 《한국세시풍속기》, 집문당, 1990.

강희안 저, 이병훈 역, 《양화소록》, 을유문화사, 2000.

고하수 저, 《한국의 꽃예술사》, 하수출판사, 1974.

과학백과사전종합출판사 편, 《약초의 성분과 이용》, 일월서각, 1999.

교육출판공사, 학영사 편집부, 《원예대백과》, 학영사, 1975.

국립문화재연구소 예능민속연구실 편, 《민간의약》, 신유, 1997.

국립민속박물관 편, 《한국세시풍속자료집성》(전 5권), 국립민속박물관, 2003.

김귀곤 외 저, 《창덕궁 원유》, 문화재관리국

김대성 저, 《꽃이 있는 삶》(상), 반야, 1995.

김대성 저, 《꽃이 있는 삶》(하), 생명의나무, 1997.

김매순 저, 이석호 역, 《열양세시기》, 대양서적, 1982.

김부식 저, 김종권 역, 《삼국사기》, 대양서적, 1972.

김현삼 외 저, 《식물원색도감》, 과학백과사전종합출판사

도봉섭·심학진·임록재 저, 《조선식물도감》, 조선민주주의인민공화국과학원

문일평 저, 《화하만필》, 삼성문화재단, 1972.

민족문화추진회 편, 《연려실기술》(전 12권), 민문고, 1967.

민주면 외 저, 이석호 역, 《동경잡기》, 대양서적

박상진 저, 《궁궐의 우리 나무》, 눌와, 2014.

성현 저, 남만성 역, 《용재총화》, 대양서적, 1980.

손광성 저, 《나의 꽃 문화산책》, 을유문화사, 1996.

송홍선 저, 《한국의 꽃문화》, 문예산책, 1996.

여불위 저, 김근 역, 《여씨춘추》(전 3권), 민음사, 1995.

오병훈 저, 《사람보다 아름다운 꽃 이야기》, 도솔, 2005.

오병훈 저, 《한국의 차그림 茶畵》, 차의세계, 2014.

유안 저, 이석호 역, 《회남자》, 세계사, 2005.

이강자 외 역, 《증보산림경제》, 신광출판사, 2003.

이규보 저, 김철희 외 역, 《동국이상국집》(전 9권), 민족문화추진회, 2006.

이규태 저, 《우리의 음식 이야기》, 기린원, 1991.

이상보 역, 《파한집, 보한집, 역옹패설》, 대양서적, 1972.

이어령 저, 《문장백과대사전》, 금성출판사, 1997.

이영노 저, 《한국식물도감》, 교학사, 2006.

이창복 저, 《대한식물도감》, 향문사, 2014.

일연 저, 이제조 역, 《삼국유사》, 명지대학교출판부, 1975.

임경빈 저, 《나무백과》(전 6권), 일지사, 1997.

정승모 외 저, 《조선대세시기》, 국립민속박물관, 2005.

정용복·박재희 저, 《약초재배》, 화학사

정태현 저, 《한국동식물도감 5(목초본류)》, 문교부, 1965.

《조선왕조실록》

최영전 저, 《한국민속식물》, 아카데미서적, 2006.

최인호 저, 《잃어버린 왕국 4》, 열림원, 2003.

허준 저, 《동의보감》(전 25권)

홍석모 저, 이석호 역, 《동국세시기》, 대양서적

講談社編輯部 저, 《がーデン植物大圖鑑》, 講談社

姜炳志 외 저, 《長白山區野生可食植物及採集輿加工》, 吉林科學技術出版社

金洙哲 외 저, 《野生經濟植物誌》, 延邊人民出版社

達美君 樓紹來 點校, 《食物本草》, 人民衛生出版社

東城百合子, 《草自然療法》, 池田書店

牧野富太郎, 《新日本植物圖鑑》, 北隆館

北村四郎 외 저, 《花材別 現代いけばな藝術全集》(전 6권), 主婦の友社

相賀徹夫 외 저, 《園藝全書》(전 10권), 小學館

楊麟錫 저,《百花頌》, 公園文化社

葉建洪 저,《家庭實用中草藥手冊》, 廣州出版社

六角見孝,《山草事典》, 葉書房

伊澤一男,《藥草カラ_大圖鑑》, 主婦の友百科シリ_ス

趙璞 저,《中國高等植物圖鑑》, 科學出版社

朱有昌 외 저,《東北藥用植物》, 黑龍江科學技術出版社

夏光成 외 저,《有毒中草藥彩色圖鑑》, 天津科技飜譯出版社

和久博隆《佛敎植物辭典》國書刊行會

E. Blatter & Walter S. Millard,《Some Beantiful Indian Tree》, Bnhs Oxford

Elizabeth Martin,《Trees》, A Kingfisher Guide

Florence-Hedleston Crane,《Flowers And Folk-Lore From Far Korea》, Sahm-Bo Publishing Corporation

Harold N. Moldenke 저, 奧本裕昭 역,《聖書の植物》, 八坂西房

Jean Marie Pelt 저, でカエ_ル直美 역,《戀する植物》, 工作舍

게으른 식물은 없다

1판 1쇄 발행 2022년 5월 10일
1판 2쇄 발행 2022년 8월 23일

지 은 이 오병훈
펴 낸 이 신혜경
펴 낸 곳 마음의숲

대 표 권대웅
주 간 박현종
편 집 김도경, 최현지
마 케 팅 노근수

출판등록 2006년 8월 1일(제2006-000159호)
주 소 서울시 마포구 와우산로30길 36 마음의숲빌딩(창전동 6-32)
전 화 (02) 322-3164~5 **팩스** (02) 322-3166
이 메 일 maumsup@naver.com
인스타그램 @maumsup
용지 (주)타라유통 **인쇄·제본** (주)에이치이피

ISBN 979-11-6285-116-6 (03480)